21世纪高职高专规划教材·机械专业基础课系列

机械制图与CAD技术

主　编　陈竞喆

中国人民大学出版社

·北京·

前　言

CAD机械制图作为一种现代化制图手段已经完全具备取代手工制图的条件而应用于机械生产的设计加工以及产品的表述和信息的传递。

本书是面向职业院校机械专业以及近机类专业和机械产业工程技术人员，结合实际应用所编写的。

本书在编写中着重解决“机械制图”、“画法几何”、“CAD制图”三门课程相对独立所产生的脱节与重复问题；着重重新整合画法几何与CAD机械工程制图理论概念，建立现代机械工程信息交换、管理及共享概念；着重培养学生的机械工程CAD制图技能，以及注重技能的技巧性训练。本书编写的目的在于改变“CAD制图”课程只是作为计算机应用课程，其内容仅限于介绍CAD制图软件的使用，很少涉及机械工程图的现状。

结合AutoCAD绘图命令使用实例过程的叙述，本书分析了CAD制图同类命令的差异，以及异类命令的关联；还介绍了同一命令对于键盘不同响应的实现、绘图命令的交叉使用等，其目的在于帮助绘图人员灵活掌握和使用CAD制图技能。

本书的编写综合了AutoCAD R14到AutoCAD 2010各种版本，并且对2010以后的版本发展方向有所兼顾，目的是使学生通过本书的学习能够掌握AutoCAD在机械制图上的应用理念，对于将来更新的版本也能够容易“上手”。例如在2009、2010版本中出现的“动作宏”概念，实际上是为自动绘图脚本编辑的应用和参数化设计而奠定的基础。本书各章节中的CAD技术连贯了AutoCAD R14至AutoCAD 2010的技术特征，并分析预测了2010版本后的CAD技术特征。

本书在编写时注意到了机械制图、画法几何与AutoCAD中文版本在词汇使用上存在的差异可能引起的概念混淆，例如直线与直线段、旋转与回转等词汇的使用问题。

为了规范CAD产品在我国生产领域的使用和交流，国家标准已经对CAD机械制图进行了相关规定。本书在编写过程中自始至终贯穿了机械制图标准和规则的概念，每一绘图命令的使用和绘图步骤都遵循绘图标准，目的在于使学生在学习制图的过程中掌握国家标准规定，培养遵循标准的绘图习惯。

本教材根据当前实际工业生产以及指导生产的数据交流模式，建立机械零件“数据模型”、三维建模的“工具模型”概念，这在实际制图过程中是一个新的概念，也是今后CAD设计、制图发展的方向。本书以前瞻视角来看CAD机械制图专业，认为三维模型将成为机械设计、机械制图最基础的元素，三维标准件模型也将成为机械设计的重要元素。三维工具模型将在CAD设计和制图过程中发挥重要的作用，就和机械制造厂的工具和设备一样。

由于本书完全以不同以往的形式出现，希望读者通过本书能够更好地掌握和运用CAD制图知识，更希望从事CAD制图的工程技术人员和执教者及读者能够指出本书的不足之处，本书作者愿与您共同学习、共同改进。

编　者

2010年7月

目　录

第一章　CAD 与画法几何

第一节　CAD 几何图形画法概述

CAD（Computer Aided Design）在现代工业设计及工业生产中已经得到普及。CAD 机械制图以精确、方便、快捷的绝对优势取代了传统的手工制图。

作为机械制图的通用软件 AutoCAD 和其他许多制图软件一样，其绘图指令和制图环境仍然是基于画法几何（Descriptive Geometry）的原理。

点、线和面是构成图形的基本几何元素，所有的图形都可以看成是由基本的点、线（直线部分和曲线部分）、面按照一定的规律集合而成。当一个特定的图形由具有某些共性的点、线或面按照一定的规律形成时，那么这些点、线、面就构成了这个几何图形的结构要素。

例如：平面上与一固定点 O 距离相等的所有点的集合构成的几何图形就是“圆”，圆的结构要素就是固定的点“圆心”以及圆周上到固定点的距离“半径”。

平面上一条直线段的两个端点绕该线段的中点回旋 180°，两个端点在平面上回旋的轨迹可以唯一确定一个圆。而在空间中到固定点 O 距离相等的点的集合是几何体“球”，O 点称为球心，那些点到球心的距离称为球半径，球心和球半径就是几何体“球”的结构要素。

执行 AutoCAD 的绘图命令所绘制出的几何图形，都是使用几何图形的结构要素来实现的。掌握点、线和面的几何性质规律是研究物体几何结构的基本。本章将着重介绍基本几何图形的结构要素以及点、线、面的基本画法，为能够正确地表达基本几何形体结构打下基础。

如图 1—1—1 所示，几何形体由若干个表面（平面、曲面）围成，其表面相交之处是线，线的两端是点。因此，点、线、面是几何体的基本组成部分。各种机器和它的零件无论形状多么复杂，一般都可视为由不同的几何图形组成。

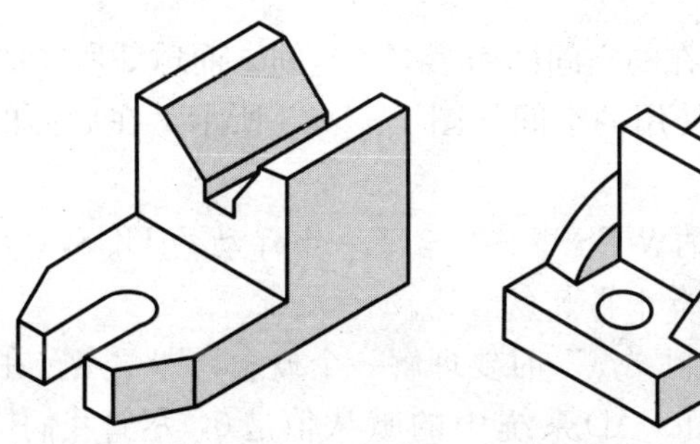

图 1—1—1

一、几何图形中点、线、面的基本画法

要正确地表达一个几何形体在空间中的的形状，需要将组成这个几何形体的若干几何元素（点、线、面）以及这些元素在空间中相互之间的关系表达清楚。确定这些几何元素关系的最基本条件就是图形中的关键“点”。

1. 点的绘制

如图 1—1—2 所示，已知平面上一点 a，X 轴方向坐标：100；Y 轴方向坐标：50；在平面上画出这一点。

AutoCAD 点的绘制命令——point（图标：·）

点取点的绘制命令图标或者在命令栏里键入点的绘制命令：point↓。

注意：本书在讲解 CAD 绘图的过程中，经常会用到符号“↓”，这个向下的箭头符号在本书中代表按下计算机键盘的“Enter”键。以后不另加说明。

接着在命令栏中输入点的坐标：

```
指定点：100，50
```

↓。

命令栏里输入的“100，50”所指定的点的坐标是指在平面坐标系中，X 轴坐标值是 100，Y 轴坐标值为 50，实际上缺省了一个 Z 轴坐标值“0”。这样我们就得到了平面上的一个点，如图 1—1—2 所示。在输入点的坐标时，如果我们将输入的坐标改为“100，50，70”，我们所得到的点就是空间中的一点 A，如图 1—1—3 所示。

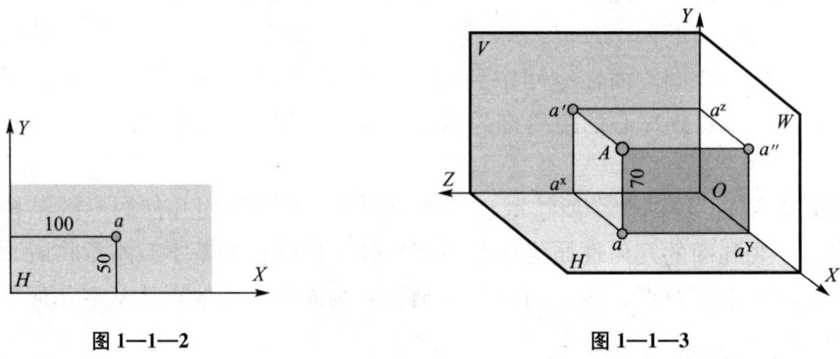

图 1—1—2　　图 1—1—3

要注意的是，图 1—1—2 和图 1—1—3 中使用的是传统的三维坐标系第一角投影画法；在使用 CAD 制图时，系统默认的坐标系称为世界坐标系（the world coordinate system，WCS）。

如图 1—1—4 所示，球 1 所在的空间即为第一角空间，而球 3 所在的空间为第三角空间。而我们在使用 AutoCAD 时使用的空间如图 1—1—5 所示。在后面的 CAD 绘图中均使用 WCS，不另加说明。

注意：实际上在 AutoCAD 的 WCS 中还包含了一个浮动的 UCS，为了不把问题弄得太复杂，这个问题在以后相应章节中再加以讨论。

在第一次使用 AutoCAD 绘制“点”时要理解一个概念，即“点”在几何学中的定义中，它是没有大小的。而点在 AutoCAD 系统中的默认值是 0，尽管我们执行了点的绘制指

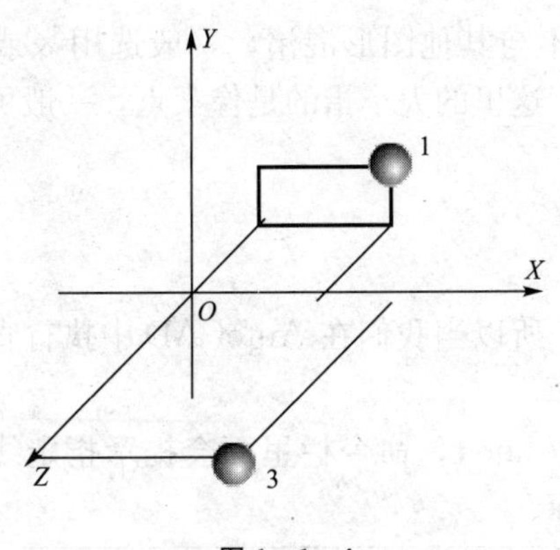

图 1—1—4

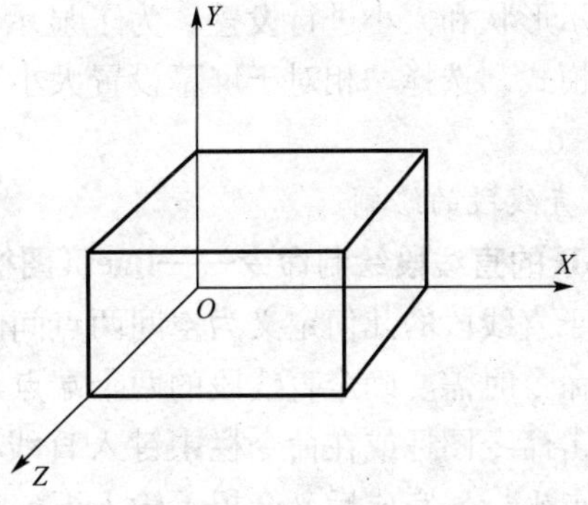

图 1—1—5

令，输入了点的坐标，但在绘图的画面中我们还是看不到所绘制的点。而实际上这个点是存在的。

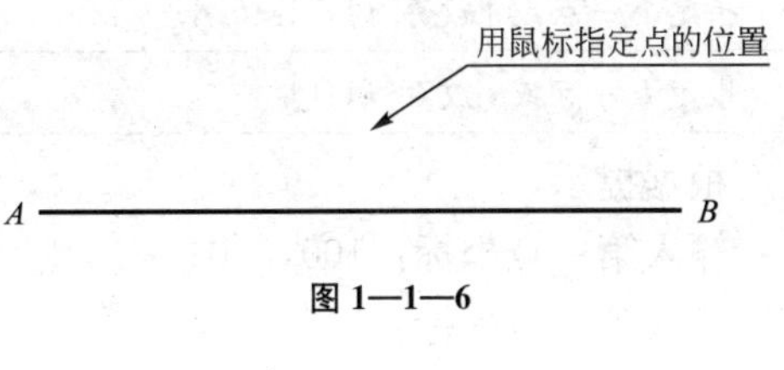

图 1—1—6

如图 1—1—6 所示，图中已经有一条直线段 *AB*，现在我们在直线段 *AB* 的上方绘制一个点。选取点绘制命令，命令栏会提示：

当前点模式：PDMODE=0　PDSIZE=0.000 0

指定点：

提示中的“PDMODE”是 AutoCAD 的系统变量，该系统变量控制窗口中点的显示模式；该系统变量的初始值设置为 PDMODE =0，指没有可以显示点的模式。

PDSIZE=0.000 0 是指显示点的大小为 0。这就是为什么看不到绘制的点。

使用鼠标在直线段 *AB* 的上侧点击一点；按 Esc 键退出。

在图中仍然看不到点的显示，这时可以使用鼠标自画面的左上角向右下角拉出一个选择框如图 1—1—7 所示，这时可以看到确实有一个点存在。如果需要这个点能正常显示在屏幕上，则需要改变系统的 PDMODE、PDSIZE 设置。

点击菜单：格式>点样式（P）选项，弹出对话框如图 1—1—8 所示。在对话框中可对

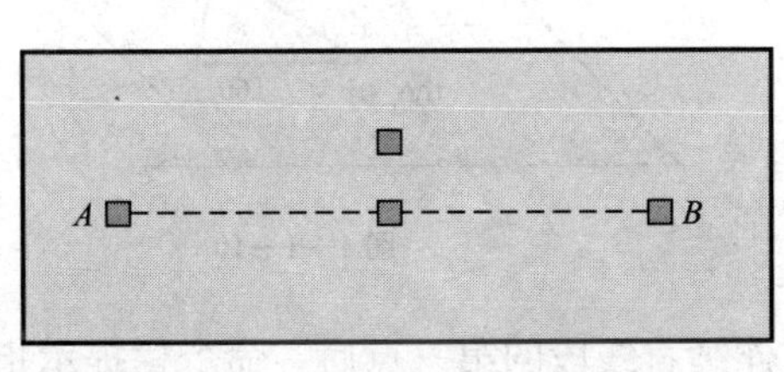

图 1—1—7

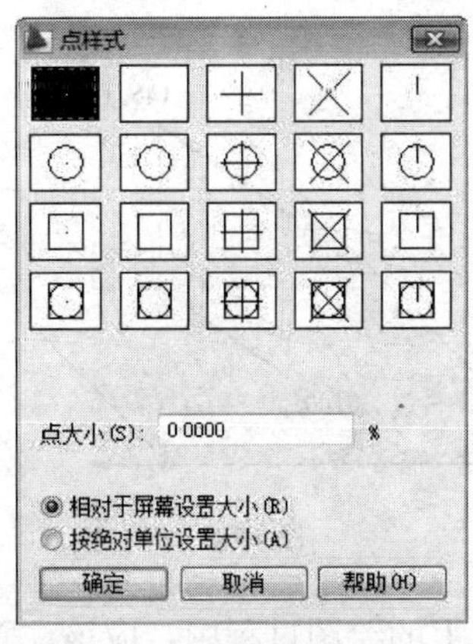

图 1—1—8

点的显示形状和大小进行设置。为了显示清楚并不与其他图形混淆，一般选用╳或⊠作为显示模式。选择“相对于屏幕设置大小”选项，这里的大小指的是像素点，一般可以设置为 3～5。

2. 直线段的绘制

CAD 的直线段绘制命令——line（图标：⟋）

由于直线段的几何定义为空间两点间的连线。所以当我们在 AutoCAD 中执行直线段绘制的命令时需要确定直线段的两个端点。

点击命令图标或在命令栏中键入直线段命令：line↓，命令栏里面会提示指定线段第一个端点坐标，完成后又会提示输入下一端点坐标。

命令：_ line 指定第一点：
指定下一点或［放弃（U）］：
指定下一点或［放弃（U）］：

根据提示，

输入第一点坐标：100，50；

输入第二点坐标：145，170；

得到平面上一条直线段 L，如图 1—1—9 所示。

如果同时输入 Z 轴坐标如下：

输入第一点坐标：100，50，90；

输入第二点坐标：145，170，90；

得到的是空间中一条直线 L，由于第一点和第三点使用了相同的 Y 轴坐标值，因而这条直线平行于 XY 平面，到 XY 平面的距离是 90，如图 1—1—9 所示。

直线段的命令同时又是一个多段线命令，只要不选择放弃，可以继续指定下一点。

如果我们继续指定第三点坐标：160，120；第四点坐标：100，120（回到第一点）；将得到三条直线段围成的三角形。如果同时输入 Z 轴坐标值，得到的就是一个空间的三角形，如图 1—1—10 所示。而且这个三角形三个顶点到 XY 平面的距离相等（90），也就是说三角形所在的平面与 XY 平面平行。Z 轴坐标值为零的三角形所在平面与 XY 平面重合。

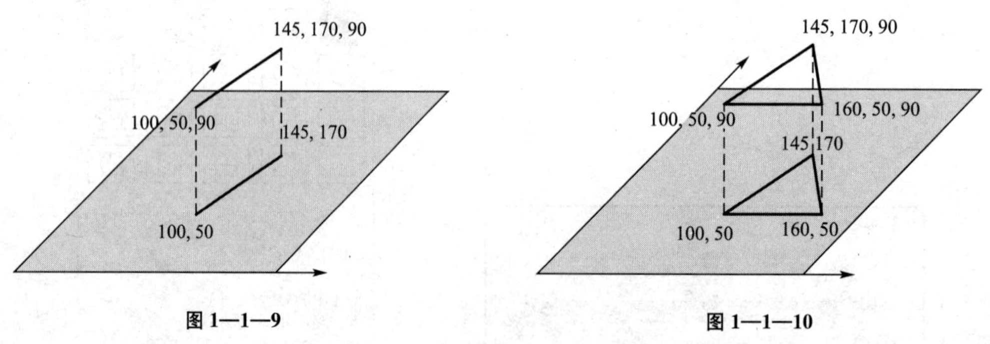

图 1—1—9　　图 1—1—10

在以上的绘图过程中，应该注意到指定连续直线段的第三点后，命令栏提示指定下一点（第四点）时附加了一个［闭合（C）］的选项，这时候可以不必重复键入第一点坐标，而键入选项代号 C↓就可以得到三角形，画其他的多边形也是如此。

3. 多段线的绘制

在 AutoCAD 中还有一个和直线段命令比较相似的绘图命令，即“多段线”绘制命令，用于创建二维多段线。

CAD 的多段线绘制命令——p line(图标：)

二维多段线是作为单个平面对象创建的相互连接的线段序列。可以创建直线段、弧线段或两者的组合线段。

在执行多段线命令过程中，如果每指定一个点都是使用键入坐标的方式或者用鼠标点击来确定点的位置，那么这个指令也可以代替直线段命令来使用，使用的方法过程是一样的。当确定第三点以后同样可以选择[闭合(C)]选项形成封闭的图形，如图 1—1—11 所示。

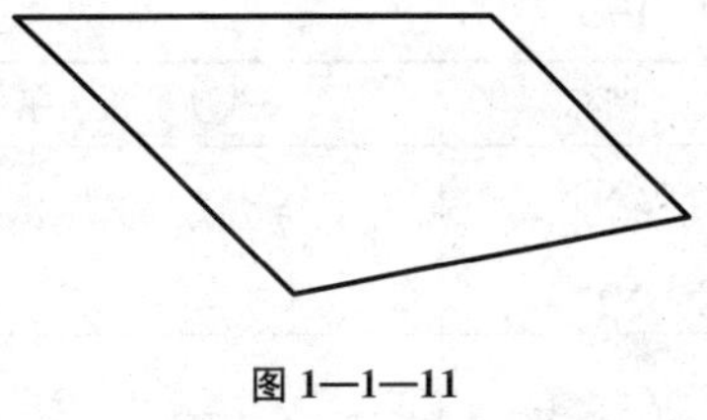

图 1—1—11

p line 命令与 line 命令相比被赋予了更多的选项和特性。在指定第一个点(起始点)以后命令栏中就会出现许多选项：

指定下一个点或[圆弧(A)/半宽 (B)/长度 (L)/放弃 (U)/宽度 (M)]：

(1) 圆弧 (A) 选项：如果选取圆弧选项，那么下一段线段就是圆弧，如图 1—1—12 所示。

(2) 长度 (L) 选项：如果选取长度选项，可以直接键入线段实际长度来绘出下一个线段。这个选项有一个特点：绘出的线段长度值是随机键入的，但线段的方向却会和上一个线段的方向一致，实质上就是将上一个线段延长。即便是在多段线命令的第一个起始点使用这个选项，画出的线段也会依照窗口中最后一个线段的方向，如图 1—1—13 所示。我们把多段线命令的这种特性称为方向继承性。

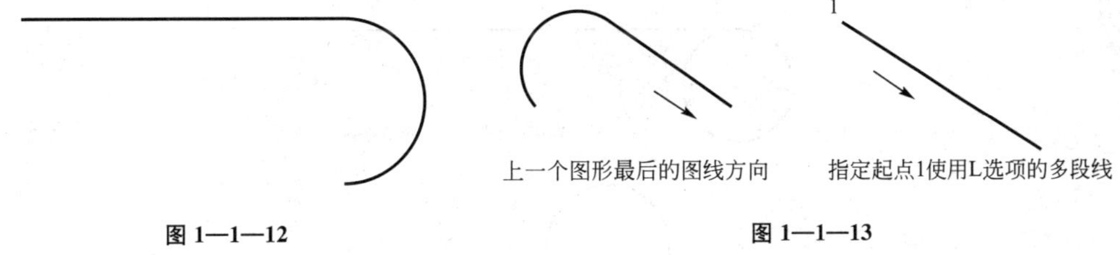

图 1—1—12

图 1—1—13

如果是一个新文件一开始就使用多段线命令，或者窗口中没有直线段图形，并且在第一点就选用 L 选项，那么绘出的线段方向是 X 轴的正方向。多段线命令和直线段命令一样，在第三个点以后命令栏中还会出现［闭合 (C)］选项。

［半宽 (B)］和［宽度 (M)］等选项在机械制图任务中不使用，这里不做介绍。

4. 圆及圆弧的绘制

圆的几何定义是平面上到一点（圆心）的距离（半径）相等的点的集合；圆的一部分则称为圆弧。

绘制圆的最基本方法就是确定圆心和半径（或直径）；也可以使用平面上的三点来确定一个圆；特殊情况下还可以用直径的两个端点来确定直径所在的圆。

（1）绘制圆。

CAD 圆的绘制命令——circle

点击绘制圆的命令图标或直接在命令栏键入 circle↓，命令栏提示：

指定圆的圆心或［三点（3P）/两点（2P）/切点、切点、半径（T）］：

在 AutoCAD 2010 版本中除以上选项之外还增加了［相切、相切、相切（同时与三个对象相切）］的选项，并且为 6 种绘制圆的命令选项创建了快捷图标如表 1—1—1 所示。

表 1—1—1　　绘制圆的命令选项

图标	选项步骤顺序	画　法
	圆心、半径	指定圆心，指定半径
	圆心、直径	指定圆心，指定直径
	两点	指定直径的两个端点
	三点	指定平面上的三点
	相切、相切、半径	指定平面上与圆相切的两点，指定圆的半径
	相切、相切、相切	指定平面上与圆相切的三个点

例：如图 1—1—14 所示，做一个圆使之与图中的直线段以及两个圆都两两相切。

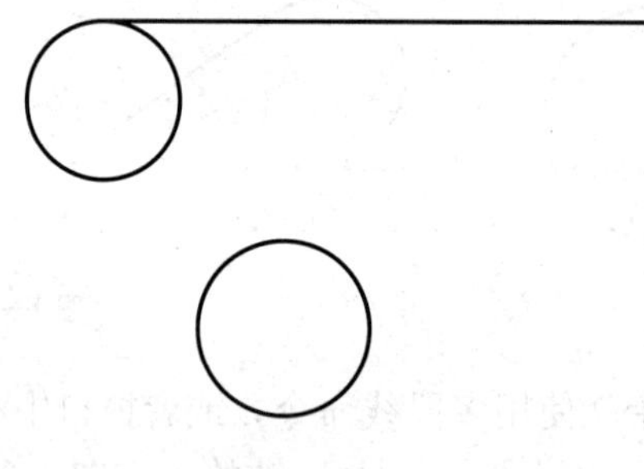

图 1—1—14

点击三切点圆命令图标，命令栏提示：

指定圆上的第一个点：_tan 到

用光标在直线段上拾取一点，命令栏会提示指定第二个点；

用光标在一个圆上拾取一点，命令栏会提示指定第三个点；

用光标在另一个圆上拾取一点，即得到同时与三个对象相切的一个圆，如图 1—1—15 所示。

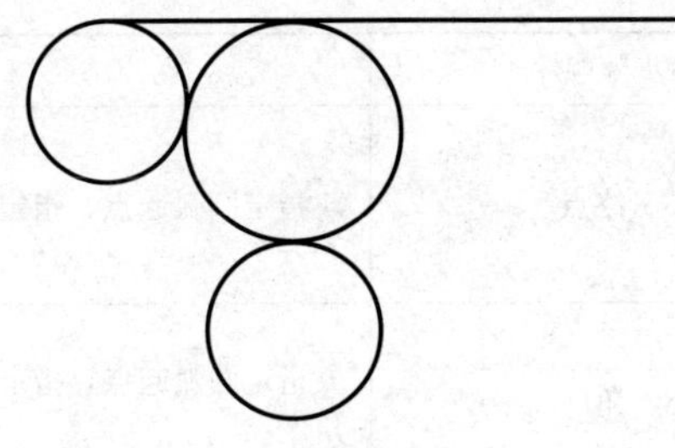

图 1—1—15

注意：由于六种圆命令选项都使用一个键入命令 circle，所以上例中最好直接点击三切点圆命令图标◯；如果一定要使用键入命令的方式，在键入 circle↓后，命令栏提示：

circle 指定圆的圆心或［三点（3p）/两点（2p）/切点、切点、半径（t）］：

此时看到的命令选项中没有［相切，相切，相切］选项，只能借用选项 3p。这时要在命令栏选项后面键入 3p↓，命令栏提示：

指定圆的第一个点：

这时命令栏提示指定的点并不是切点，要更改为切点，需键入字符 tan，并按下空格键。然后用光标拾取直线段上一点，命令栏提示：

指定圆的第二个点：

同样键入字符 tan，并按下空格键。用光标拾取一个圆上的一点，命令栏提示：

指定圆的第三个点：

同样键入字符 tan，并按下空格键。用光标拾取另一个圆上的一点，然后得到我们需要的圆。

选项后面键入：tan＋空格键，空格键按下后会出现字符“to”，中文版的 AutoCAD 会出现“到”，说明调用指定对象与圆的切点的程式被加载。

（2）绘制圆弧。

圆弧的几何定义是指圆上的一部分，所以圆弧的几何要素与圆是一样的；在作图时，我们可以先创建一个圆，再截取圆上的一部分获得圆弧。在 AutoCAD 中，系统配置了直接获得圆弧（通过指定圆弧的端点方法获取圆的一部分）指令。

CAD 的圆弧绘制命令——arc

ARC 的几何定义为连接空间中三点的圆滑连线；要绘制圆弧还可以指定圆心、起点、半径、角度、弦长和方向。

在 AutoCAD 中，提供了多种画圆弧的选项，见表 1—1—2。

表 1—1—2　　绘制圆弧的命令选项

图标	选项步骤顺序	画　法
	三点	连续指定三点确定一个圆弧

（续前表）

图标	选项步骤顺序	画　法
	起点、圆心、终点	指定圆弧起点，指定圆心确定一个圆，在圆上指定终点
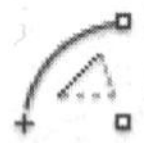	起点、圆心、角度	指定圆弧起点，指定圆心确定一个圆，指定圆半径转过角度
	起点、圆心、长度	指定圆弧起点，指定圆心确定一个圆，指定圆弧的长度
	起点、终点、角度	指定圆弧起点、终点，指定圆弧起点和终点所在半径的夹角
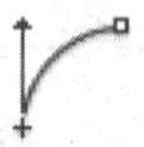	起点、终点、方向	指定圆弧起点，指定终点，指定过终点的切线方向
	起点、终点、半径	指定圆弧的起点、终点，指定圆弧所在圆的半径
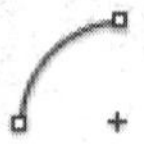	圆心、起点、终点	指定圆弧的圆心，指定圆弧的起点和终点
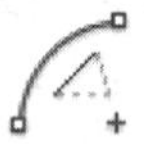	圆心、起点、角度	指定圆心，指定圆弧的起点和终点
	圆心、起点、长度	指定圆心，指定圆弧起点和长度
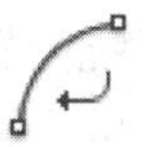	连续	以一个现有的点（或前一个图形终点）为起点绘制连续的圆滑连接圆弧，只要指定终点

从表1—1—2可以看出绘制圆弧指令的第一个选项可以归结为指定圆弧的起点或指定圆弧的圆心，如果直接在命令栏内键入圆弧命令则提示栏一定会出现两个首选选项：起点或圆心。以后的选项决定采用方式。

键入圆弧命令：arc↓；命令栏出现提示：

```
命令：_arc 指定圆弧的起点或［圆心（c）］：
```

命令栏提示选项可以归纳为两点：

1）确定圆，确定圆上两点，得到要求的圆弧；

2）确定平面上的三个点（确定了一个圆），两端点之间的部分就是我们要的圆弧，如

图 1—1—16 所示。

5. 椭圆和椭圆弧的绘制

椭圆的几何定义是平面上将相互垂直平分的一个长轴及一个短轴端点圆滑连接的连线。绘制椭圆的参数就是其长轴和短轴。长轴的一半称为长半轴，短轴的一半称为短半轴。同样的道理椭圆弧是椭圆上的一部分。

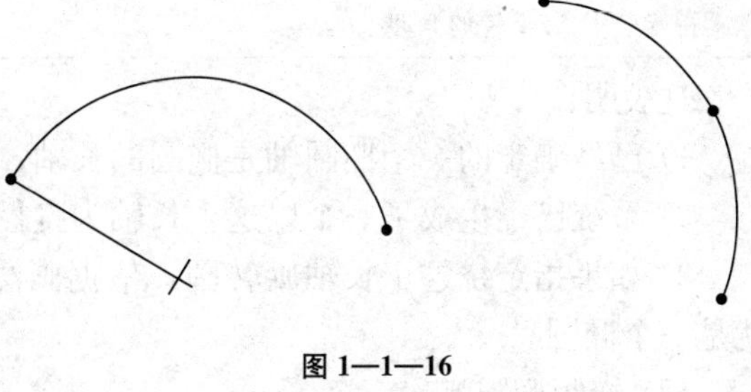

图 1—1—16

(1) 绘制椭圆。

CAD 椭圆绘制命令——ellipse

在 AutoCAD 中有三种关于绘制椭圆的选项方式，如表 1—1—3 所示。

表 1—1—3　　绘制椭圆的命令选项

图标	选项步骤顺序	画　法
	圆心、一轴端点、二半轴长度	点击命令图标，确定圆心，根据提示指定一个半轴的端点，指定另一半轴长度
	一轴端点、二半轴长度	指定一个轴的两个端点，指定另一个半轴长
	圆心、一轴端点、旋转角度	确定圆心，指定一个半轴端点，指定绕一轴旋转角度

例：绘制一个椭圆。

点击绘制椭圆命令，命令栏提示：

指定椭圆的轴端点或［中心点（C）］：

命令栏中提示的“指定椭圆的轴端点”是指指定椭圆长轴或短轴中任意的一个端点。

输入一个端点的坐标：0，0；回车后命令栏提示：

指定另一个端点：

注意：另一个端点与前面指定的端点同一个轴。

输入端点坐标：100，0；回车后生成椭圆的一个轴，命令栏提示：

指定另一条半轴的长度或［旋转（R)］：

注意：另一条半轴的长度是指另一个轴长的一半。

输入：30；回车确认后生成椭圆如图 1—1—17 所示。

在最初的选项中如果选择［中心点（C）］选项，则命令栏会依次提示指定两个半轴长度，结果是一样的。

在绘制椭圆的过程中我们注意到当确定了一个轴之后命令栏有提示选项［旋转（R)］，如果选用了这个选项，命令栏会出现提示：

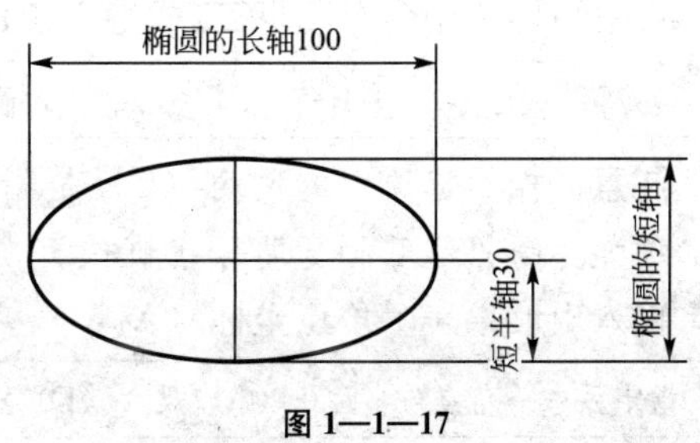

图 1—1—17

指定绕长轴旋转的角度：

这表明：

1）已经确定的一个椭圆轴是椭圆的长轴；

2）系统已经生成了一个以这个长轴为直径的圆；

3）如果指定绕这个长轴旋转圆，依据画法几何的原理，这个圆在平面上的投影部分就是一个椭圆。

（2）绘制椭圆弧。

由于椭圆弧仍然是椭圆上的一部分，所以椭圆弧也可以使用截取椭圆的方法来获得。

在 AutoCAD 中椭圆绘制命令中附加了一个椭圆弧绘制选项。

点击绘制椭圆命令图标或键入：ellipse↓，命令栏提示：

指定椭圆的轴端点或［圆弧（A）/中心点（C）］：

选项［圆弧（A）］便是绘制椭圆弧的选项。在 AutoCAD 中为椭圆弧选项配置了快捷图标。

如图 1—1—18 所示，椭圆弧上的前两个点确定第一条轴的位置和长度；第三个点确定椭圆弧的圆心与第二条轴的端点之间的距离（二半轴长）；第四个点和第五个点确定起始和终止角度。

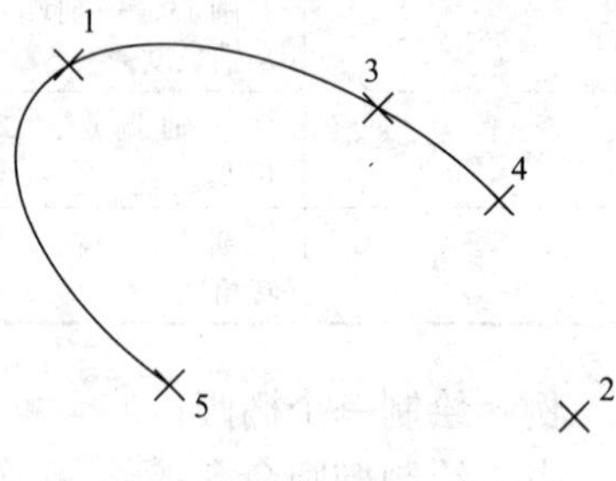

图 1—1—18

这一命令在机械制图时应用比较少，必要时可以先建立一个完整的椭圆，截除多余部分获得椭圆弧，相对来说要更直接和明了些。

6. 多边形的绘制

在机械制图的过程中，多边形通常都是使用多段线绘制。AutoCAD 为一些特殊的多边形配置了直接创建的指令程式，以便更快捷地创建图形，如矩形、正多边形等。

（1）绘制矩形。

CAD 矩形的绘制命令——rectang

在 AutoCAD 中提供了矩形绘制的三种程式：

1）由矩形对角线的两个端点确定；

2）由矩形面积和一个边长确定；

3）由矩形的长与宽确定。

实际上这三种方式都归属于矩形的长与宽问题。

例：使用对角点的方式确定一个矩形。

点击矩形绘制命令图标或键入矩形绘制命令：rectang↓，命令栏提示：

指定第一个角点或［倒角（C）/标高（E）/圆角（F）/厚度（T）/宽度（W）］：

注意：提示选项中的倒角（C）是指倒斜角，选项中的圆角（F）是指倒圆角。其余的选项如标高、厚度和宽度等在机械工程制图中一般不使用。

输入矩形第一个角点坐标（X_1，Y_1），回车，命令栏会提示输入第二个角点：

指定另一个角点或［面积（A）/尺寸（D）/旋转（R）］：

输入矩形对角的第二点坐标（X_2，Y_2），得到矩形如图 1—1—19 所示。

实际上第二点对第一点 X 的相对坐标就是矩形的长，第二点对第一点 Y 的相对坐标就是矩形的宽。

如果指定坐标原点：0，0 为矩形第一角点坐标，那么第二角点的坐标值 X_2 和 Y_2 就分别是矩形长和宽的数值。只是要注意如图 1—1—19 所示的矩形，当第二角点在第一角点的下方（负方向）时，Y_2 是一个负值，其绝对值才是矩形的宽。

在输入矩形的第一角点坐标后，如果使用了命令栏中提示的选项［面积（A)］，那么系统会提示输入矩形的长度或者宽度，然后自动根据选用的面积产生矩形。

如果使用选项［尺寸（D)］，系统会提示指定矩形的长度和宽度。

选项中的［旋转（R)］选项指的是矩形的边与坐标轴夹角，逆时针方向为正值。选择选项旋转，键入：R↓；根据命令栏提示，键入旋转角度 30↓；结果如图 1—1—20 所示。

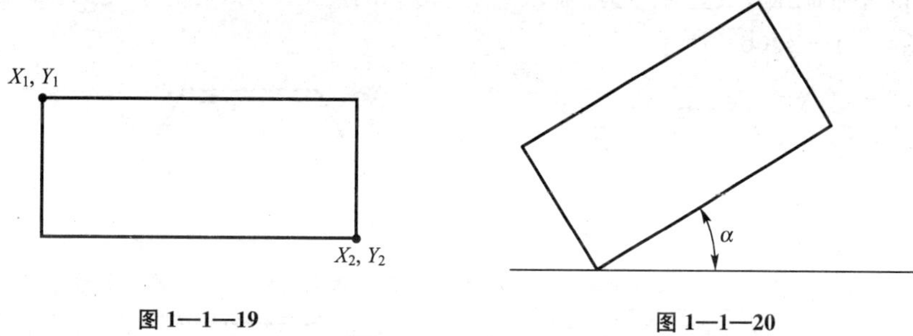

图 1—1—19　　　　**图 1—1—20**

（2）绘制多边形。

CAD 正多边形的绘制命令——polygon

正多边形的几何定义是等边闭合多段线，其参数设置与闭合多边形的内接圆或外切圆相关。

点击绘制多边形命令⬠，或键入绘制多边形命令 polygon↓，命令栏会提示输入边数：

- polygon 输入边的数目 <4>：

<4>是默认初始值，如果直接回车，指令的结果是正四边形。

键入：6↓，视窗命令栏提示输入：

指定正多边形中心点或［边（E)］：

键入中心点坐标或者使用光标在窗口中确定一个点作为中心点；

回车后，命令栏会提示：

输入选项：［内接于圆（I)/外切于圆（C)］I：

“I”是默认选项［内接于圆］，是指多边形的顶点在预定的圆上；

输入：C↓，选择外切于圆，是指多边形各边的中点在预定的圆上；

回车后，命令栏会提示：

输入圆的半径：

输入预定的圆半径，回车，得到一个多边形。

例：画一个正五边形。

点击绘制多边形命令后，视窗命令栏会提示输入边数：

- polygon 输入边的数目 <4>：

输入多边形的边数 6；

指定正多边形中心点或［边（E）］：0，0

键入中心点坐标：0，0 ，或者使用光标在窗口中确定一个点作为中心点；

输入选项：［内接于圆（I）/外切于圆（C）］I：

直接回车选择内接于圆；

输入圆的半径：60

输入预定的圆半径：60↓，得到一个正六边形内接于半径为 60 的圆，如图 1—1—21(a) 所示。而如果我们在输入选项中选择输入“C”得到的是外切于一个半径为 60 的圆的正五边形，如图 1—1—21(b) 所示。

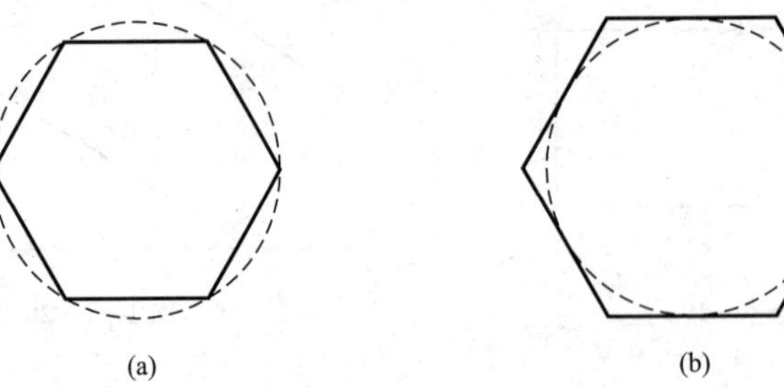

图 1—1—21

二、机械工程制图中的典型画法

在机械工程制图中会经常遇到一些典型的画法问题，使用 CAD 制图命令来实现这些画法可能会有多种方案。怎样选择方案以及怎样实现，要求我们能够熟练地掌握和运用 CAD 绘图命令，并加以灵活运用。

1. 斜度和锥度的画法

在机械制图中经常会遇到有些零件的表面具有一定的斜度或锥度，如图 1—1—22 所示顶尖的尾部锥度为 1∶10。要准确地表达这个锥度，尾部轮廓线必须按 1∶10 的锥度画出。

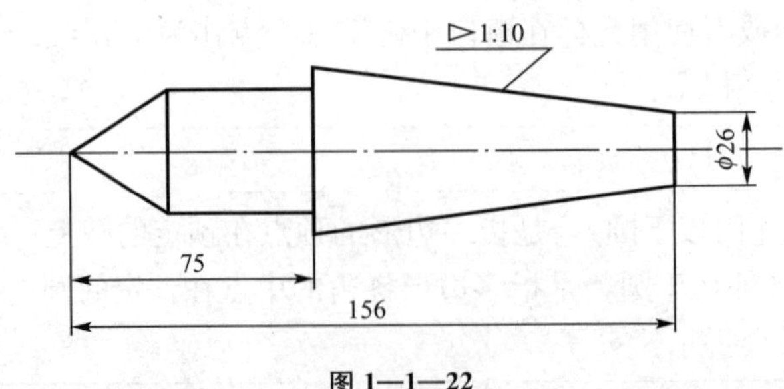

图 1—1—22

使用 CAD 制图解决这类问题的方法有很多，最基本的方法是先画一条斜度为 1∶10

的样线。

使用直线段命令，键入第一点坐标为：0，1；第二点坐标为 10，0；得到的直线段斜度即为 1∶10 ，如图 1—1—23 所示。

使用移动命令将样线移动到画锥度的位置，如果样线不够长，可以使用延长线命令进行延长；或者使用多段线命令，以锥度线的起点为端点，利用多段线的方向继承性画出顶尖的锥度部分轮廓线。

2. 等分线段和等分圆

在机械制图时，经常会遇到等分线段和等分圆的问题。

(1) 等分线段。

在图 1—1—24 中要求将长度 145 的直线段等分为 4 等份，将等分点和端点作为铆钉孔的中心。在传统的手工制图中要使用画辅助平行线的方法，比较烦琐。在 AutoCAD 中可直接使用等分线命令将线段等分。

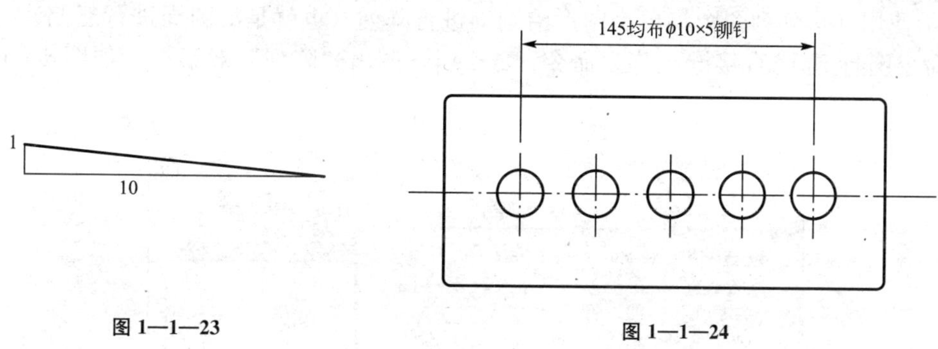

图 1—1—23　　图 1—1—24

CAD 等分命令——divide

在命令栏键入等分命令：divide↓，命令栏会提示：

选择要定数等分的对象：
输入线段数目或 [块 (B)]：

按照提示选择要等分的线段；

键入等分数：4（实际的间隔数）↓；

线段被等分完毕。

注意：如果事先没有将点标记设置为可见，将看不到等分点。

(2) 等分圆。

如图 1—1—25 所示，各部几何形状在圆周上均布。传统的画法需要先将圆周等分，在等分的部位画出几何图形。

1) 等分圆同样可以使用 divide 命令，方法和步骤与等分线相同，原因是圆周的角度是固定的。

2) 在本例中还可以使用 AutoCAD 的另一个命令（array）来解决这个问题。

CAD 图形阵列命令——array

阵列命令包含有平面的矩形阵列、环形阵列和空间的三维阵列。图 1—1—25 所示的图形可以使用二维的环形阵列。步骤如下：

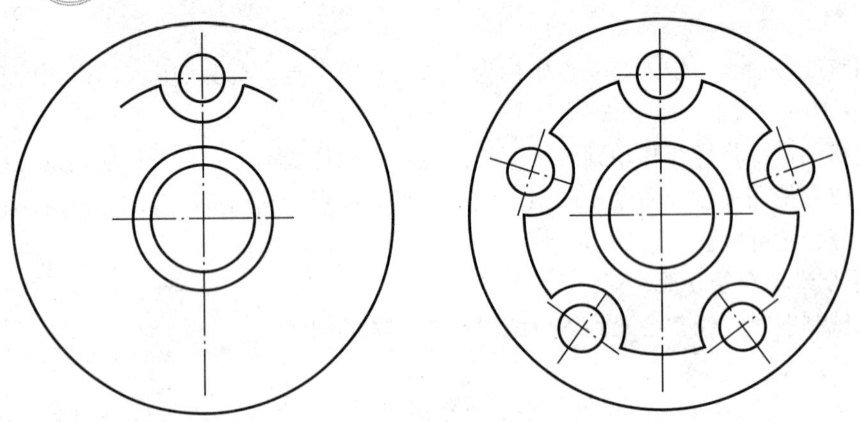

图 1—1—25

1）首先画出各等分部位单个的几何图形。

2）使用环形阵列命令将单个图形沿圆周进行阵列（也就是沿圆周进行复制）。点击阵列命令图标 ⊞ 或直接键入阵列命令：array↓，调出“阵列”对话框，如图 1—1—26 所示。

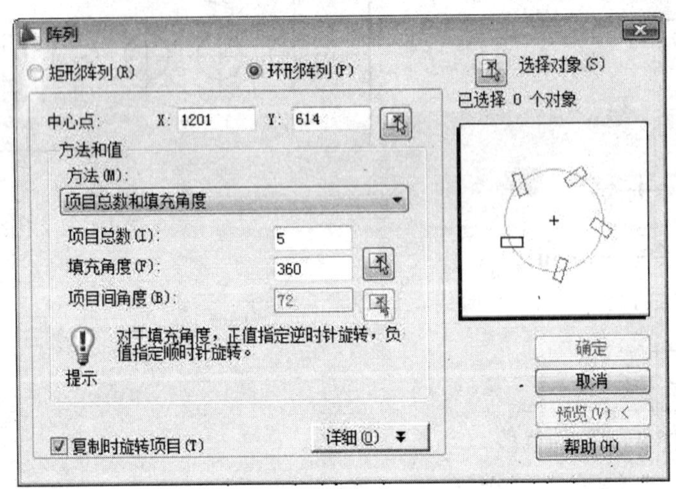

图 1—1—26 “阵列”对话框

3）选择环形阵列。

4）指定阵列中心点（可以直接键入中心点坐标，也可以使用选择中心点按钮）。

5）在项目总数栏中键入数字：5。

6）填充角度选 360（圆周均布）。

7）勾选“复制时旋转项目”；点击“选择对象”按钮，并选择阵列对象，回车。

8）用鼠标拾取圆的中心点；点击“确定”按钮，阵列完毕。

3. 机械制图中的圆弧连接

在机械制图中经常要遇到圆弧与圆弧的连接问题，圆弧与圆弧的连接画法是机械制图的典型画法。

如图 1—1—27 所示，作圆 A 和圆 B 的内公切圆弧和外公切圆弧，将两圆圆滑连接。

在传统的手工制图时绘制两个圆的内公切圆和外公切圆要先利用被连接的两圆的半径以及外公切圆、内公切圆的半径进行计算和画辅助线以确定外公切圆以及内公切圆的圆心。过程比较复杂。

在 CAD 制图中可以使用创建圆的命令，选择适当的选项来完成。

(1) 点击画圆工具图标：

◇ 选择（相切、相切、半径）选项；

◇ 选择圆 A 上一点；

◇ 选择圆 B 上一点；

◇ 指定圆半径 R_1；

◇ 得到圆 A 与圆 B 的外公切圆。

(2) 重复圆命令：

◇ 选择圆 A 上一点；

◇ 选择圆 B 上一点；

◇ 指定圆半径 R_2；

◇ 得到圆 A 与圆 B 的内公切圆。

(3) 点击截断线工具图标：

◇ 右键单击鼠标；

◇ 选择公切圆多余的部分，↓；

◇ 任务就全部完成了，如图 1—1—28 所示。

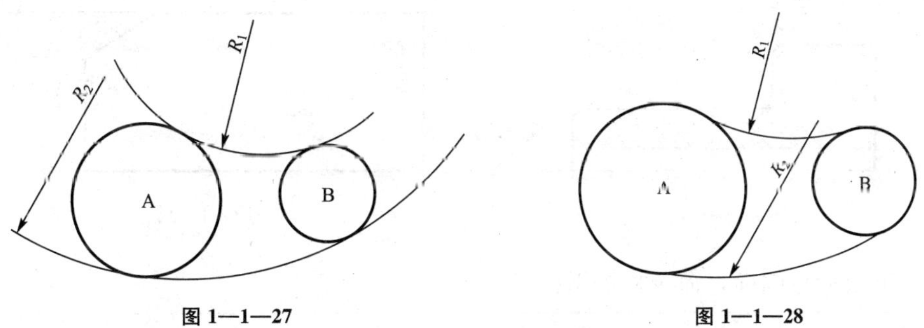

图 1—1—27　　图 1—1—28

4. 圆滑连接两直线段

直线段的圆滑连接实际上是一个圆弧问题，在使用 CAD 制图时可以用圆弧命令来实现，快速实现两直线段间的圆弧连接可以直接使用圆角命令。

CAD 圆角命令——fillet

如图 1—1—29 所示，两条直线段无论是相交、相接，还是相邻，都可以使用圆角命令进行圆滑连接。

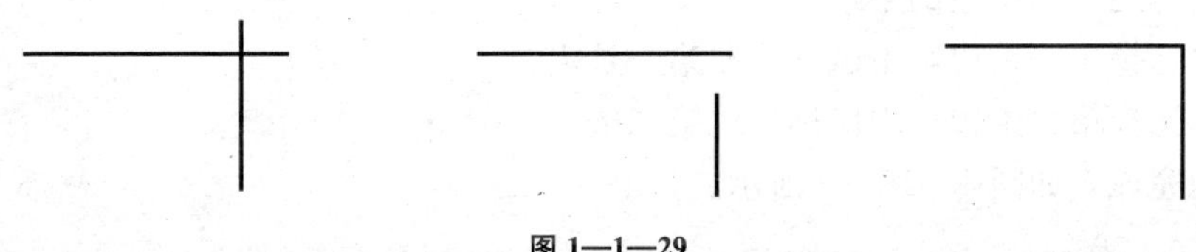

图 1—1—29

点击圆角命令图标或键入命令 fillet↓；

◇ 键入选项代码：*R*（圆角半径选项）↓；

◇ 键入半径值：*X*↓；

◇ 使用鼠标分两次选取相邻的直线段，得到圆滑连接的线段如图 1—1—30 所示。

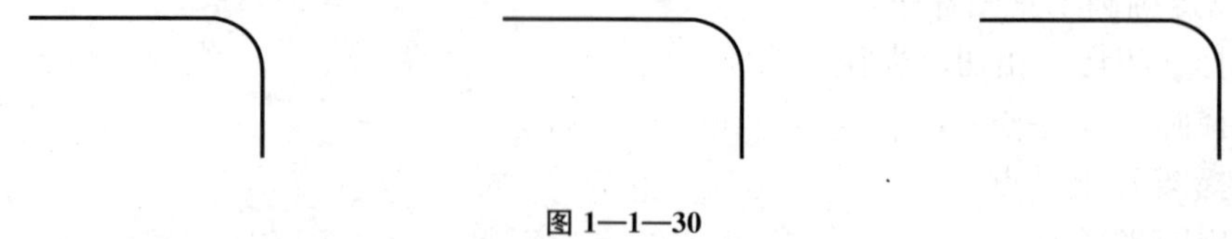

图 1—1—30

5．制图中的“倒角”

在机械制图中经常遇到表达机件倒角的形式，如图 1—1—31 所示。倒角部分的绘制可使用 AutoCAD 的倒角命令来完成。

CAD 倒角命令——fillet

如图 1—1—31 所示，倒斜角命令可以根据绘图时选择对象的次序应用指定的距离和角度。

如图 1—1—32 所示，倒斜角命令对于相邻的两条边而言可以使用不同的倒角距离，且倒角后的角度也不相同。

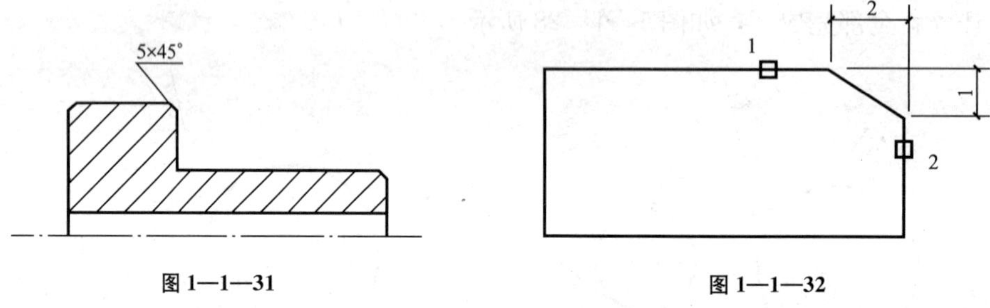

图 1—1—31　　**图 1—1—32**

点击倒角命令图标，命令栏提示：

当前倒角距离：1=0.000 0，2=0.000 0；
选择一条边或［放弃（U）/多段线（P）/距离（D）/角度（A）/修剪（T）/方式（E）/多个（M）］：

第一行提示显示当前系统默认的“修剪”距离：第一条边修剪距离为 0，第二条边修剪距离为 0，如果需要改变选择第二行提示中的距离（D）选项。

(1) 键入：D↓。

◇ 提示指定第一条边倒角距离；键入 2↓；

◇ 提示指定第二条边倒角距离；键入 1↓；

◇ 提示选择第一条边，用鼠标拾取第一条边；

◇ 提示选择第二条边，用鼠标拾取第二条边；

◇ 倒角完成，如图 1—1—32 所示。

(2) 键入：A↓。

◇ 提示指定第一条边的倒角距离；键入 2↓；

◇ 指定第一条边的倒角角度：键入 60↓；

◇ 提示选择第一条边：用鼠标拾取第一条边；

◇ 提示选择第二条边：用鼠标拾取第二条边；

◇ 倒角完成，如图 1—1—33 所示。

和倒圆角命令一样，无论两条直线段是相交、相接，还是相邻，都可以使用倒斜角命令，结果都是一样的，如图 1—1—34 所示。

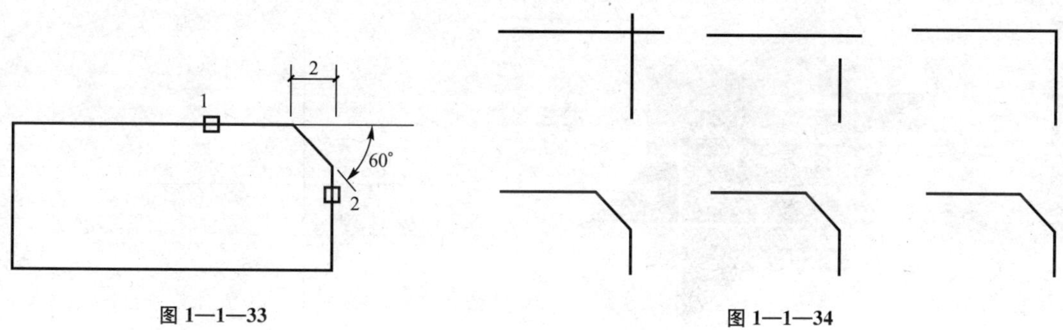

图 1—1—33　　图 1—1—34

第二节　点、线、面的投影

机械制图的目的是通过图形来准确表达构成机件形体的所有几何元素在空间中的位置和相互关系。这些空间关系的表达需要通过把机件向多个方向进行投影。

一、投影面体系的建立

在几何学中，我们一直将 X—Y 坐标系设为第一投影面 H，如图 1—2—1 所示。空间一点 A 在投影面上的投影坐标是（X，Y）。

为了准确表达 A 点在空间的位置，（A 点距离水平面的高度）我们建立了垂直于水平面的另一个投影面 V 并且规定该投影面坐标为 Z，如图 1—2—2 所示。这就是两投影面体系。

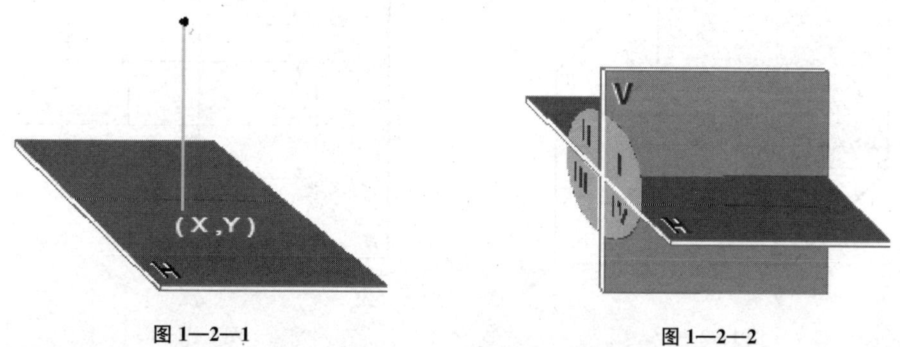

图 1—2—1　　图 1—2—2

在两投影面体系中，我们导入一个与 XY 平面、XZ 平面都互相垂直的另一个平面 W，就构成了一个完整的三投影面体系，又叫做三维坐标体系，如图 1—2—3 所示。

二、第一角投影空间

三个投影面的交点为三维坐标的原点，在这个三维坐标系中所有点的坐标值都按照（X，Y，Z）的顺序排列，三维坐标原点标记为（0，0，0）。

在三面投影坐标体系中，如图1—2—3所示，划分出四个区域并以罗马数字标出顺序，如图1—2—4所示。

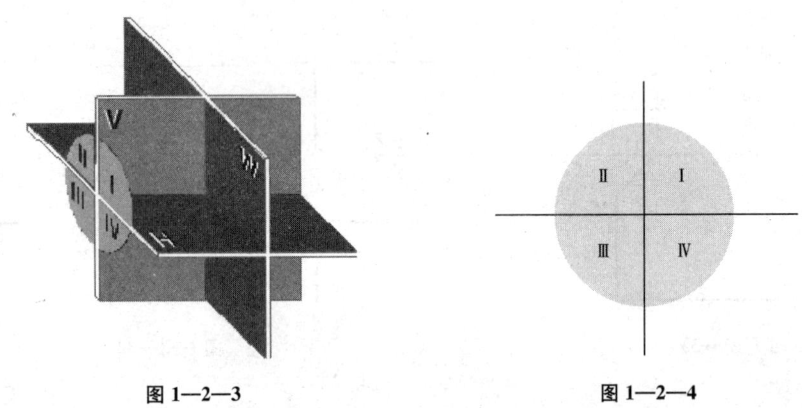

图1—2—3　　图1—2—4

标记为“I”的称为第三角空间。传统的画法几何与投影问题的研究都是以第一角空间为基础，如图1—2—5所示。

空间中一点在三投影面体系中的投影可以总结为：

(1) 点的正面投影（向V平面的投影）连线的长度等于A点的Y轴坐标值。

(2) 点向水平面的投影连线的长度等于A点的Z轴坐标值。

(3) 点A向侧面（W平面）的投影连线长度等于A点的X轴坐标值。

如果将三投影面体系看成空间直角坐标系。点O为坐标原点。由图1—2—5可知，空间点的直角坐标中点A到三个坐标面投影值是（X，Y，Z）。投影值可唯一确定该点的空间位置。

我们将图1—2—5的投影坐标系展开如图1—2—6所示。

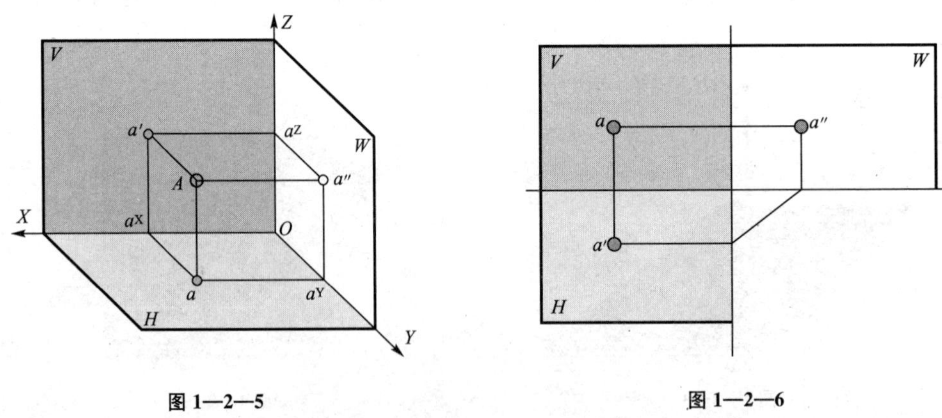

图1—2—5　　图1—2—6

得到A点的三面投影后在图中用细实线将点的两面投影连接起来，如aa'，$a'a''$称为投影连线，a与a''不能直接相连，需借助于45°斜线来实现这个联系。

Aa''——A 点到 W 面的距离；

Aa'——A 点到 V 面的距离；

Aa——A 点到 H 面的距离。

三、空间中特殊位置的点

以上讨论的是空间中一点在一般情况下的投影，在我们设置的制图空间中，有些特殊位置的点，如表 1—2—1 所示。

表 1—2—1 **空间点的投影**

<table>
<tr><th colspan="2">点的位置</th><th>空间坐标图</th><th>三面投影图</th><th>说　明</th></tr>
<tr><td colspan="2">在空间中</td><td>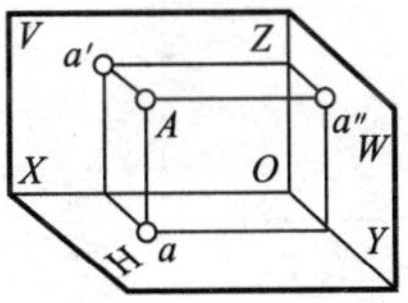</td><td>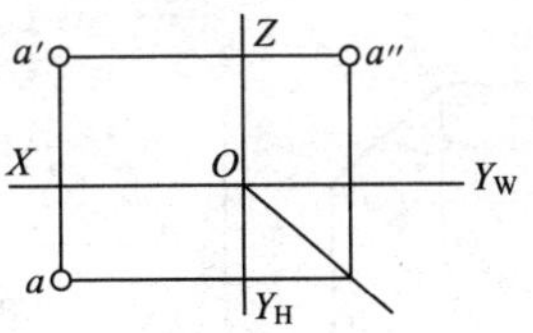</td><td></td></tr>
<tr><td rowspan="3">在投影面上</td><td>H</td><td>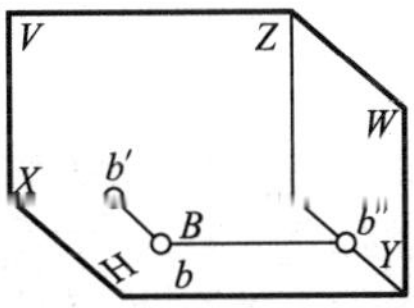</td><td>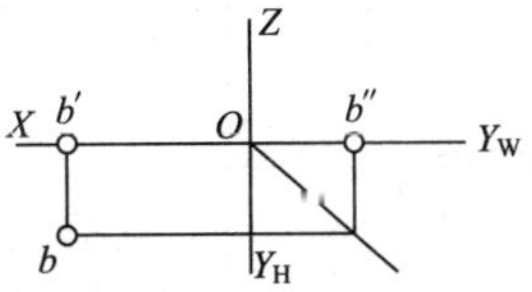</td><td rowspan="3">点处于某投影面上，则对另外两投影面的投影在坐标轴上</td></tr>
<tr><td>V</td><td>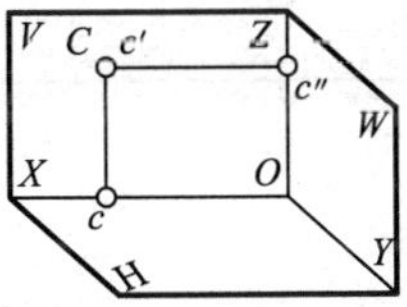</td><td>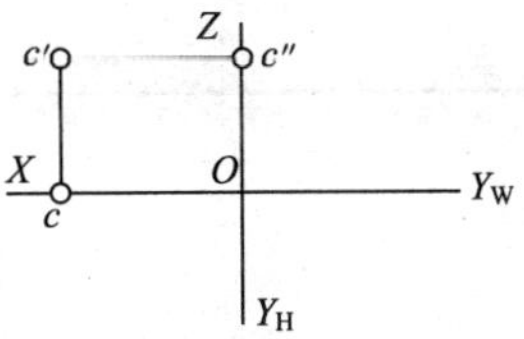</td></tr>
<tr><td>W</td><td>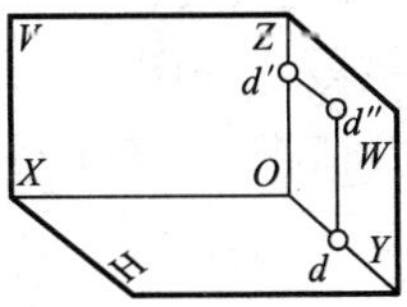</td><td>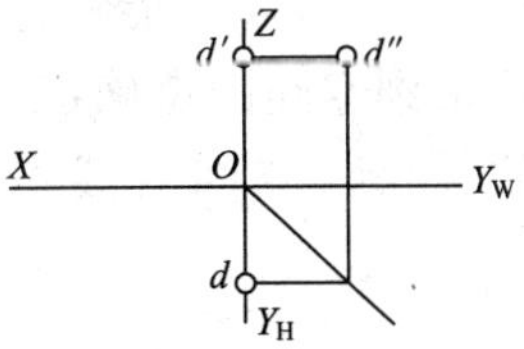</td></tr>
<tr><td>在投影轴上</td><td>X</td><td>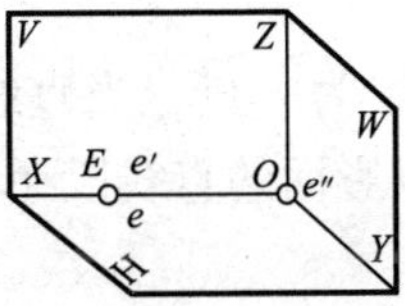</td><td>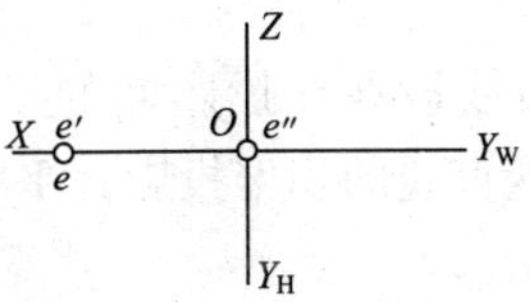</td><td>点在某投影轴上，则对相邻两投影面的距离为零，对另外一个投影面的投影在原点上</td></tr>
</table>

（续前表）

点的位置		空间坐标图	三面投影图	说　明
在投影轴上	Y	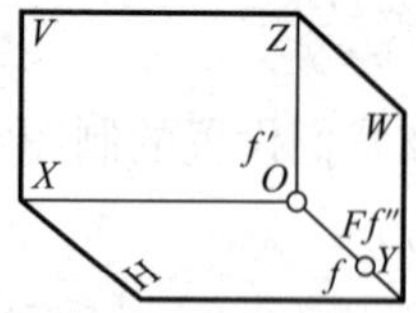 V Z W X f′ O F f″ Y H f	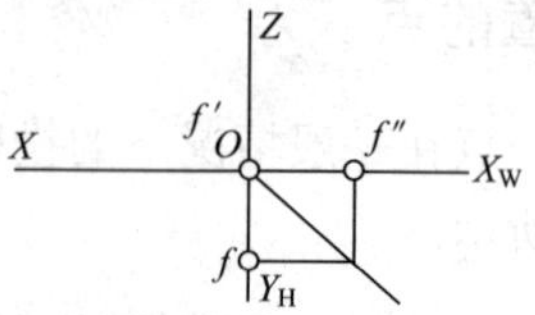 Z f′ O f″ X X_W f Y_H	点在某投影轴上，则对相邻两投影面的距离为零，对另外一个投影面的投影在原点上
	Z	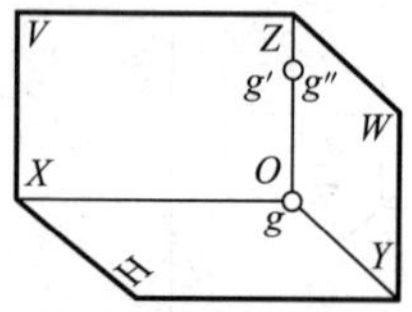 V Z g′ g″ W X O g Y H	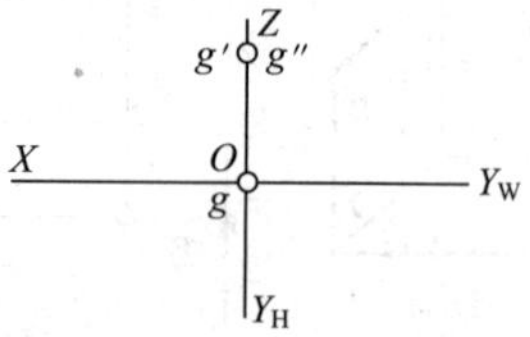 Z g′ g″ X O Y_W g Y_H	
在原点上		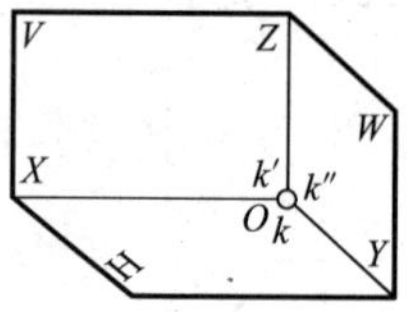 V Z W X k′ k″ O k Y H	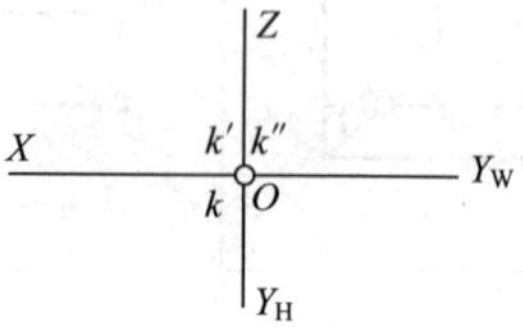 Z X k′ k″ Y_W k O Y_H	对三投影面投影均重合在原点上

四、直线段的投影

我们在研究直线的特性时，由于直线定义为无限长、没有端点，所以一直以来都是取直线上的一部分（直线段）来作为研究的对象。空间中，两点可以确定一条唯一的直线。

因此，具有两个端点的一条直线段，能够完全反映出直线的特性。

在上一节中，我们已经讲到空间两点确定一条直线段，如图 1—2—7 所示空间两点 A、B 以及两点间直线段的投影。空间直线段的投影情况可以通过两端点的投影来分析。

1. 直线段的投影特性

直线段的投影一般仍为直线段。当直线段与投影面处于不同位置时有如下投影特性：

(1) 垂直于投影面的直线段在该投影面的投影积聚为一点。当直线段垂直于投影面时，正投影为一点，称为该直线的积聚投影。平行于投影面的直线段在该投影面的投影反映实长，如图 1—2—8 所示。

(2) 倾斜于投影面的直线段在该投影面的投影比实长短，如图 1—2—9 所示。

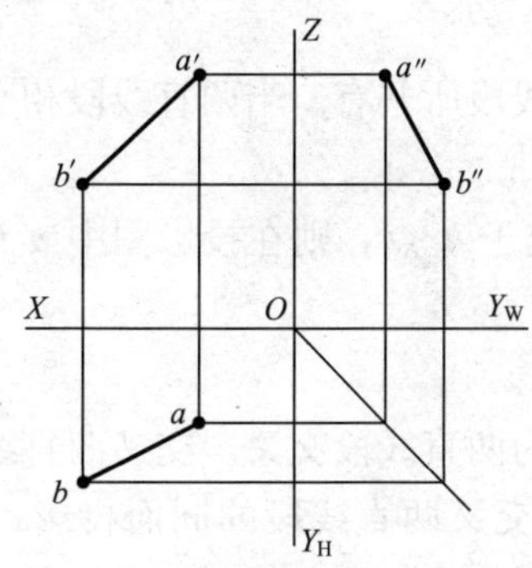

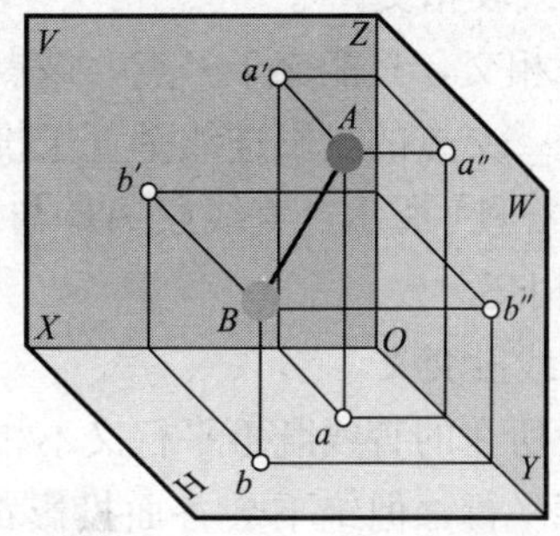

图 1—2—7

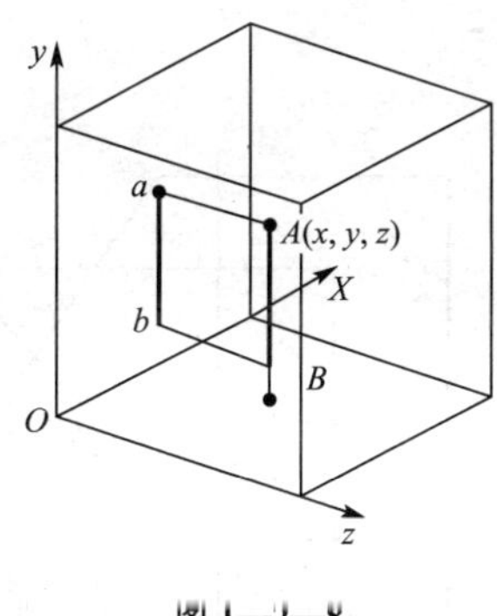

图 1—2—8

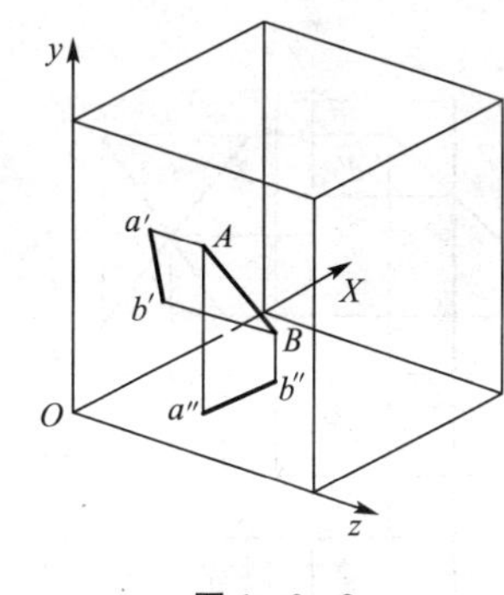

图 1—2—9

2. 直线段的三面投影

求作直线的投影，只需确定该直线上两个点的投影，将这两个点的同面投影连接起来，就是该直线段的投影，如图 1—2—9 所示。

直线段上的点，其投影具有从属性和定比性。直线段上的点分割直线段之比，投影后其比例关系保持不变。

3. 空间两直线段的相对位置

空间两直线段的相对位置有三种情况：两直线段平行、两直线段相交和两直线段交叉。

(1) 两直线段平行。

如图 1—2—10 所示，两直线段平行，其同面投影必定平行；反之，如两直线段的三个同面投影都互相平行，则此二直线段在空间也一定平行。

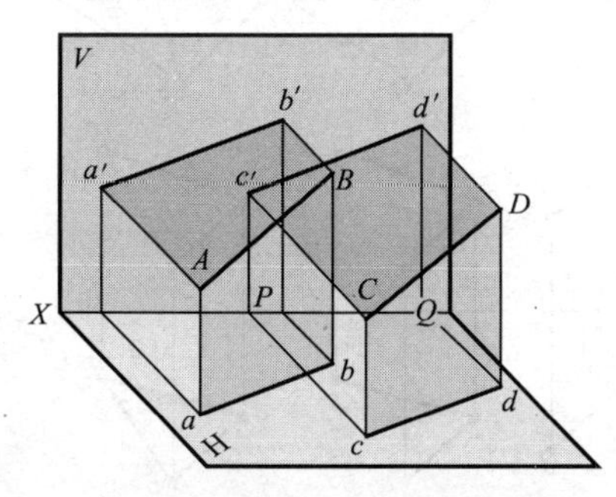

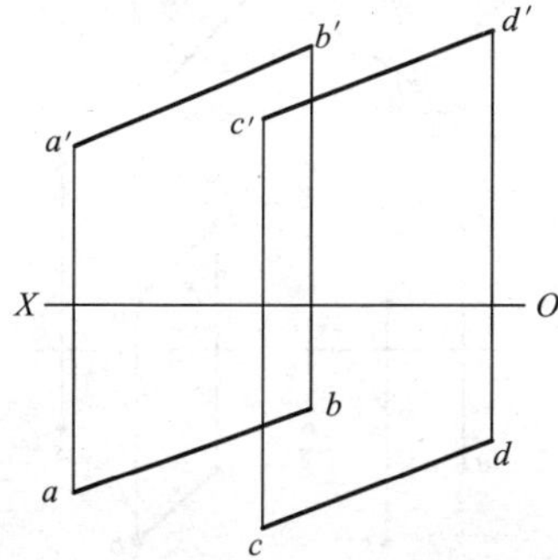

图 1—2—10

(2) 两直线段相交。

两直线段相交，只能交于一点，该点为两直线段所共有。当两直线段相交时，其同面投影一定相交，交点的投影连线垂直于投影轴。

如图 1—2—11 所示，直线段 AB 与 CD 相交于 k 点，则在投影图中 $a'b'$ 与 $c'd'$，ab 和 cd 也一定相交。

(3) 两直线段交叉。

两直线段所在的直线既不平行又不相交，称为两直线段交叉。交叉两直线段的同面投影，有时可能平行，但绝不会各面投影都平行。交叉两直线段的同面投影，有时可能相交，但各投影面的交点，绝不会符合同一点的投影规律，即各组同面投影交点的连线不垂直于相应的投影轴，如图 1—2—12 所示。

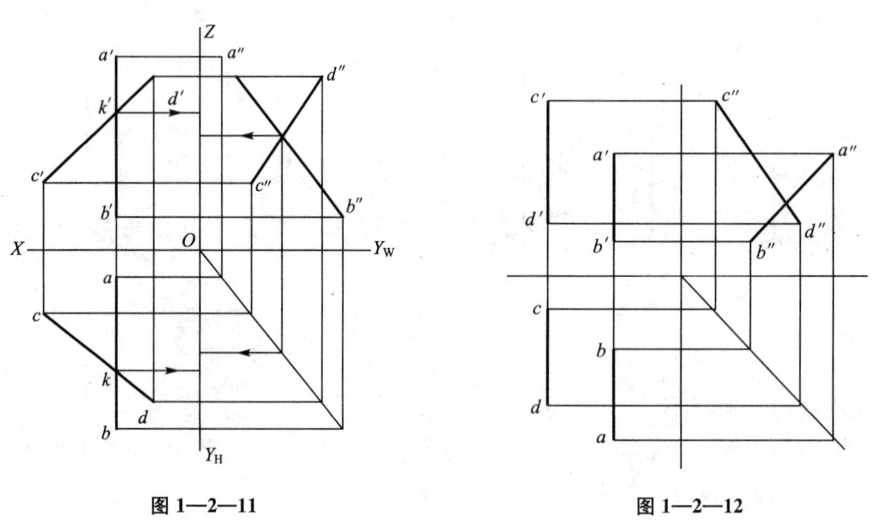

图 1—2—11　　图 1—2—12

五、平面的投影

立体表面上的平面都是有边界的封闭有限的平面（如三角形、矩形、圆等），称为平面图形。平面边界线的投影就是平面投影轮廓线，如图 1—2—13 所示。

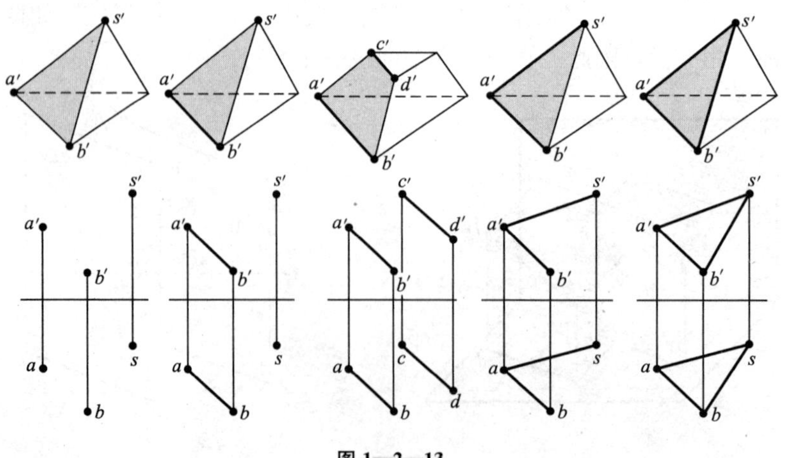

图 1—2—13

1. 平面的投影特性

三投影面体系中，垂直于一个投影面，而与另外两个投影面倾斜的平面，称为投影面垂直面。垂直于 H 面而与 V、W 面倾斜的平面，称为铅垂面；垂直于 V 面而与 H、W 面倾斜的平面，称为正垂面；垂直于 W 面而与 H、V 面倾斜的平面，称为侧垂面。

投影面垂直面的投影特征：在它所垂直的投影面上的投影，积聚为一条与投影轴倾斜的直线，该直线与投影轴的夹角分别反映了平面与另外两投影面倾角的真实大小；其余两面投影具有类似性。

2. 投影面垂直面的投影特征

当图形平面垂直于 H 面时，如图 1—2—14 所示。

(1) 在 H 面的投影积聚成一条线段；

(2) β、γ 角反映平面对 V、W 投影面的倾角。

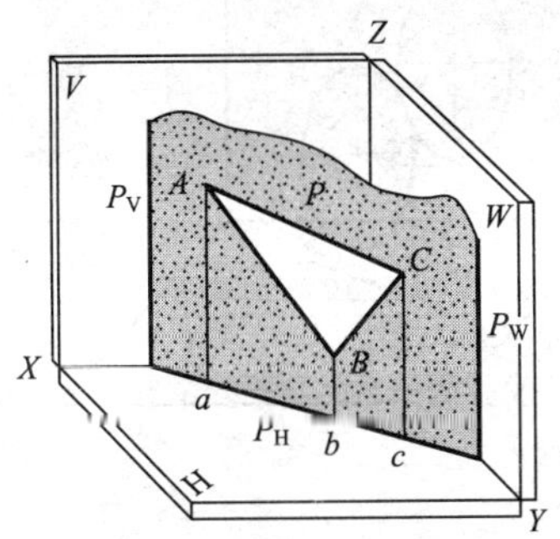

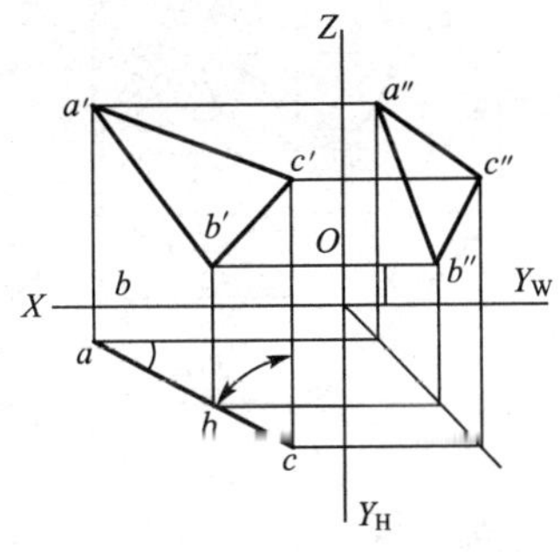

图 1—2—14

当图形平面垂直于 V 面时，如图 1—2—15 所示。

(1) 在 V 面的投影积聚成一条线段；

(2) α、γ 角反映平面对 H、W 投影面的倾角。

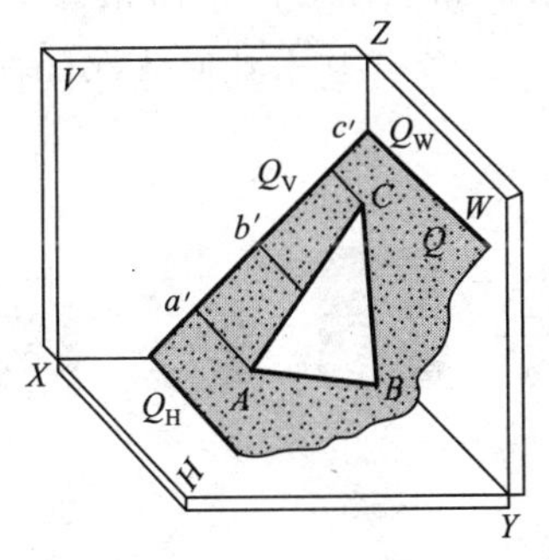

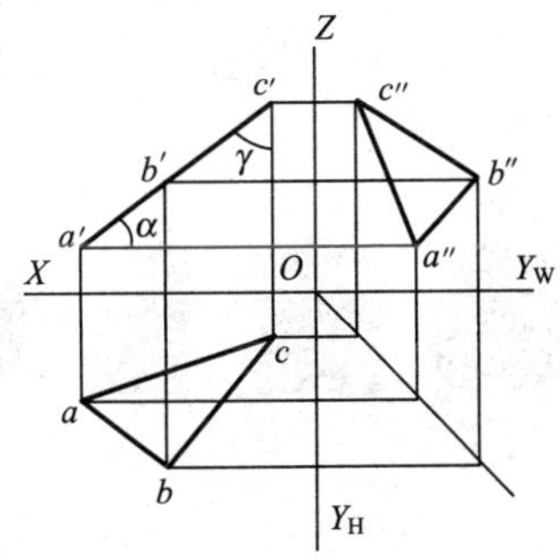

图 1—2—15

当图形平面垂直于 W 面时，如图 1—2—16 所示。

(1) 在 W 面的投影积聚成一条线段；

(2) β、α 角反映平面对 V、H 投影面的倾角。

如图 1—2—17 所示，一个圆所在的平面如果不平行于投影面，则在投影面上得到的投影就是一个椭圆。当平行于 V 面的圆绕竖轴旋转一个角度 α 时，则在投影面 V 上的投影为一个椭圆。CAD 中，椭圆绘图指令中的旋转选项就是依据这一投影原理设置的。

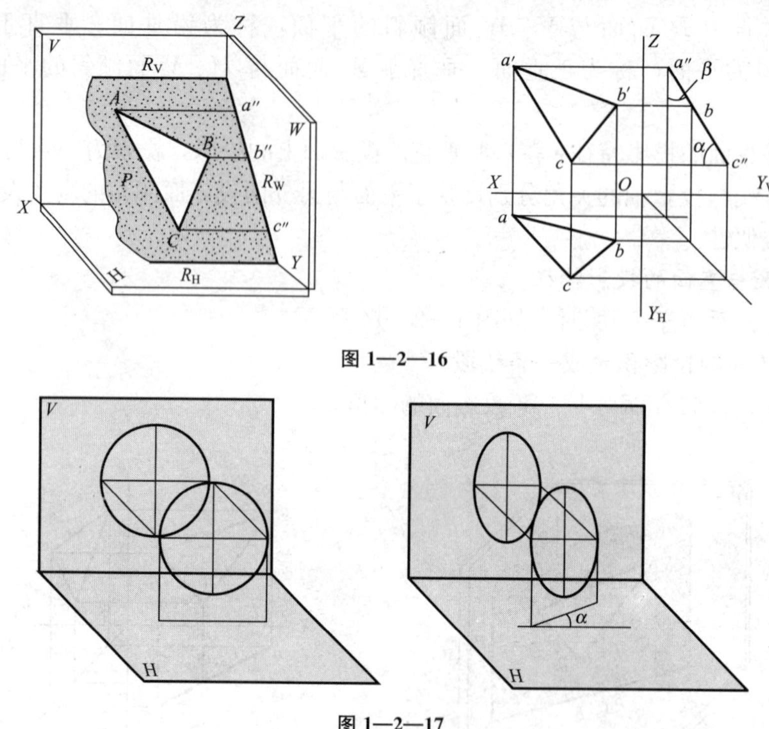

图 1—2—16

图 1—2—17

第三节　基本几何体

一、常见基本几何体

基本几何体可分为平面立体和曲面立体两大类，如图 1—3—1 所示，平面立体有棱柱、棱锥等；曲面立体有圆柱、圆锥、圆球和圆环等。这些基本几何体都具有独立的几何特征和结构几何元素。

图 1—3—1

AutoCAD 提供了多种基本几何体绘图程式和指令，见表 1—3—1。

表 1—3—1　　基本几何体绘图指令

图标	指令名称	构成体的几何元素
	圆锥体 cone	圆锥体的几何元素是底面圆心、半径和高

（续前表）

图标	指令名称	构成体的几何元素
	球体 sphere	球体的几何元素是球心和球半径
	长方体 box	长方体的几何元素是长、宽和高
	棱锥体 pyramid	棱锥体的几何元素是底面边长和高
	楔体 wedge	楔体的几何元素是底面长方体的长、宽和楔体的高
	圆环体 torus	圆环体的几何元素是圆环的中心、圆环半径和环体半径
	圆柱体 cylinder	圆柱体的几何元素是底面中心、底面半径和圆柱的高

1. 绘制圆锥体

圆锥体绘制命令——cone

点击绘制圆锥体命令，命令栏提示：

指定底面中心点或［三点（3p）椭圆（E）]：

输入底面中心点坐标，命令栏提示：

指定底面半径或［直径（D)]：

输入底面半径，回车，命令栏提示：

指定高度或［顶面半径（T)]：

输入高度，回车得到一个圆锥，如图 1—3—2(a）所示。

如果使用了［顶面半径（T)］选项，得到的将是一个圆台，如图 1—3—2(b）所示。

如果使用了［椭圆（E)］选项得到的是一个椭圆锥或椭圆台，如图 1—3—2(c）所示。

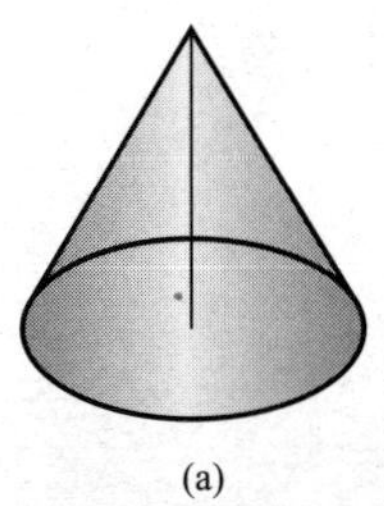

(a)

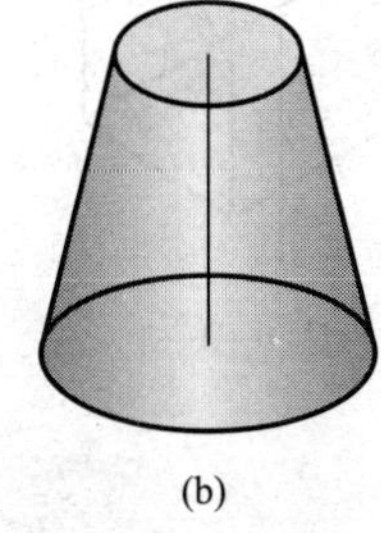

(b)

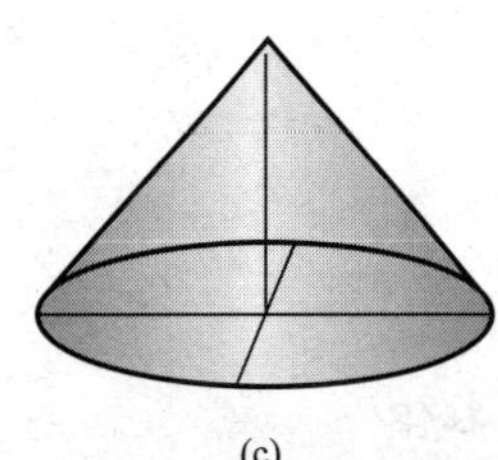

(c)

图 1—3—2

2. 绘制矩形立方体

矩形立方体绘制命令——box

点击长方体绘制命令，命令栏提示：

指定第一个角点或［中心（C）］：

可以输入第一角点坐标，然后根据命令栏的提示继续输入第二交点坐标，绘制出一个矩形，过程和平面矩形的画法一样，生成矩形后命令栏会提示指定矩形的高度，输入高度以后回车即生成矩形。但在实际机械工程图样的绘制中为了控制图形的基准点，常用的方式是使用［中心（C）］选项。

输入：C↓；

指定中心：

输入中心坐标：0，0↓；

指定角点或［立方体（C）/长度（L）］：

输入：L↓；

指定长度：

输入：400↓；

指定宽度：

输入：600↓；

指定高度：

输入250↓。

生成一个长400（X轴方向）、宽600（Y轴方向）、高250（Z轴方向）的立方体，如图1—3—3所示，且立方体的中心在坐标原点（0，0，0）。

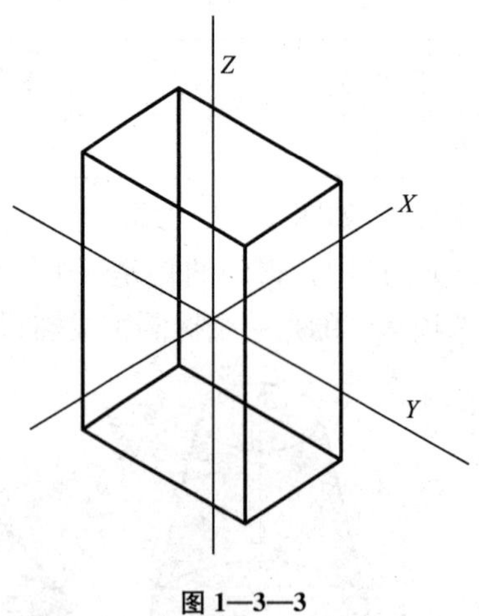

图1—3—3

3. 绘制圆柱体

圆柱体绘制命令——cylinder

点击绘制圆柱体命令，命令栏提示：

指定底面中心点或［三点（3p）椭圆（E）］：

命令栏的提示选项和绘制圆锥体一样，只要确定底面然后根据系统提示指定圆柱的高。生成底面可以使用多种选项。如果底面是一个椭圆，生成的就是一个椭圆柱体，如图 1—3—4 所示。

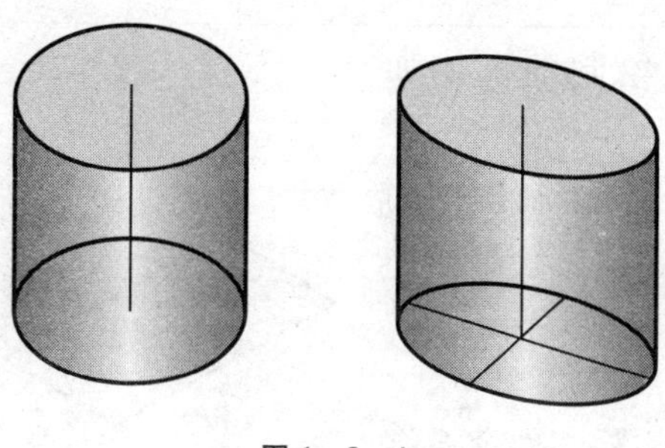

图 1—3—4

4. 绘制圆环

圆环绘制命令——torus

点击绘制圆环命令，命令栏提示：

指定底面中心点或［三点（3p）半径（T）］：

这实际上是要先确定一个圆，这个圆是我们要绘制的圆环："环"部分的中心轴，如图 1—3—5 所示。

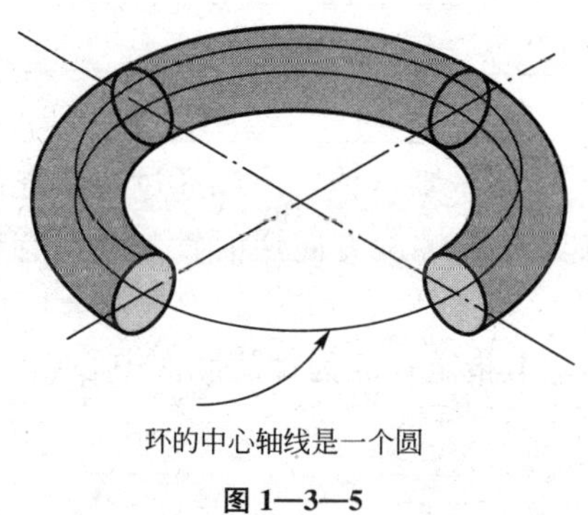

图 1—3—5

输入中心点坐标 0，0↓；命令栏提示：

指定半径或［直径（D）］：

输入半径值：60↓；

指定圆环半径或［直径（D）］：

输入环体半径 20↓，生成圆环。

5. 绘制楔体

楔体绘制命令——wedge

点击楔体绘制图标或者键入：wedge↓；

指定第一角点：

键入第一角点坐标↓；

指定第二角点：

键入第二角点坐标↓；

指定高度：

键入高度值：X↓。绘制的楔体如图1—3—6所示。

要说明一点，AutoCAD绘制楔体的命令中有一个缺省的参数，就是绘制楔体的倾斜方向；系统默认为X轴方向。

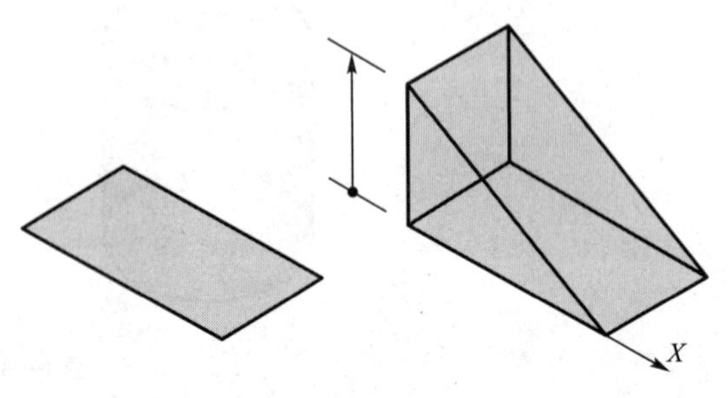

图1—3—6

6. 绘制螺旋体

在机械工程图中常有些零部件含有螺旋元素，如螺纹、弹簧等。在使用CAD制图时，创建这些螺旋体，首先要确定螺旋体的截面，再创建一条螺旋线，作为螺旋体的中心轴线。然后执行扫掠命令，使截面图形沿中心轴线（螺旋线）生长（在AutoCAD中称为扫掠）创建出螺旋体。

(1) 创建螺旋线。

螺旋线绘制命令——sweep（图标：）

点击螺旋线绘制命令图标或键入：sweep↓，命令栏提示：

圈数=3　扭曲=CCW

指定底面中心点：

提示栏中："圈数=3"，为系统默认值，可以通过选项进行改变；

"扭曲=CCW"，为系统默认的螺旋方向逆时针方向，与标准螺纹、标准弹簧等方向一致，不必进行改变。

根据提示，用鼠标在屏幕上指定一点为螺旋底面中心点，命令栏提示：

指定底面半径或［直径（D）］：

键入一个数值：30↓，命令栏提示：

指定顶面半径：

键入：30↓（也可以键入不同的半径值，创建的将是一个塔形螺旋）。命令栏提示：

指定螺旋高度或［轴端点（A）/圈数（T）/圈高（H）/扭曲（W）］：

键入：30↓，创建了一个螺旋，如图1—3—7所示。

如果需要改变螺旋的圈数可以选择［圈数（T）］选项；也可以通过选择［圈高（H）］选项来改变圈数，圈高×圈数=螺旋高度。

螺旋线的旋转方向（由下而上的生长方向）初始设定为逆时针方向；如果需要改变螺旋方向可以选择［扭曲（W）］选项来实现。在［扭曲（W）］选项下键入顺时针方向指令代号：CW。这个选项在需要创建左旋螺纹时是有用的。

螺旋线主要应用于SWEEP（扫掠）的扫掠路径。以螺旋线为扫掠路径创建的三维实体就是螺旋体。

（2）创建螺旋体截面（又称为螺旋体的横断面）。

要创建螺旋体必须先确定螺旋体的截面。注意这里所指的“面”与封闭的多边形在定义上有着严格的区别。平面上多条线段首尾连接而成的封闭的图形称为多边形；平面上多条线段首尾连接所包围的“域”称为面，如图 1—3—8 所示。

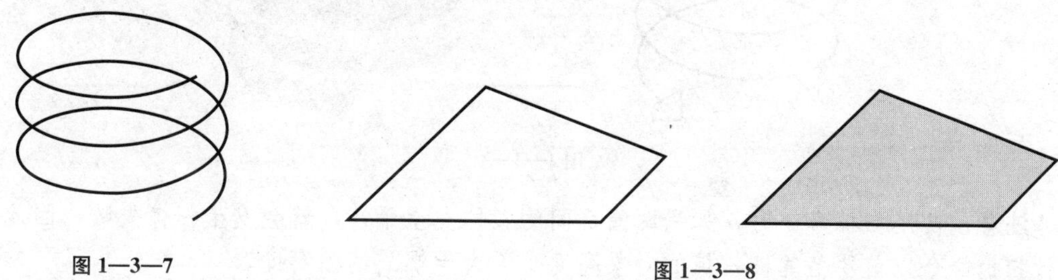

图 1—3—7

图 1—3—8

在 AutoCAD 中将封闭多边形围成的面定义为面域（Region），Region 是可编辑的二维实体。进行扫掠的对象必须是可编辑的二维实体面。通常的多边形不具有面的性质。

有多种方法可以获得二维实体面域：

1）AutoCAD 二维制图命令 circle（圆）、rectang（矩形）、ellipse（椭圆）以及 polygon（正多边形）所创建的图形都是二维实体面域。

2）使用 pedit（多段线编辑命令）对封闭的多段线进行编辑，也可赋予所包围的图形以面域的性质。

3）使用 region（面域）命令直接赋予多边形面域性质。

如图 1—3—8 所示，使用多段线命令 p line 绘制一个梯形；

点击面域命令 region 图标，命令栏提示：

选择对象：

根据提示，使用框选选取围成梯形的全部多段线，↓；梯形被赋予面域特性。

注意：在使用面域命令时有可能会遇到下列情况，被选取的图形不能被赋予面域特性。

已提取 0 个环

已创建 0 个面域

命令栏中的提示说明被选取的多段线不是闭合多段线。

只能打开共面对象

已创建 0 个面域

（3）执行扫掠命令创建螺旋体。

扫掠创建三维实体命令——sweep（图标：）

sweep 命令将沿指定路径扫掠二维对象创建三维实体。

如图 1—3—9 所示为二维实体梯形面域指定螺旋线为扫掠路径。

点击 sweep 图标，命令栏提示：

选择扫掠对象：

鼠标选取梯形；命令栏提示：

选择扫掠路径：

鼠标选取螺旋线。扫掠完成，如图1—3—9所示。

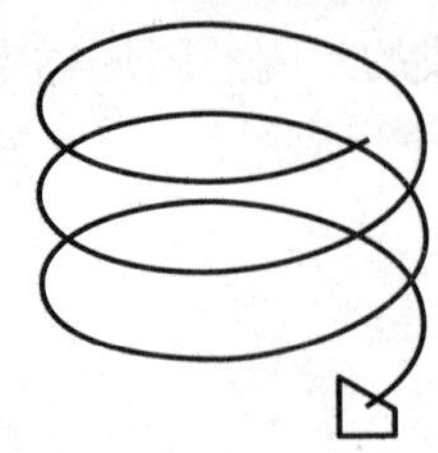

图1—3—9

注意：使用扫掠命令时，如果两圈之间的实体发生干涉，就会发生扫掠失败，因此在执行扫掠命令以前要估算被扫掠的对象高度是否大于螺旋的圈高度。

二、回转体

1. 回转体解析

回转体的特征是，它一定有一个中心轴，回转体表面上的任何一点都有一个关于这个对称轴的对称点，回转体可以看做是一个与对称轴平行的平面绕对称轴一周所构成的几何体，如图1—3—10所示。

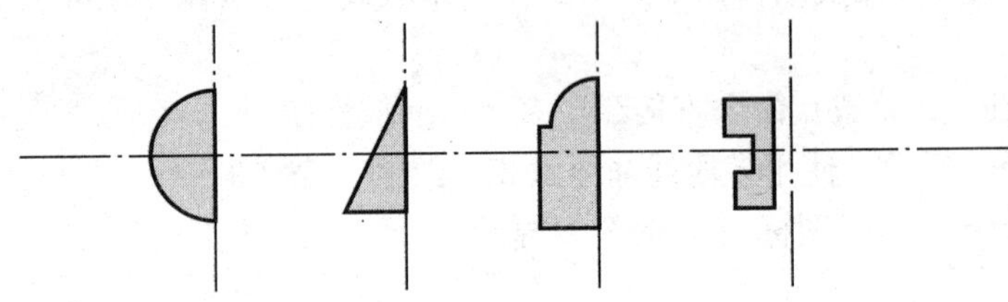

图1—3—10

图1—3—10所示的图形绕对称轴回转后得到的几何体如图1—3—11所示。在AutoCAD环境中，可以执行三维实体编辑命令中的“回转”命令来实现回转体的创建。

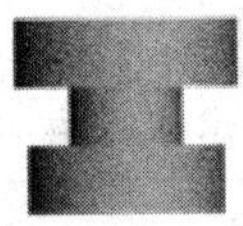

图1—3—11

2. 创建回转体

CAD回转命令——revolve（图标：）

点击回转命令图标或直接键入revolve，命令栏提示：

选择要旋转的对象：
指定轴起点或根据以下选项之一定义轴［对象（O）/X/Y/Z］<对象>：
指定轴端点：
指定旋转角度或［起点角度（ST）］<360>：

如图 1—3—12 所示，选择“1”为回转对象，选择“2”、“3”为回转轴端点。回转完成后的图形如图 1—3—13 所示。

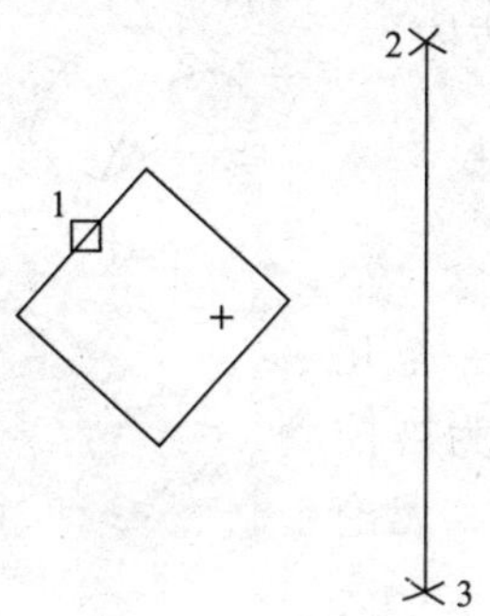

图 1—3—12

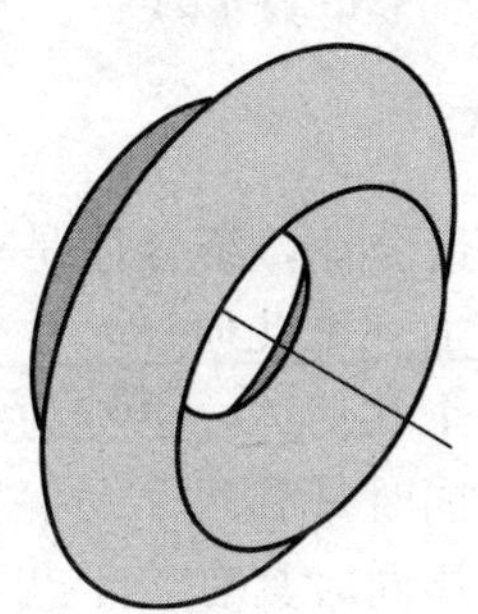

图 1—3—13

3. 使用创建回转体命令时应注意的问题

(1) 在 AutoCAD 中文版中“revolve”翻译为“旋转”，与另一个旋转命令“rotate”有概念上的混淆，本书中将 revolve 解释为“回转”。

(2) 在 AutoCAD 中被回转的二维对象是封闭的面域时，回转后创建的是三维实体，如图 1—3—13 所示；被回转的是开放的对象如多段线，则回转后创建的是一个曲面，如图 1—3—14 所示。

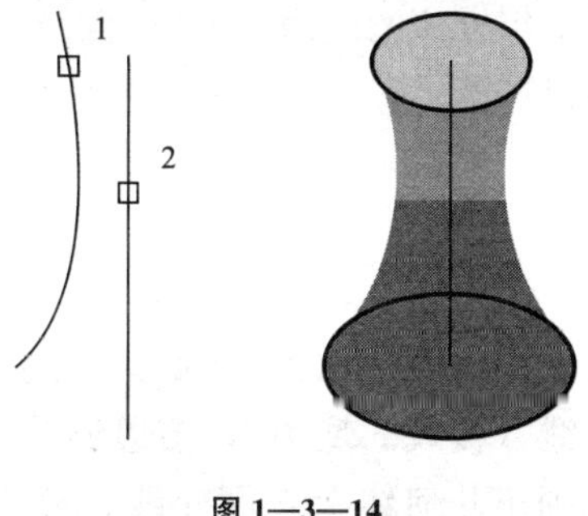

图 1—3—14

三、拉拔体

1. 拉拔体的定义

拉拔体是一个固定形状的平面沿着一定的路径拉伸而成的几何体。拉拔体的特征是任意的垂直于路径的截面形状相同，如图 1—3—15 所示。

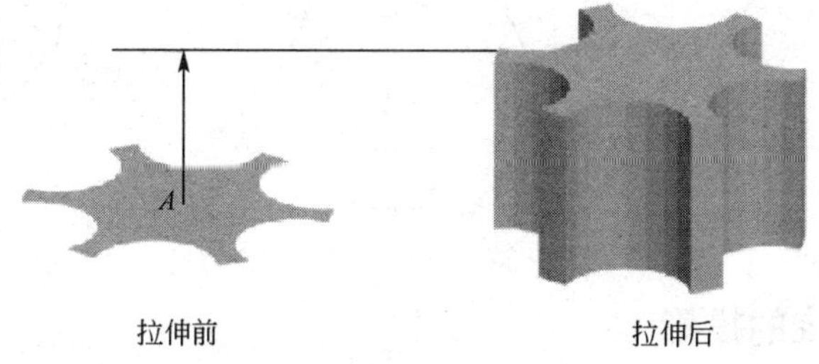

拉伸前　　拉伸后

图 1—3—15

2. 创建拉拔体

CAD 拉拔（拉伸）命令——extrude（图标：）

在 AutoCAD 制图命令栏中输入：extrude↓，命令栏提示：

选择对象：

用光标拾取二维平面图形 A，命令栏提示：

指定拉伸高度或［路径（P）］：

键入高度值 $h\downarrow$，得到如图 1—3—15 所示的拉拔体。

四、挖切体

挖切体也称组合体，组合体是一个广义的概念，在一个几何体上再加一个几何体，称为组合；而在一个几何体上挖去另一个几何体，也称为组合。这是因为被挖过的几何体表面同时具有两个几何体的几何元素。无论怎样，一个几何体同时具有若干几何体的几何元素，这个几何体就称为若干几何体的组合，如图 1—3—16 所示。

组合体的应用极为广泛，本书将在后面的章节中专门加以讨论。

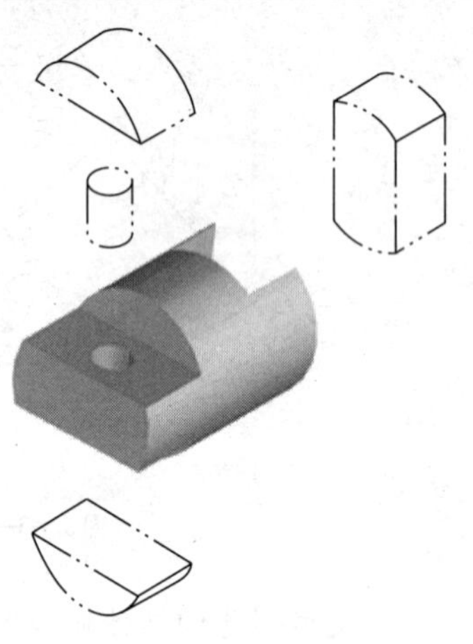

图 1—3—16

第四节　几何体的投影

几何体（如图 1—4—1 所示）的各表面是平面多边形，多边形的边是相邻两表面的交线（棱线、底边），多边形的顶点是各棱线、底边的交点。因此，画几何体的投影就是画出几何体上表面交线、交点的投影。当几何体上表面的投影有积聚性或可见时，该表面视为可见；两表面交线所属的两面投影都可见，它们的交线的该投影才可见，否则为不可见。在机械制图中可见的投影轮廓线画成粗实线，不可见的投影轮廓线画成虚线。

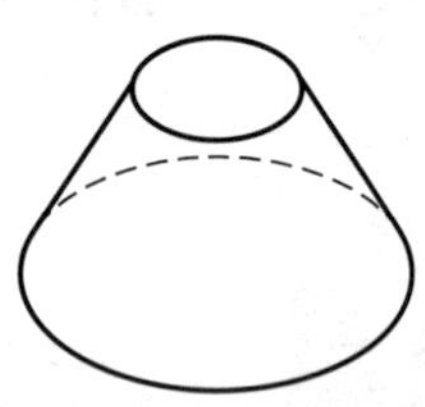
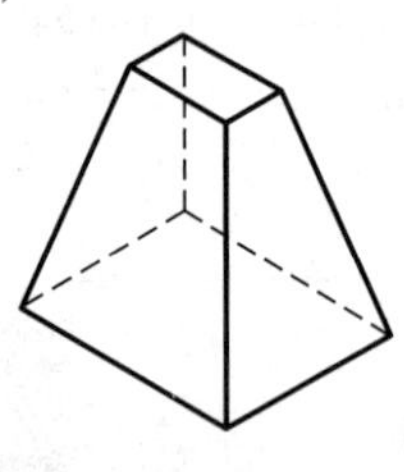
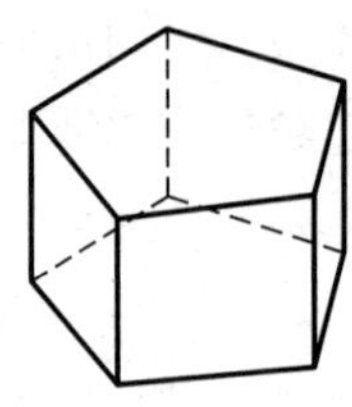

图 1—4—1

一、棱柱、棱锥的投影

1. 棱柱的投影

图 1—4—2(a) 中的六棱柱，棱柱的表面是棱面和底面。棱面的交线称为棱线，各棱线相互平行。棱面和底面的投影一般为多边形（若平行于投影面则显示实形），当垂直投影面时积聚成直线段。各棱线的投影彼此平行或积聚成若干个点。画棱柱的投影图，一般先画底面的投影，然后再画棱面的投影。正六棱柱的三视图如图 1—4—2(b) 所示。

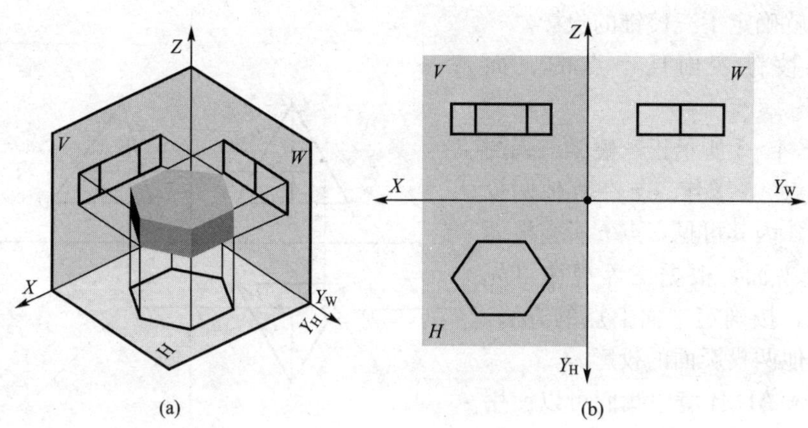

图 1—4—2

正六棱柱投影的可见性分析见表 1—4—1。

表 1—4—1 正六棱柱投影的可见性分析

基本投影面	正立投影面	水平投影面	侧立投影面
可见表面	前方三棱面	上底面	左方两棱面
不可见表面	后方三棱面	下底面	右方两棱面

2. 三棱锥的投影

(1) 三棱锥的三面投影。

如图 1—4—3 所示为三棱锥分别在投影面 V—W—H 的投影视图，这个视图是根据第一角投影的三等规律得到的（见图 1—4—4）。

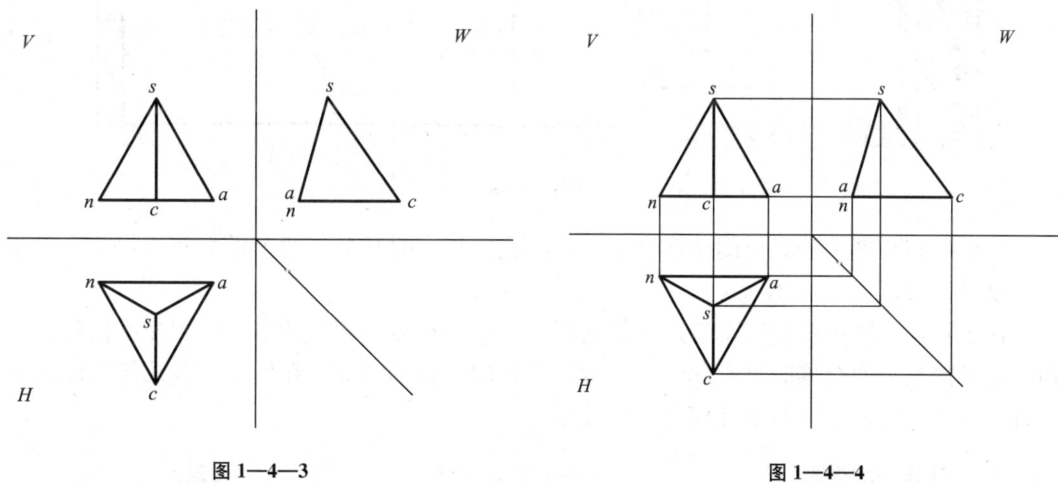

图 1—4—3　　图 1—4—4

(2) 三棱锥顶点的三面投影。

如图 1—4—4 所示，棱锥棱线上的点，只要确定点所在的棱线，即可利用三等规律求得；底面上的点可利用积聚性作出；棱面上的点须先作出辅助的线的投影，再求取点的投影。如图 1—4—4 所示正三棱锥三视图中，由点 s，n，c，a 的投影确定三条棱的三面投影，同时也就确定了三棱锥的投影。

(3) 三棱锥表面任一点的三面投影。

如图 1—4—5 所示正三棱锥三视图中，已知一点 r，求作点 r 在其他两投影面的投影。因其可见，点 r 所在棱面是一般位置平面，根据三等规律可先作出辅助线，按确定平面上点的方法，确定它在其他两投影面的投影。

在 AutoCAD 环境中我们可以使用视口模式来看三棱锥的三面投影，如图 1—4—6 所示。

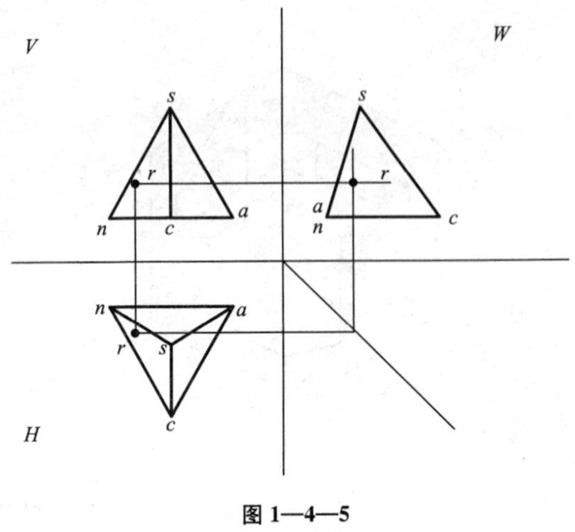

图 1—4—5

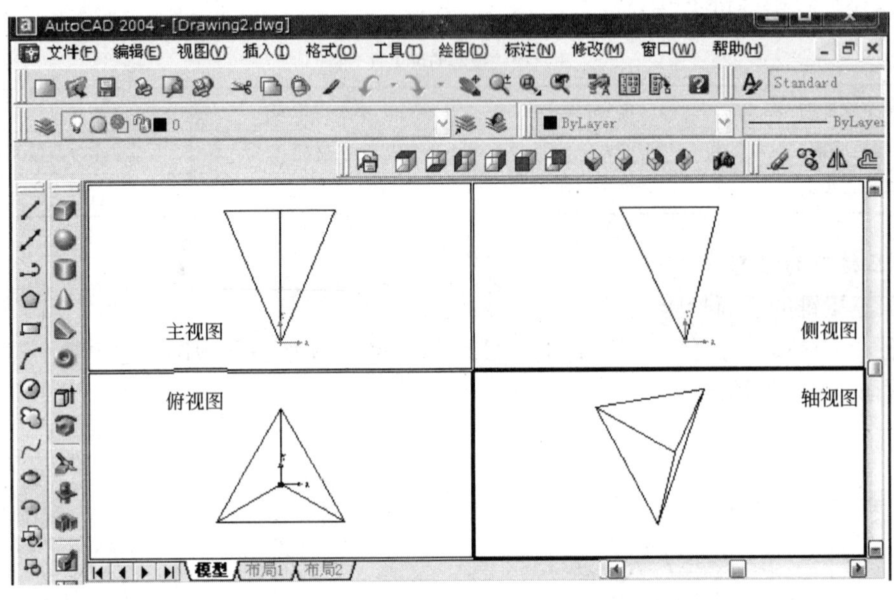

图 1—4—6

如果我们在其中任意视图中设置一个点，我们将同时在另外两个投影面看到这个点相应的投影。

在实际的生产中我们经常会遇到几何图形在空间相截或相交的情况。相交或相截后得到的几何体其表面会同时具有几个或几种常见几何形体的特征。在研究这些几何形体的特征时，我们仍然立足于基本几何形体的投影特征。

二、截面的投影

由于机件可能由多个几何形体组成，因而机件的表面可能同时具有多个几何形体特征。不同的几何形体相交时其截面的投影也是我们研究的对象。

1. 平面与圆柱相交

平面截切圆柱体时，根据截平面与圆柱轴线的相对位置，截交线有三种不同的形状，见表 1—4—2。

表 1—4—2　　圆柱的截交线

截面位置	平行于轴线	垂直于轴线	倾斜于轴线
几何体的三维图	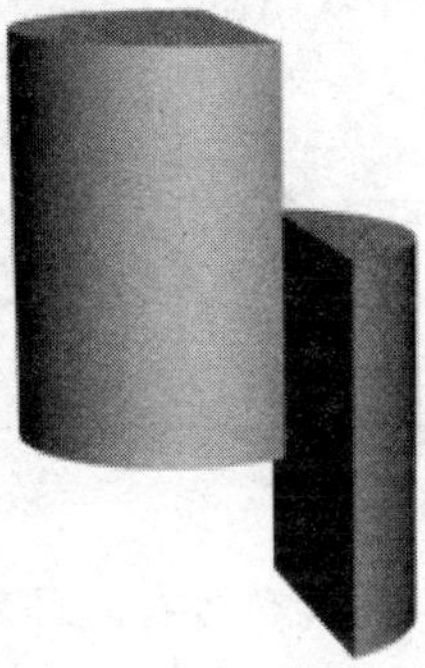	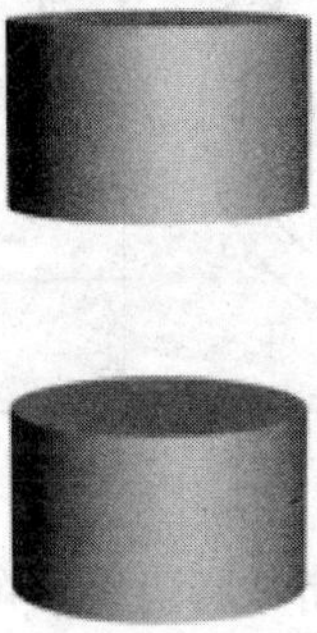	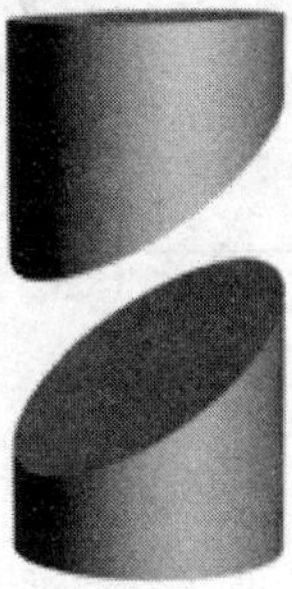
截交线	两条素线及底面两交线组成的矩形	圆	椭圆
投影图	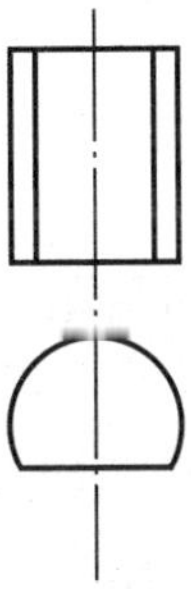	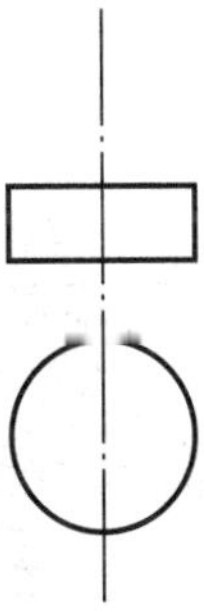	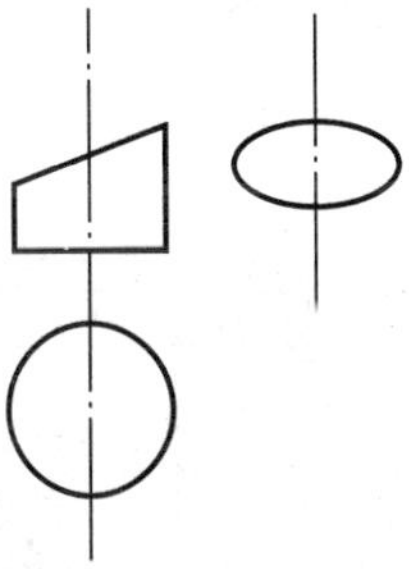

2. 平面与球体相交

平面与球体相交，截交线都是圆。根据截平面对投影面的相对位置，这些圆的投影可以是直线段、圆或椭圆。当截平面平行于投影面时，截交线圆在该投影面上的投影反映实形。当截平面垂直于投影面时，截交线在该投影面的投影积聚成直线段，其长度等于截交线圆的直径。当截平面倾斜于投影面时，截交线圆在该投影面上的投影成为椭圆，椭圆的长轴是截交线圆直径。

截交线圆的投影关系与圆平面的投影关系相同，见表 1—4—3。

表 1—4—3　　球的截交线

截面位置	平行于投影面	垂直于投影面	倾斜于投影面
几何体的三维图	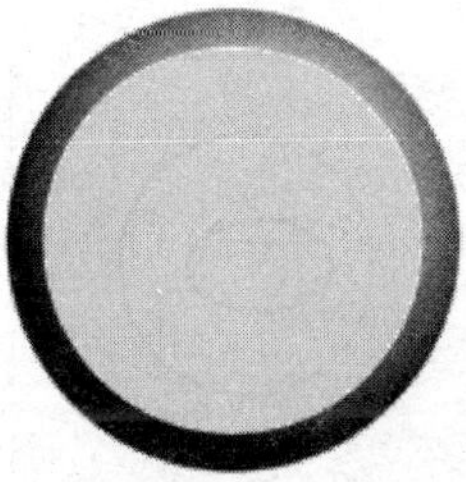		

（续前表）

截交线	圆	直线段	椭圆
投影图	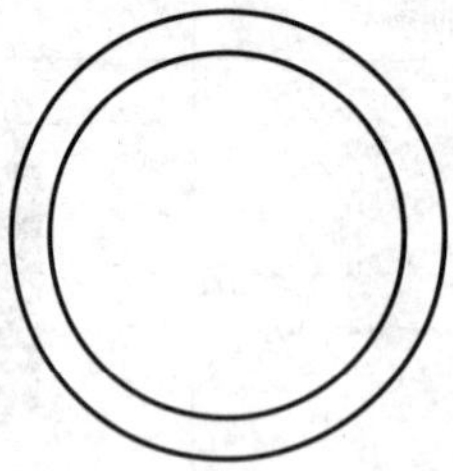	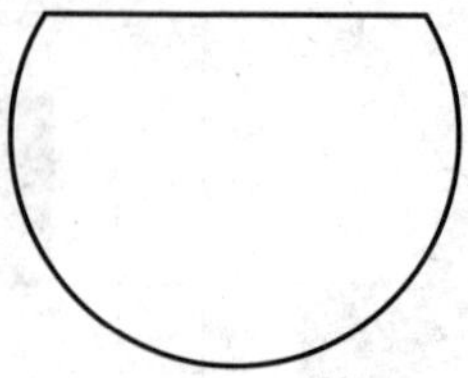	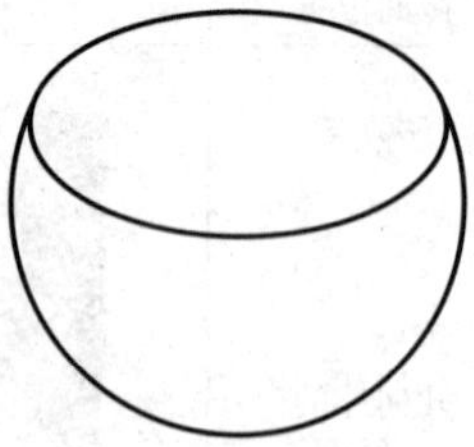

3. 平面与圆锥相交

平面截切圆锥时，根据平面与圆锥轴线的相对位置，截交线有四种不同的形状：

（1）过锥顶相交；

（2）垂直轴线相交；

（3）与所有素线相交；

（4）平行于轴线相交。

它们的投影如表 1—4—4 所示。

表 1—4—4　　圆锥的截交线

截面位置	过锥顶截交	垂直轴线截交	与素线都相交	平行于轴线
几何体的三维图		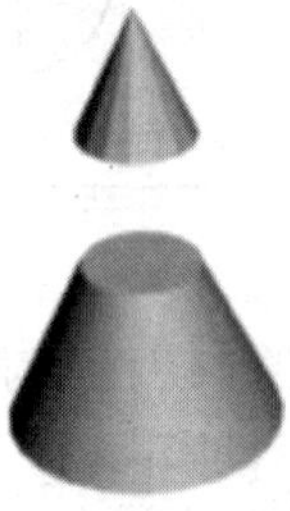	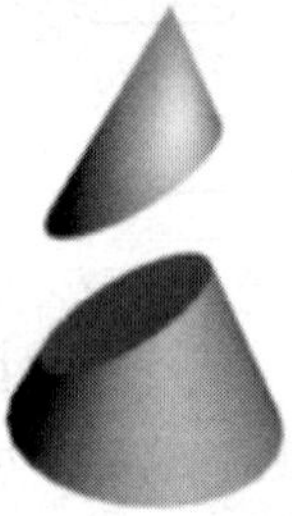	
截交线	两直线	圆	椭圆	双曲线
投影图	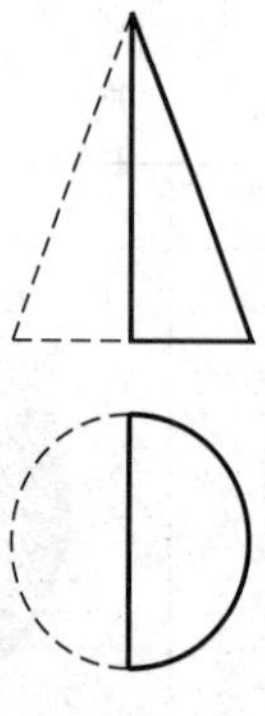	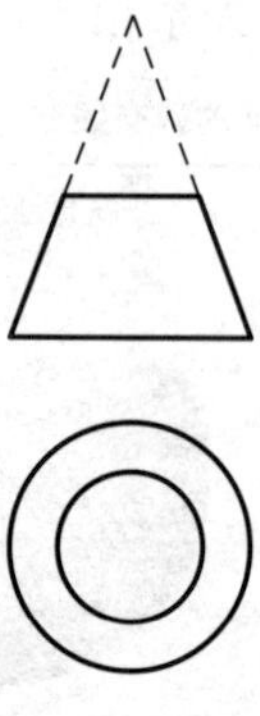	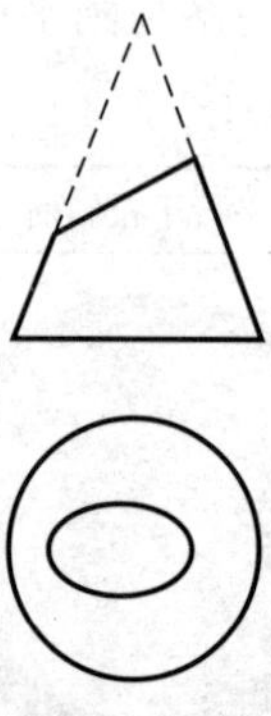	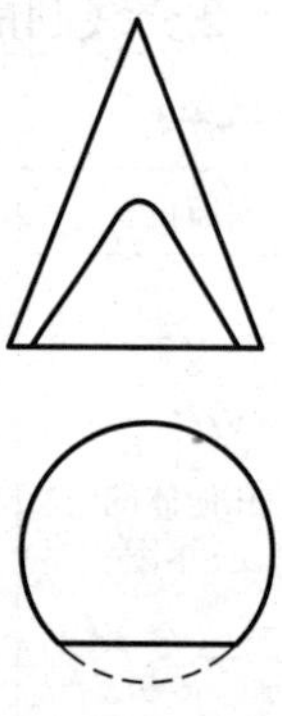

4. 几何体与几何体相交

两立体表面的交线称为相贯线。两立体相交时，根据立体的几何性质，可分为：

(1) 两平面立体相交；

(2) 平面立体与曲面立体相交；

(3) 两曲面立体相交。

它们的投影如表 1—4—5 所示。

表 1—4—5　　几何体与几何体相交

截面位置	两平面立体相交	平面立体与曲面立体相交	两曲面立体相交
几何体的三维图			
相贯线	封闭的折线	封闭的曲线与折线	封闭的曲线
投影图	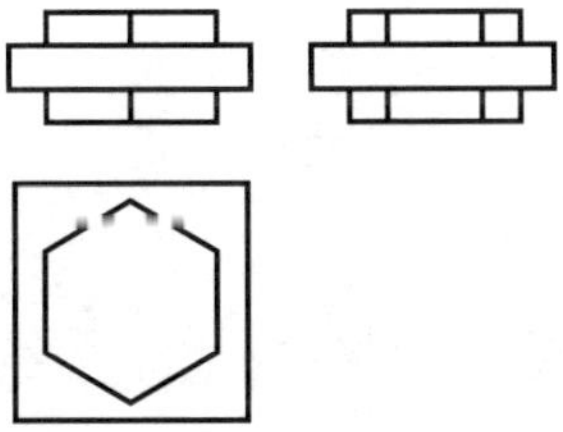	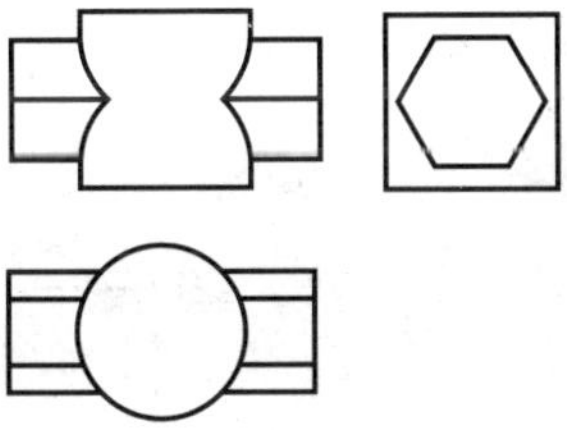	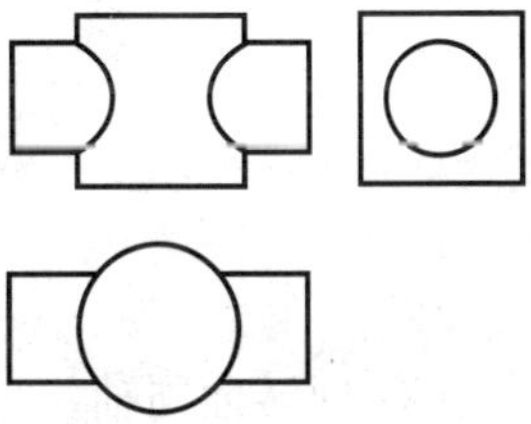

5. 相贯线的基本性质

相贯线上每一点都是两立体表面的共有点；相贯线一般是封闭的空间曲线或折线，如图 1—4—7 所示。

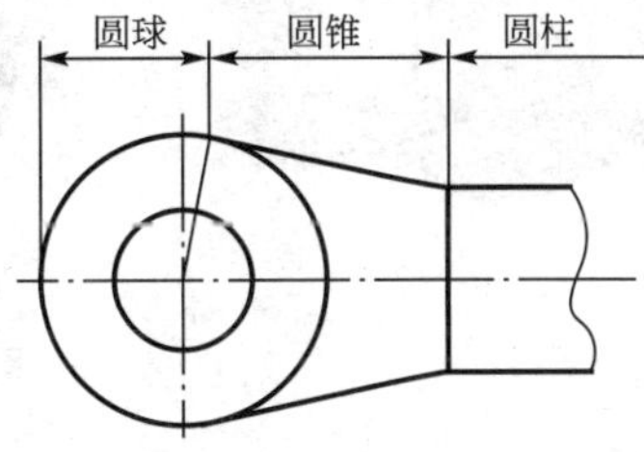

图 1—4—7

(1) 两平面立体相交。

两平面立体相交，本质上是两平面相交和直线与平面相交的问题。两平面立体的相贯线一般为封闭空间折线，如图 1—4—8 所示。

(2) 两相同回转曲面相贯。

两相同回转曲面相贯，其相贯线为两个椭圆，它们的投影是两回转曲面投影轮廓线的交点的对角连线，如图 1—4—9 所示。

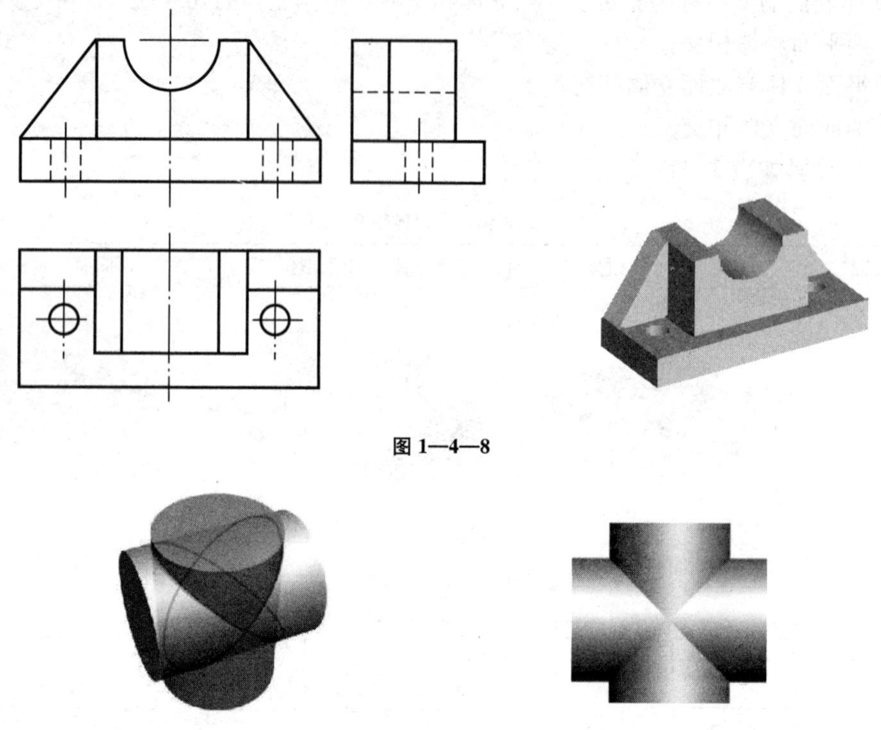

图 1—4—8

图 1—4—9

（3）回转面同轴。

如图 1—4—10 所示，当回转面同轴或回转体轴线通过球心时，相贯线为圆；当回转体轴线平行于投影面时，相贯线在该投影面的投影积聚为垂直于轴线投影的直线段，是两回转曲面投影轮廓线的交点连线。

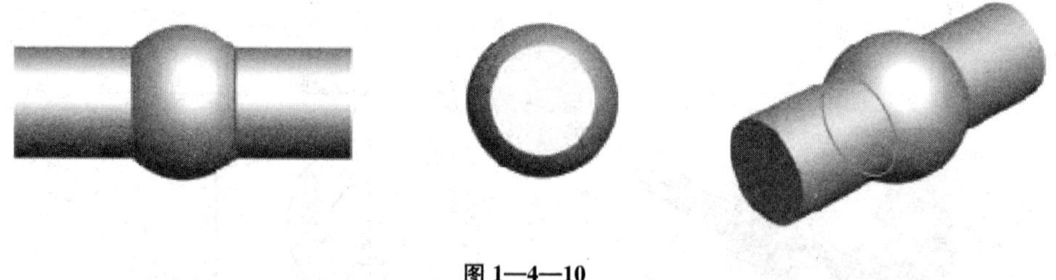

图 1—4—10

第二章　机械工程制图国家标准

国家机械制图标准是工程界重要的技术基础标准，是绘制和阅读工程图样的依据。每个工程技术人员都必须掌握并严格遵守。我国现行 CAD 制图标准参照并采用了 ISO 国际标准（*Rule of CAD Engineering Drawing*《CAD 工程制图规则》），并针对我国实际对 CAD 工程制图进行了相关规定。

第一节　图纸幅面及格式

一、图纸幅面尺寸（GB/T 14689—2008）

国家标准规定机械工程图纸使用幅面尺寸如图 2—1—1 所示。

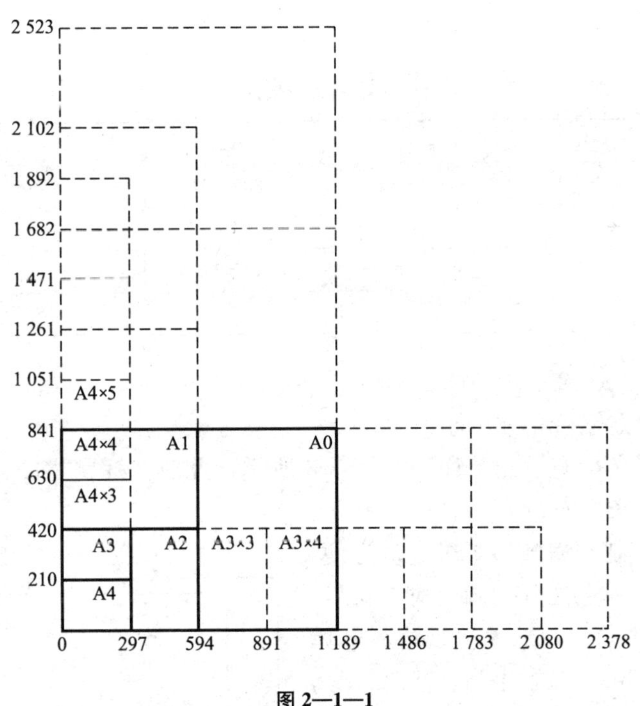

图 2—1—1

图纸幅面是指绘制图样所采用纸张的大小规格。为了便于图样管理和合理使用图纸，国家标准规定，绘制技术图样时，应优先采用规定的基本幅面。基本幅面的代号（如图 2—1—1 所示）有：A0、A1、A2、A3 和 A4 五种。

必要时，可允许选用规定的加长幅面，加长幅面的尺寸由基本幅面的短边成整数倍加长，如图 2—1—1 所示虚线部分。

二、图框及标题栏格式

1. 图框格式（GB/T 10609.1—2008）

国家标准规定图纸上图框必须使用粗实线画出，其格式分为不留装订边和留有装订边两种，同一产品的图样只能采用一种格式。

留装订边的图纸，其图框基本幅面及加长格式如图 2—1—2 所示，周边尺寸见表 2—1—1。

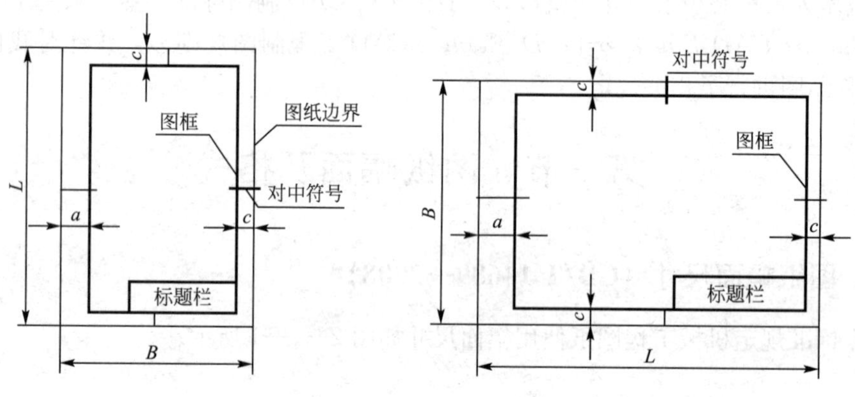

图 2—1—2

表 2—1—1　基本图纸幅面与图框尺寸　mm

图纸幅面代号	A0	A1	A2	A3	A4
$B\times L$	841×1 189	594×841	420×594	297×420	210×297
e	20		10		
c	10			5	
a	25				

2. 标题栏格式（GB/T 10609.1—2008）

(1) 标题栏的方位和看图方向。

标题栏均位于图纸右下角，如图 2—1—3 所示，此时，标题栏的长边均置于水平方向，装订边均位于图纸左边。

为了使图样复制和缩微摄影时定位方便，应在图纸各边长的中点处分别画出对中符号。对中符号用粗实线画出，长度从纸边界开始至伸入图框内约 5mm，画出一个方向符号，如图 2—1—3 所示。方向符号是一个用细实线绘制的等边三角形。

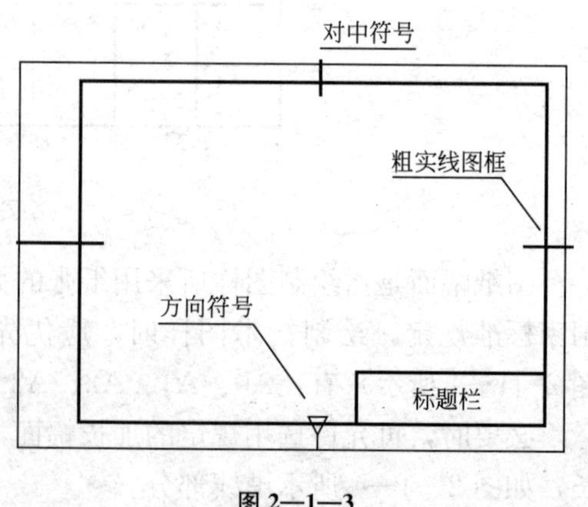

图 2—1—3

(2) 标题栏的格式和尺寸。

国家标准 GB/T 10609.1—2008 对标题栏的格式和尺寸做了规定，如图 2—1—4 所示。各个行业使用的标题栏外框尺寸是一样的，其框内的格式略有不同，但应有图样名称、责任人签名、绘图比例等栏目。在 CAD 制图时我们都是事先将标准的标题栏制作并保存在图库中，使用时作为“块”插入。标题栏的外框用粗实线绘制，其右边和底边均与图框线重合。

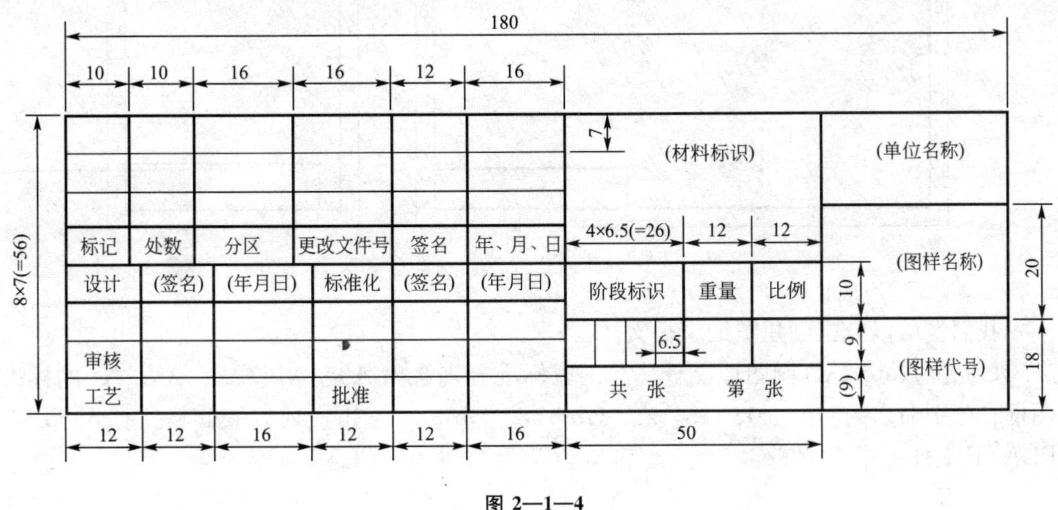

图 2—1—4

三、关于图纸的其他规定

1. 图纸的剪切符号

我国国家标准还对图纸的剪切做了规定，在图框上设置有剪切符号，如图 2—1—5 所示。

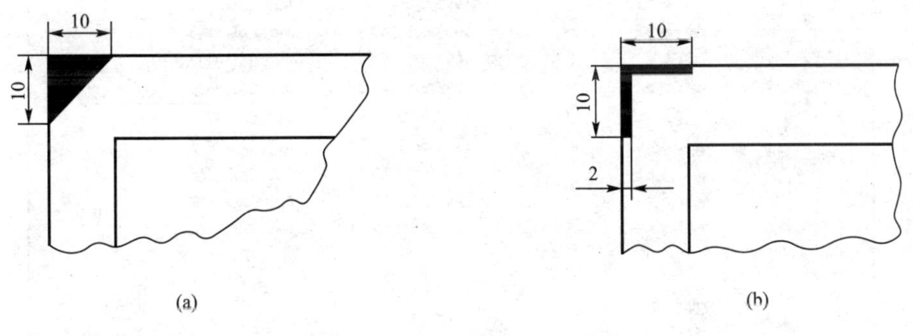

图 2—1—5

2. 图纸的图幅分区

国家标准还规定：对图形复杂的 CAD 装配图一般应设置图幅分区，如图 2—1—6 所示。

3. 图纸模板

使用 CAD 制图可以使用图纸模板，就不必为每张图绘制图框。AutoCAD 中提供多种标准图框，其中 ISO 标准图框与我国机械制图标准是一致的，只是标题栏内使用的是英文。图纸模板文件使用的是 dwt 文件格式，存放在 AutoCAD 安装目录下 TEMPLATE 文件夹中。

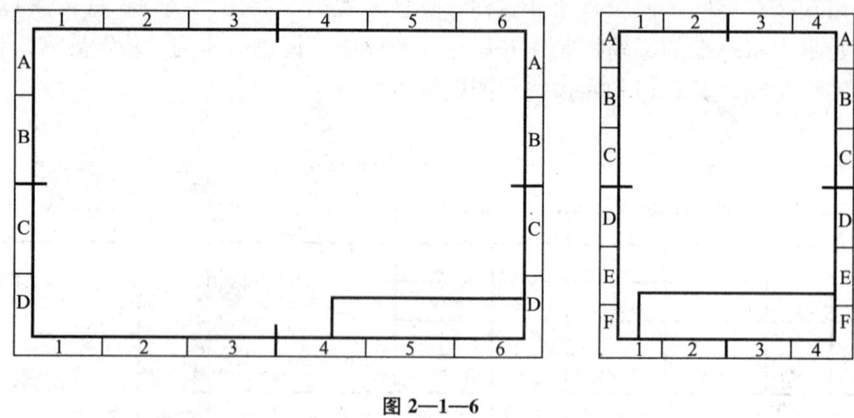

图 2—1—6

我们也可以自己创建图纸模板文件：

(1) 在 AutoCAD 制图环境下按照国家标准分别绘出 A0、A1、A2、A3、A4 的标准图框；分别命名为 Gb _ a0、Gb _ a1、Gb _ a2、Gb _ a3、Gb _ a4 以 dwt 格式存入 TEMPLATE 文件夹中。

(2) 使用“文件>新建”命令，AutoCAD 会直接访问 TEMPLATE 文件夹，弹出对话框如图 2—1—7 所示。在对话框中选择 Gb _ a0，单击“打开”按钮即可。

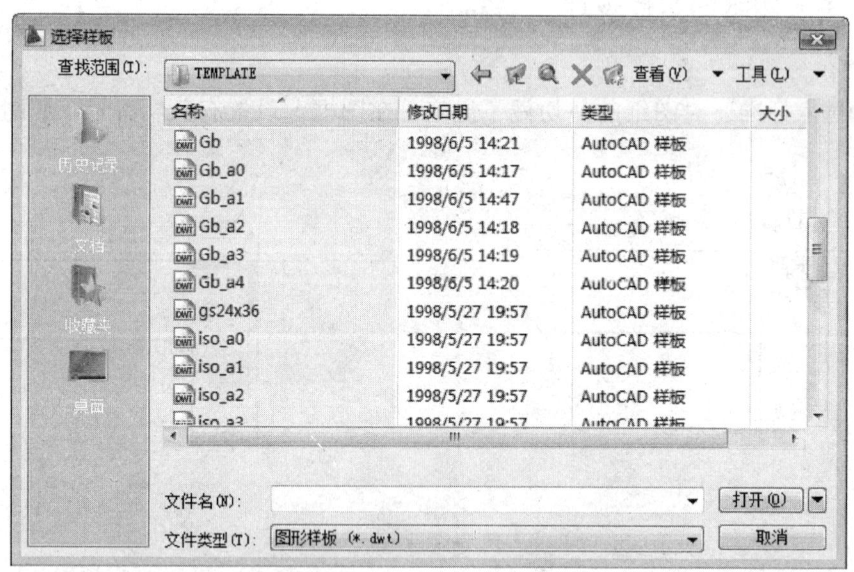

图 2—1—7

第二节　制图比例

图样的比例是指图样中图形与其实物相应要素的线性尺寸之比。图样比例分原值比例、放大比例、缩小比例三种，GB/T 14690—1993 对此进行了详细规定。国家标准也规定了 AutoCAD 打印图纸的选用比例。

一、绘图比例

绘图比例是指绘制的图样与其实物相应要素的线性尺寸之比。国家标准规定了原值比例、放大比例以及缩小比例的选用标准，见表 2—2—1。

表 2—2—1

种类	比例					
原值比例	1∶1					
放大比例	5∶1	2∶1	5×10^n∶1	2×10^n∶1	1×10^n∶1	
缩小比例	1∶2	1∶5	1∶10	1∶1×10^n	1∶2×10^n	1∶5×10^n

为了使图样能直接反映出机件的大小，CAD 制图时一律采用 1∶1 比例绘图，以方便检查图纸与标注尺寸，如图 2—2—1 所示。

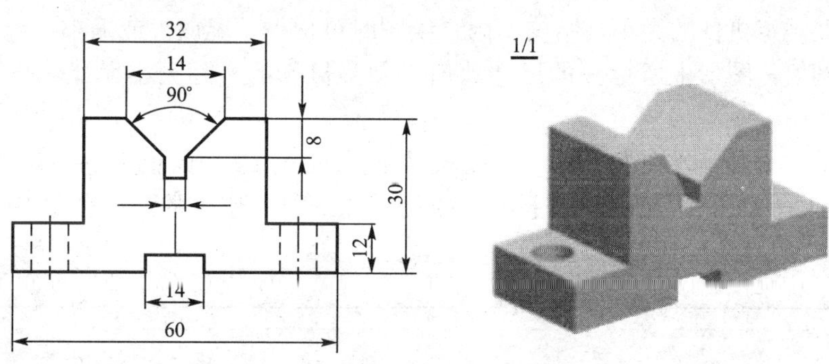

图 2—2—1

即便选择其他比例画图，其尺寸标注也一定使用实际尺寸，如图 2—2—2 所示。

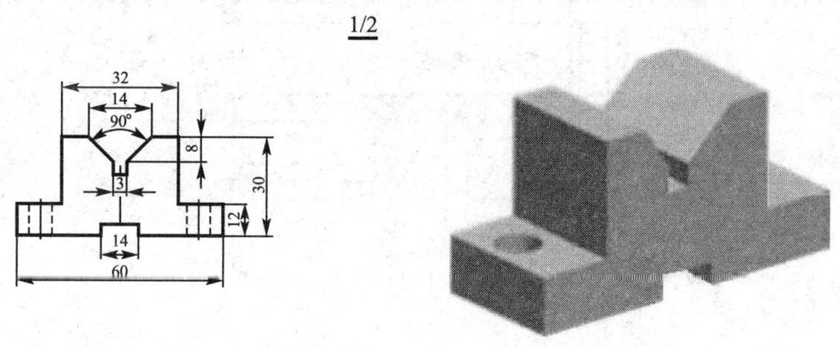

图 2—2—2

由于 CAD 制图区域的放大和缩小对绘制图形的绘制没有任何的影响，采用其他比例绘图没有任何的意义，所以在 CAD 制图时一律采用 1∶1 的原值比例。

二、出图比例

国家标准对于 CAD 制图的打印出图比例也做了相应的规定。规定打印图纸时优先选用表 2—2—1 规定的比例，必要时也可选用表 2—2—2 所示的比例。

表 2—2—2

种类	比　例
放大比例	4∶1　　2.5∶1　　4×10^n∶1　　2.5×10^n∶1
缩小比例	1∶1.5　　1∶2.5　　1∶3　　1∶4　　1∶6　　1∶1.5×10^n 1∶2.5×10　　1∶3×10^n　　1∶4×10^n　　1∶6×10^n

在打印出图时为了适应图纸的尺寸可以调整和选用实际尺寸与图纸尺寸的比例，如图 2—2—2 所示。所选的比例需要使零件的图形清晰地表达并适合图纸幅面。

AutoCAD 中，可以用指定或默认单位类型（十进制）绘图。屏幕上每个单位都可表示所需的单位制：英寸、毫米、千米。在使用计算机绘图时，不考虑绘图比例，一律按 1∶1 的实际尺寸绘图，到打印出图时再根据图纸的幅面考虑出图的比例。为了清晰表达零件图的每个部分，打印时也可以为图形的不同部分设置不同的打印比例，正确的做法是在打印出来的图纸上标明打印比例。

国家标准规定机件的大小与结构不同，绘图时可根据情况放大或缩小。出图时，无论采用哪种比例值，图形上所标注的尺寸数值必须是机件的实际大小尺寸，与图形的比例无关。

如图 2—2—3 所示为使用 Gb _ a2 模板按实际尺寸 1∶1 绘制零件图。在打印出图时，若使用的是 A2 打印纸，图纸上显示的尺寸和绘图时使用的尺寸便是一致的，即比例为 1∶1。

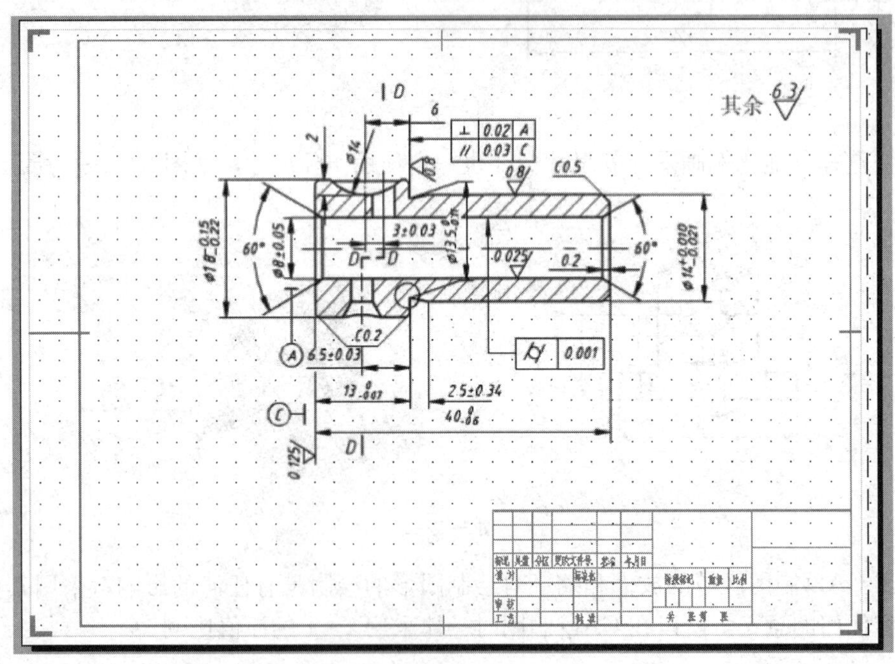

图 2—2—3

如果出图时使用 A3 打印纸打印，图纸上显示的尺寸和标注的尺寸之间就存在比例的问题，图纸上的实际尺寸∶标注的实际尺寸=1∶2。这个比例称为打印比例。打印图纸和绘制图纸是一个等同的概念；也就是说图纸上的比例应该标注为 1∶2。

因此，我们在没有确定打印比例时，标题栏内的比例是不确定的。建议在打印图纸时注明打印比例并且不在计算机的图形文件里保存数据。这一点是非常重要的。

绘制同一机件的各个视图一般采用相同的比例，并填写在标题栏中的比例栏内。比例符号用"∶"表示，例如1∶1、1∶3、4∶1等。当某个视图采用不同于标题栏中的比例时，可在视图上方标注该视图的比例，如：1/2∶1，A/1∶100，B—B/2.5∶1等。

第三节　字体

图样上的字体包括汉字、字母和数字三种，GB/T 14691—1993对此做了详细的规定。

国家标准规定中用字体高度（用h表示）代表字体的号数，其公称尺寸系列分为：1.8mm、2.5mm、3.5mm、5mm、7mm、10mm、14mm、20mm 8种。如果要使用更大的字，其字体高度应按照（$\sqrt{2}$）的比率递增，如图2—3—1所示。

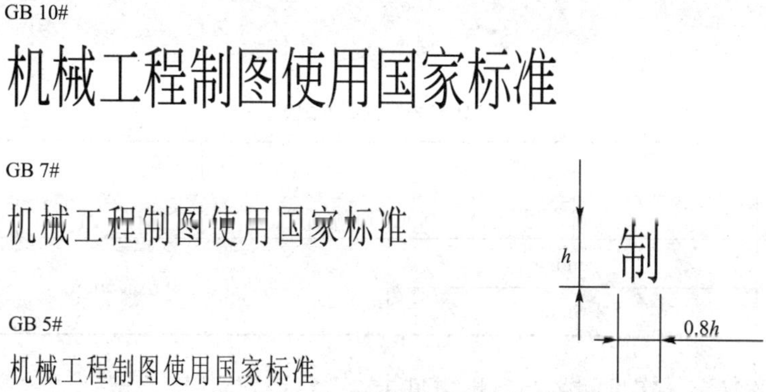

GB 10#

机械工程制图使用国家标准

GB 7#

机械工程制图使用国家标准

GB 5#

机械工程制图使用国家标准

图2—3—1

一、汉字

图样中的汉字采用国家正式公布推行的简化字，汉字的字高h不应小于3.5mm。

二、字母和数字

字母和数字分为A型和B型两类，同时又有斜体和直体之分，斜体字字头向右倾斜，与水平基准线是75°，如图2—3—2所示。A型字的笔画比较细，其笔画宽度d为字高h的1/14；B型字体的笔画较粗，其笔画宽度d为字高h的1/10。

同一图样上，只允许一种形式的字体。

汉字、字母、数字等组合书写时，其排列格式和间距都有规定，详细可参阅有关标准。

三、综合应用规定

国家标准对字体的综合应用做出了相关规定：

(1) 在CAD制图时所使用的字体，应按GB/T 13362.4～13362.5中的要求，字体与图纸幅面之间的选用关系见表2—3—1。

斜体大写

ABCDEFGHIJKLMNOPQRSTUVWXYZ

直体大写

ABCDEFGHIJKLMNOPQRSTUVWXYZ

斜体小写

abcdefghijklmnopqrstuvwxyz

斜体数字

1234567890

直体数字

1234567890

图 2—3—2

表 2—3—1　　字体与图纸幅面的配置

<table>
<tr><td>图幅
字高 h</td><td>A0</td><td>A1</td><td>A2</td><td>A3</td><td>A4</td></tr>
<tr><td>汉字</td><td colspan="2">5mm</td><td colspan="3" rowspan="2">3.5mm</td></tr>
<tr><td>字母与数字</td><td colspan="2">3.5mm</td></tr>
</table>

（2）使用的汉字、字母间的距离规定见表 2—3—2。

表 2—3—2　　字体与间距

<table>
<tr><td>字　体</td><td>间距</td><td>最小距离（mm）</td></tr>
<tr><td rowspan="3">汉　字</td><td>字距</td><td>1.5</td></tr>
<tr><td>行距</td><td>2</td></tr>
<tr><td>间隔线或基准线与汉字的间距</td><td>1</td></tr>
<tr><td rowspan="4">拉丁字母　阿拉伯数字
希腊字母　罗马字母</td><td>字符</td><td>0.5</td></tr>
<tr><td>词距</td><td>1.5</td></tr>
<tr><td>行距</td><td>1</td></tr>
<tr><td>间隔线或基准线与字母、数字的间距</td><td>1</td></tr>
</table>

注：当汉字与字母、数字混合使用时，字体的最小字距、行距等应根据汉字的规定使用。

（3）用作指数、分数、极限偏差、注脚等的数字及字母，一般应采用小一号的字体。图样中的数字符号、物理量符号、计量单位符号以及其他符号、代号，应分别符合国家有关法令和标准的规定。

（4）在 CAD 制图中使用的汉字字体及使用范围应符合表 2—3—3 中的规定。

表 2—3—3

汉字字型	国家标准号	字体文件名	应用范围
长仿宋体	GB/T 13362.4～13362.5—1992	HZOF. *	图中标注及说明的汉字、标题栏、明细栏等
单线宋体	GB/T 13844—1992	HZDX. *	大标题、小标题、图册封面、目录清单、标题栏中设计单位名称、图样名称、工程名称、地形图等
宋体	GB/T 13845—1992	HZST. *	
仿宋体	GB/T 13846—1992	HZFS. *	
楷体	GB/T 13847—1992	HZKT. *	
黑体	GB/T 13848—1992	HZHT. *	

四、CAD 制图的字体字形设置

在图形文件中输入文字之前要根据规定对字体、字形进行设置。可以根据规定允许范围设置一种样式或多种样式，保存实际输入文字时可以直接对颜色进行选择。

1. 字型样式设置

字型样式设置指令——style（图标：A）

字型样式设置命令用来创建、修改和指定文字样式。文字样式包括字体、字号、字宽、倾斜角度、方向和其他文字特征。

点击字型样式图标，调出“文字样式”对话框，如图 2—3—3 所示。

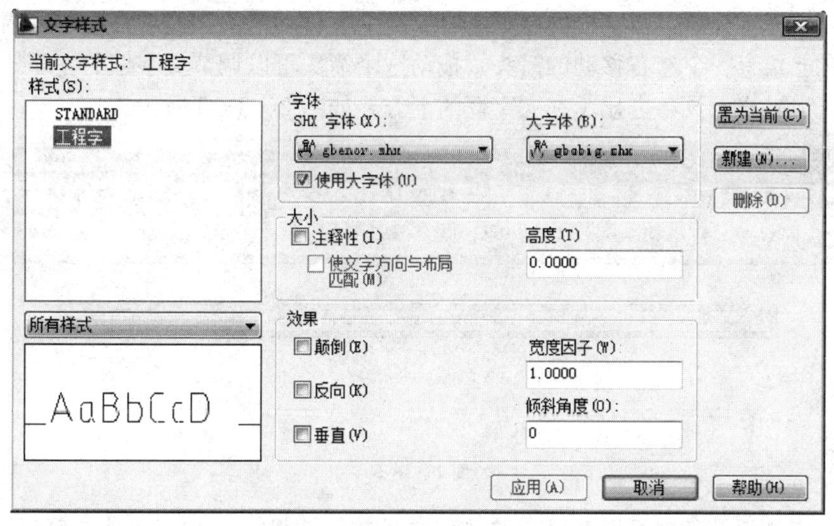

图 2—3—3

AutoCAD 图形默认的英文字形为 Standard（标准）。在工程制图中一般不采用规定以外的字体。因为图形文件作为交流使用时，要考虑到其他的计算机是否具备该种字体，否则将无法正确显示文件内容。

在图 2—3—3 中，字体选择宋体，字体样式选择常规，勾选“注释性”复选框，图纸文字高度输入 5，宽度因子输入 0.8，按下“置为当前”按钮，并按下“应用”按钮，关闭对话框。结果如图 2—3—4 所示。以后在输入文字时，文字对话框的第一栏内就包括了已经设置的文字样式。

图 2—3—4

2. 文字输入与编辑

AutoCAD 的文字输入分多行文字输入和单行文字输入。

(1) 多行文字的输入与编辑。

多行文字输入命令—— mtext（图标：A）

多行文字输入命令用以创建多行文字对象，可以将若干文字段落创建为单个多行文字对象。使用内置编辑器可以格式化文字外观、列和边界。

点击 mtext 图标，命令栏提示：

指定第一角点：

因为指定的文字输入区域是一个矩形，所以指令的选项和创建矩形一样。

用鼠标指定第一角点；命令栏提示：

指定对角点或［高度（H）/对正（J）/行距（L）/旋转（R）/样式（S）/宽度（W）/栏（C）］：

对于这些选项都不必理会，直接用鼠标确定另一个角点；显示出一个用来输入文字的文字框，并且带有标尺。文字框的左下角有一个上下移动箭头，拖动箭头可以调节文字框的高度；右上角有一个左右移动的箭头，拖动这个箭头可以调节文字框的宽度。

同时文字格式工具条也显示在文字框的上方，如图 2—3—5 所示。

图 2—3—5

在文字格式工具条中可以对已有的文字样式进行选择，对文字字体、字形倾斜角度、颜色、对齐方式、行距、字符宽度、比例因子等进行改变和编辑，同时文字格式工具条包含了上述命令栏提示的所有选项内容。

在 AutoCAD 2010 以后的版本中会自动打开功能选项板中的文字编辑器面板，如图 2—3—6 所示。该面板称为文字输入的上下文选项板，只有在多行文字输入或编辑时才能打开。

需要对输入的多行文字编辑时，可以双击要编辑的文字打开文字输入框和文字编辑器。

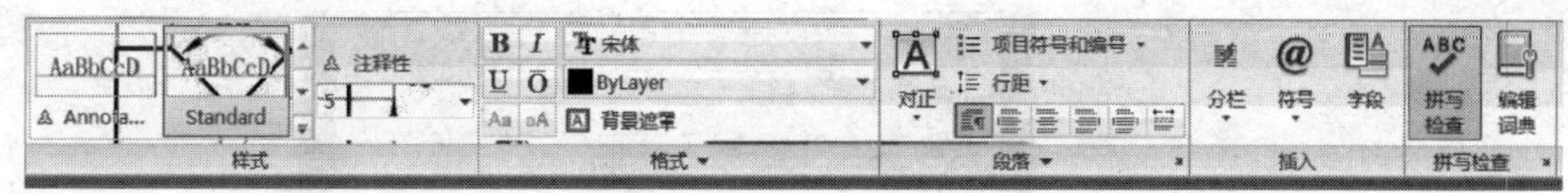

图 2—3—6

(2) 单行文字的输入与编辑。

单行文字命令——dtext（图标：A）

可以使用单行文字命令创建一行独立的文字，一般用来对图形进行注释或在表格内输入文字。

使用该命令输入文字时，除字体使用系统设置的字体外，其他条件如大小、方向均不受限制。

点击单行文字命令图标，命令栏提示：

指定文字的起点：

用鼠标指定文字起点；

指定文字高度：

键入高度 20↓；

指定文字的旋转角度：

键入旋转角度值：60↓，屏幕上出现文字输入符号，输入文字“文字型号”↓。按 Esc 键退出单行文字模式。结果如图 2—3—7 所示。

图 2—3—7

需要对单行文字进行修改和编辑时，可以使用多种方式：

1) 双击串口中的单行文字，被选中的单行文本高亮显示，如图 2—3—8 所示。键入文字：Engineering drawing，新键入的文字便替代了原有文字，如图 2—3—9 所示。

应该注意到，在这种方式下只能修改单行文字的内容，文字的属性不能够改变，要想改变单行文字的属性，要删除原有的文本，重新设置和输入单行文字。

机械制图规则

图 2—3—8

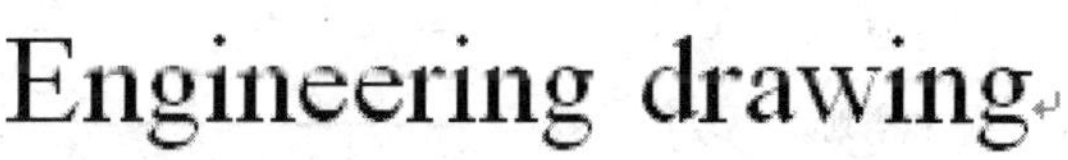

Engineering drawing

图 2—3—9

2) 单击窗口中的单行文字，在单行文字的旁边会出现该单行文字的属性文本框，如图 2—3—10 所示。将鼠标滑入属性文本框，文本框展开成图 2—3—11 所示的形式，可以对文字进行修改或替换。

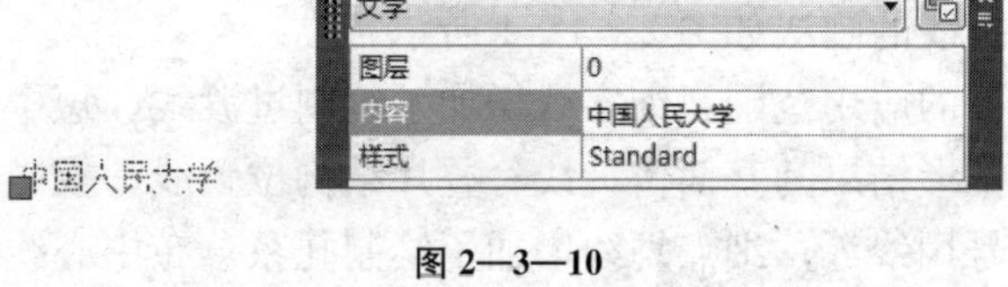

中国人民大学

图 2—3—10

图 2—3—11

第四节　图线

一、图线的型式及应用

GB/T 17450—1998《技术制图　图线》中，规定了 15 种基本线型。考虑到机械设计制图的需要，GB/T 4457.4—2002《机械制图　图样画法　图线》中规定了机械制图所用的 9 种线型，如表 2—4—1 所示。

表 2—4—1

图线类型		屏幕上的颜色
粗实线		白色
细实线		绿色
波浪线		
折断线		
粗虚线		黄色
细虚线		
细点划线		红色
粗点划线		棕色
双点划线		粉红色

注：表中的粗实线一般用于绘制图形的轮廓线，标准中所规定的“白色”是指在 CAD 线型颜色中的◪，实际上在 CAD 中它并非是指真正的白色，准确的定义是“对比色”，也就是说在屏幕设置为黑色时，这一线型颜色显示为白色，而在屏幕颜色设置为白色时，这一线型显示的是“黑色”。

机械工程图样中常用图线的名称、型式、代号、宽度及应用见表 2—4—1 所示，表中表示断裂处边界的双折线的画法如图 2—4—1 所示。

各线型增加了如下的应用范围：细实线增加了绘制过渡线、短中心线、尺寸线的起止线、平面的对角线、锥形结果的基面位置线、叠片结构位置线、投影线等；粗实线增加了绘制相贯线、剖切符号用线等；细点划线增加了绘制孔系分布中心线、剖切线等；细双点

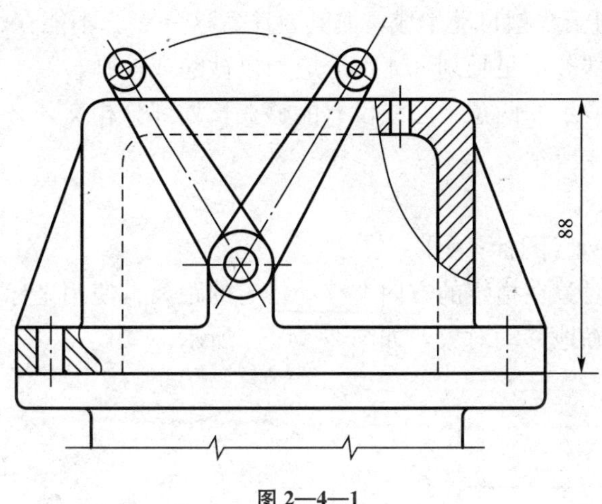

图 2—4—1

划线增加了绘制重心线、轨迹线、特定区域线、延伸公差带表示线等应用范畴。各种图线名称及代号和应用范畴见表 2—4—2。

表 2—4—2

图线名称	线　型	代号	线宽	图线应用
细实线	————	01.1	0.25	尺寸线、剖面线、重合断面的轮廓
波浪线	～～～	01.1	0.25	断裂处的边界线
双折线	—\/—\/—	01.1	0.25	断裂处的边界线
粗实线	━━━━	01.2	0.5	可见轮廓线、相贯线、剖切符号用线
细虚线	- - - - - - - -	02.1	0.25	不可见轮廓线
粗虚线	━ ━ ━ ━ ━ ━	02.1	0.5	允许表面处理的表示线
细点划线	——·——·	04.1	0.25	轴线、对称中心线、剖切线
粗点划线	━━·━━·	04.2	0.5	限定范围表示线
细双点划线	——··——··	05.1	0.25	相邻零件的轮廓线、极限位置轮廓线

二、图线线宽

国家标准 GB/T 4457.4—2002 明确规定，在机械图样中采用粗细两种线宽，它们之间的比率为 2∶1。

在使用规定的线型时，还必须使用规定的线宽。图线线宽分为粗细两种，其中粗线的宽度 d 可以按图幅的大小以及图纸整体内容的复杂程度，在 0.5～2mm 之间选择。而细线的宽度则采用粗线 d 的二分之一宽。

图线宽度的推荐系列为：0.25mm、0.35mm、0.5mm、0.7mm、1.0mm、1.4mm、2.0mm。手工制图时粗线宽度一般选用 0.7～1.0mm，在 CAD 制图中则选用 0.35～1.0mm。

同时规定：同一幅图中，同类图线的宽度要求一致，虚线、点划线及双点划线的线段长度和间隔应各自保持相等。

三、点划线的画法

点划线有相交时应以长划相交；点划线的起始与终了应为长划，如图 2—4—2 所示。

在CAD制图时由于线型自动生成，尤其要注意这一点。不能在长划部分相交的应予以移动；起始和终了部分不足长划3/4部分应予以截除或补画。

例如图2—4—3所示的两条中心线没有能够在长划部分相交，必须将其中一条向下移动，结果如图2—4—4所示。

(1) 使用移动命令。

移动命令——move（图标：✣）

移动命令用于将对象在指定的方向上移动指定的距离。使用坐标、栅格捕捉、对象捕捉和其他工具可以精确地移动对象，如图2—4—5所示。

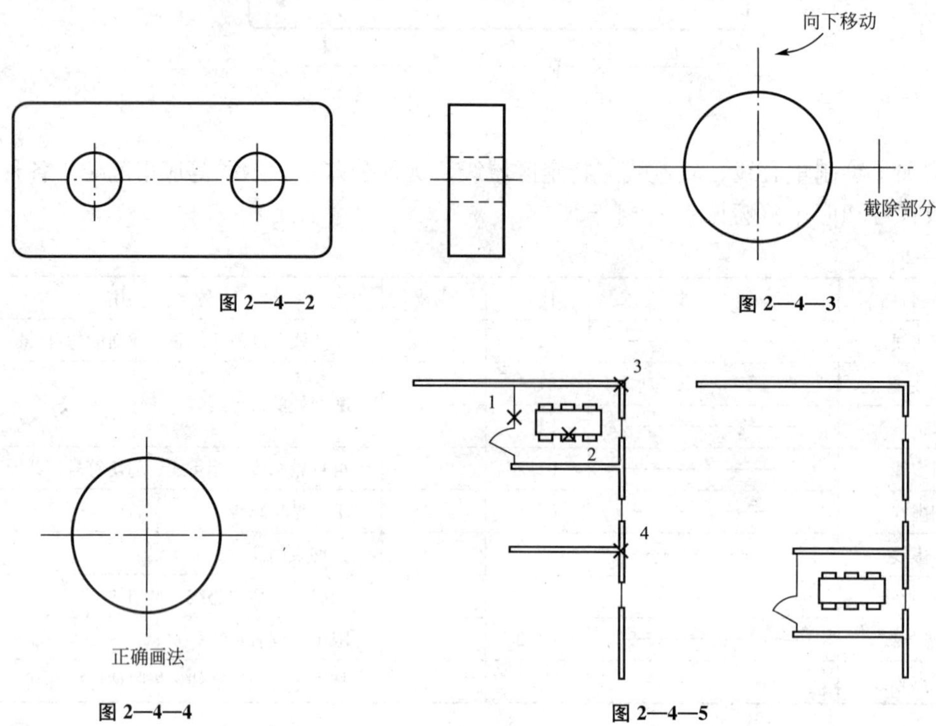

图2—4—2　图2—4—3　图2—4—4　图2—4—5

例如：在图2—4—5中使用移动命令将对象由基点3移动到基点4。在实际操作中不一定要选择对象上的点进行移动。

在图2—4—3中移动中心轴线，点击移动命令图标，命令栏提示：

选择对象：

同时，屏幕上的光标呈现为捕捉形式□；

移动光标，拾取要移动的点划线↓（这时最简单的回车方式是点击鼠标右键）；

指定基点或［位移（D）］<位移>：

输入基点坐标：0，0↓；

指定第二个点或<使用第一个点作位移>：

输入第二点坐标：0，-2↓，点划线即向下移动了2mm。

这里要说明的是输入的第二点坐标实际上是第一点的相对坐标，如果输入的第一点坐标是：5，5，第二点坐标就应该是：5，3，点划线仍然是向下移动 2mm。一定要理解相对坐标的含义。

在本例中，点划线的移动要求并不精确，没有参数限制，可以使用较为简单的方法。可以直接用鼠标在屏幕上点取第一点＞右键回车＞点取第二点＞右键回车，位移量用肉眼估算。要注意的是：移动过程中点划线不能偏离圆的中心。为了保证这一点，在移动过程中可以按住 Shift 键或者按下屏幕下方状态栏中“正交”按钮，如图 2—4—6 所示。

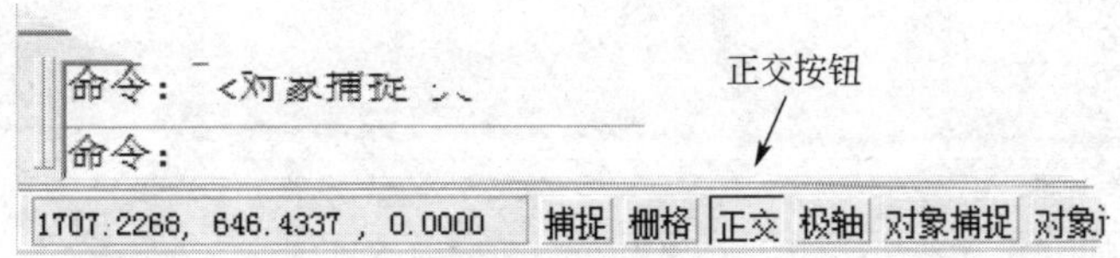

图 2—4—6

（2）使用延长线命令。

延长线命令——extend（图标：）

延长线命令用于延伸对象一端至其他对象的边。

点击延长线命令图标，命令栏提示：

```
选择对象：
```

要注意提示的第一个选择对象并不是被延伸的对象，而是延伸的终点界限。

根据提示用光标选取线段作为延长的界限，右键回车。这时光标仍然呈现为□状，不必理会命令栏的提示，用光标选取要延长的点划线，右键回车。点划线被延长到界限。

在图 2—4—3 中点划线的右端不是长划而且超出圆形轮廓线部分较长，需要截去一部分。

（3）使用截断（修剪）命令。

截断命令——trim（图标：）

截断命令又叫修剪命令，用来修剪对象多余的部分。

点击截断命令图标，命令栏提示：

```
选取对象：
```

光标呈□状，使用光标选取截断界限线段，右键回车，不必理会命令栏的提示，用光标选取点划线要截去的部位，右键回车。点划线多余的部分被截掉。

剩下的工作就是删除延长界限线段以及截断界限线段。

四、图线的管理

在同一图样中，同类图线的宽度应一致。虚线、点划线、双点划线的线段长度和间隔应该使用统一比例。国家标准中没有对该比例作出规定，但要求在视图中各种线型间隔比例必须清晰协调，我们在作图时可以根据图幅大小进行设置。

根据国家 CAD 工程制图标准的规定，分别设置了 9 个图层，参见表 2—4—3。因此图线的管理将归结于 9 个图层的管理。图 2—4—7 所示为图层管理工具。

图 2—4—7

点击左端第一个图标（图层特性管理器 Layer），调出图层管理器的对话框，如图 2—4—8 所示。对话框中已经有了一个默认的图层 0，点击左上角的建立新图层图标，在已有的 0 图层下面增加图层 1，继续点击建立新图层图标直至增加到图层 13，如图 2—4—9 所示。

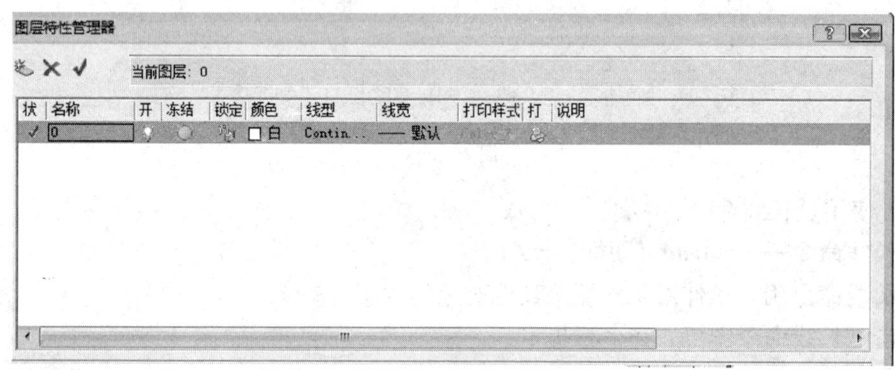

图 2—4—8

图层特性管理器

当前图层：0

状	名称	开	冻结	锁定	颜色	线型	线宽	打印样式	打	说明
✓	0				□白	Contin...	—— 默认	Color_7		
	图层1				□白	Contin...	—— 默认	Color_7		
	图层2				□白	Contin...	—— 默认	Color_7		
	图层3				□白	Contin...	—— 默认	Color_7		
	图层4				□白	Contin...	—— 默认	Color_7		
	图层5				□白	Contin...	—— 默认	Color_7		
	图层6				□白	Contin...	—— 默认	Color_7		
	图层7				□白	Contin...	—— 默认	Color_7		
	图层8				□白	Contin...	—— 默认	Color_7		
	图层9				□白	Contin...	—— 默认			

图 2—4—9

1. 颜色设置

我们注意到，所有新建图层在颜色一栏中显示的状态信息均为“□白”，这表示 CAD 系统默认的新图层图线颜色为白色。这里的白色仍为对比色，实际显示的颜色和窗口背景颜色设置有关联，AutoCAD 颜色设置索引为 ACI 10～249，当窗口背景颜色设置编号的尾数是 0、1、2、3、4、5 时，图线的颜色会显示为黑色；当窗口背景颜色设置编号的尾数是 6、7、8、9 时，图线的颜色会显示为白色。

点击图层 1 的颜色选项，调出选择颜色对话框，如图 2—4—10 所示，在对话框中选中“白色”，点击“确定”按钮即可。

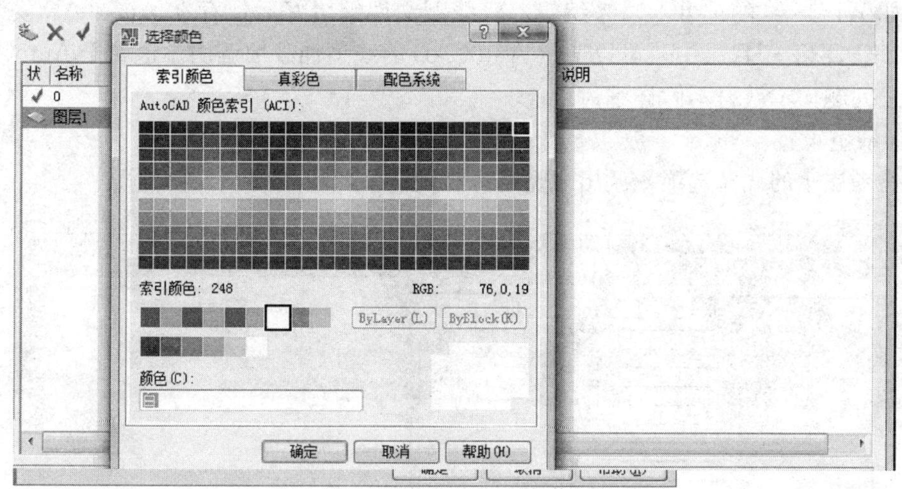

图 2—4—10

2. 图线设置

图线设置包括线型设置和线宽设置。

(1) 线型设置。

点击图层 1 的线型选项，调出“选择线型”对话框，如图 2—4—11 所示。

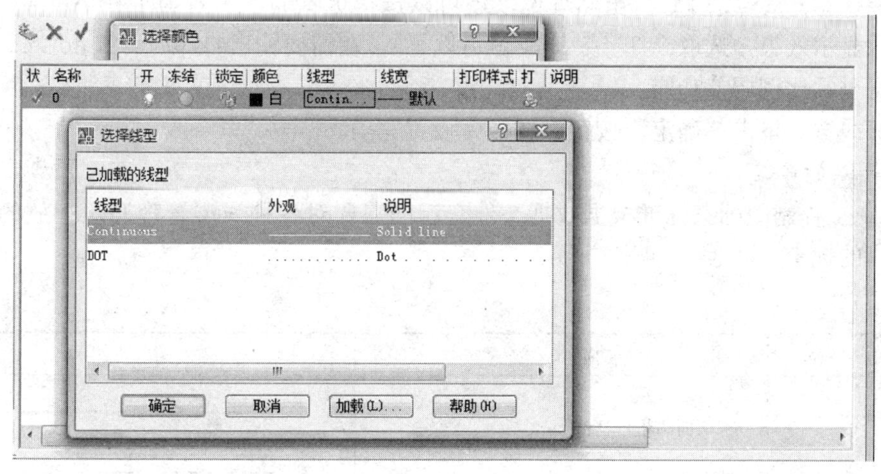

图 2—4—11

在“选择线型”对话框里显示了已加载的线型，其中 Continous - Solid line 即为实线线型，选中单击“确定”按钮即可。

如果在这个对话框中没有我们要使用的线型，可以点击下面的“加载（L）”按钮调出“线型加载”对话框进行加载。“线型加载”对话框里显示了所有 AutoCAD 自带的线型。

AutoCAD 自带的线型目前还不能完全满足机械工程制图的需要，有些线型目前还不具备，如波浪线、折断线等，在制图时还需要我们自己来绘制。

AutoCAD 自带的线型文件是以 . lin 为扩展名的文本文件，可使用任何 ASCII 文本编辑器（如 Windows 的记事本）来编辑。将线型文件编辑好后保存在 AutoCAD 安装目录下的\SUPPORT 子目录中，可以通过 AutoCAD 的线型加载项调用。这属于 AutoCAD 的二次开发问题，本教材不做详细讨论。

（2）线宽设置。

点击图层 1 的线宽选项，调出线宽选择对话框，如图 2—4—12 所示。

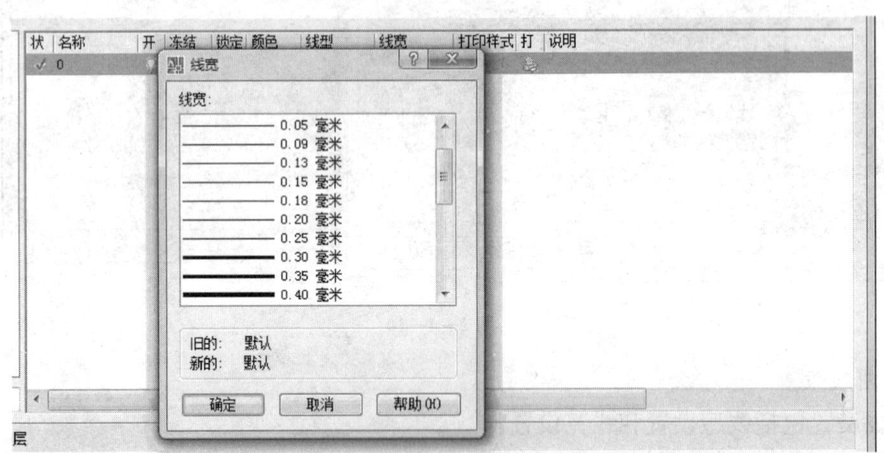

图 2—4—12

选择线宽 0.35 或 0.40（虽然理论上还可以选择更宽的，一般为了在 AutoCAD 中取得良好的显示效果，选取 0.35 或 0.40 就可以了），在需要输出打印时，AutoCAD 还可以提供线宽显示比例调节功能。

选好线宽，单击“确定”按钮，图层 1 设置完毕。

3. 图层的命名

CAD 工程制图国家标准根据数据文件交流的需要对各种线型管理乃至存放的图层均做了相应的规定，如表 2—4—3 所示。

表 2—4—3

图层号	描　述	图　例
1	粗实线 剖切面的粗剖切线	
2	细实线 细波浪线 细折断线	
3	粗虚线	
4	细虚线	
5	细点划线	
6	粗点划线	
7	细双点划线	

（续前表）

图层号	描　述	图　例
8	尺寸线尺寸界限	
9	参考圆，包括引出线和终端	
10	剖面线	
11	文本细实线	工程制图
12	尺寸值和公差	80±1
13	文本粗实线	工程制图
14，15，16	用户自选	

国家标准对基本线型在制图时的变形使用作了如表 2—4—4 所示的规定。

表 2—4—4

基本线型的变形	名　称
	规则连续波浪线
	规则连续螺旋线
	规则连续折线
	波浪线

注：本标准包括基本线型可用同类方法变形。

为了便于使用，所有设置好的图层都可以进行命名，建议用所在图层的线型来命名，例如将图层 1 重命名为：1-粗实线。

要注意的是图层命名时必须使用阿拉伯数字作为首字，否则图层管理器会自动按照字母的顺序进行图层排序，可能会引起顺序的错误。

这样以后打开文件选择图层时可以一目了然。

所有的图层颜色、线型、线宽设置完以后将文件保存为模版文件，又称为用户原型文件。以后制图时，打开来用就可以了。最好是将这类文件保存为只读文件，下次用的时候要保存，可以使用“另存”命令，这样原始的用户原型文件就不会丢失和改变了。

还可以将一些常用的图形符号一类建立一个图层保存起来，平时将不用的图层关闭并锁定，如图 2—4—13 所示。

需要用到时打开图层并解锁，将要用的图形进行复制，粘贴到新图层中就可以了。

完成上述工作以后，将文件进行保存并命名为“制图原型文件”，保存在 D：/＊＊＊CAD/目录下。

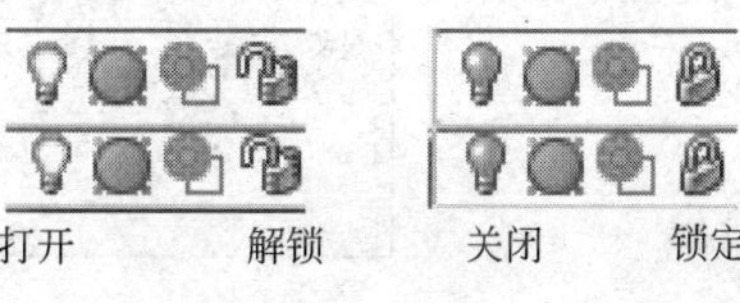

图 2—4—13

关闭文件窗口，打开 D：/＊＊＊CAD/目录，右键点击“制图原型文件”，打开属性对话框，将文件设置为“只读文件”。

第五节　尺寸标注

机械制图图样中的图形只能表明机件的形状，机件的大小是通过标注尺寸来确定的。

一、尺寸标注样式

国家标准 GB 4458.4—2003《机械制图　尺寸注法》中规定了标注尺寸的规则、符号和方法；国家标准 GB/T 16675.2—1996《技术制图　简化表示法》列出了常见的简化注法和其他标注形式，见表 2—5—1。

表 2—5—1　　　　**尺寸标注注法**

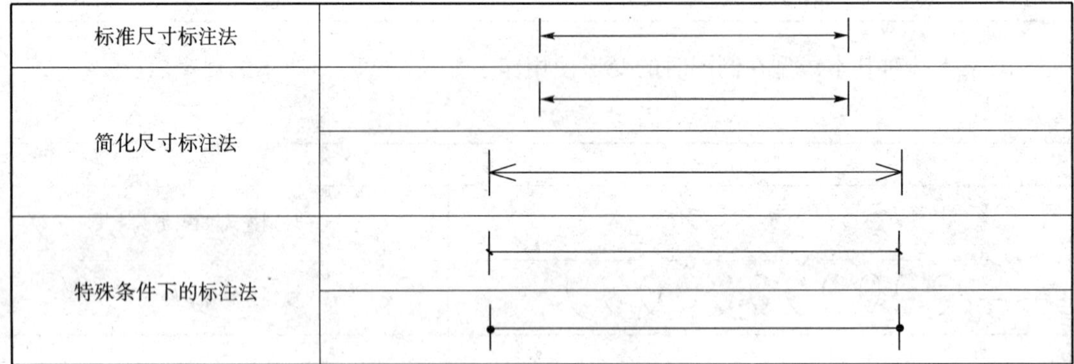

标准尺寸标注法	
简化尺寸标注法	
特殊条件下的标注法	

在 AutoCAD 中配置了标注样式管理器，可以通过标注样式管理器对图形标注进行设置和调整。

CAD 标注样式管理器——dimstyle（图标：）

点击标注样式管理器图标，调出“标注样式管理器”对话框，如图 2—5—1 所示。

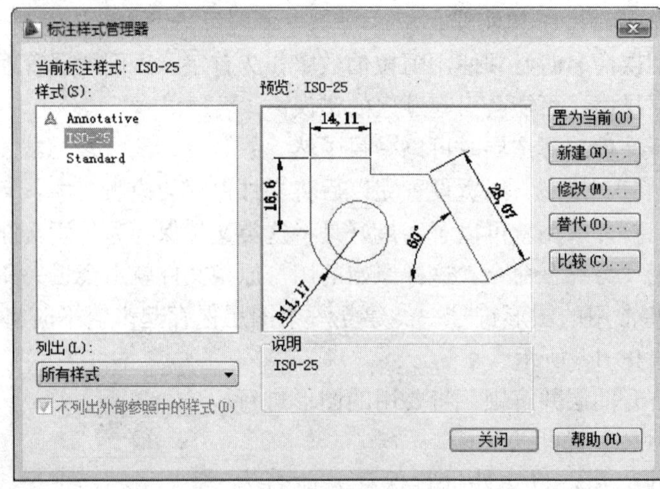

图 2—5—1

标注样式管理器用于创建和修改标注样式。标注样式是标注设置的命名集合，用于控制标注的外观。用户可以创建标注样式，以快速指定标注的格式，并确保标注符合标准。

国际标准 ISO 25 与我国国家机械工程制图标注标准兼容，对话框中的所有按钮下的设置都不要轻易改动。

按图 2—5—1 所示“修改”按钮打开“修改标注样式”对话框，如图 2—5—2 所示。

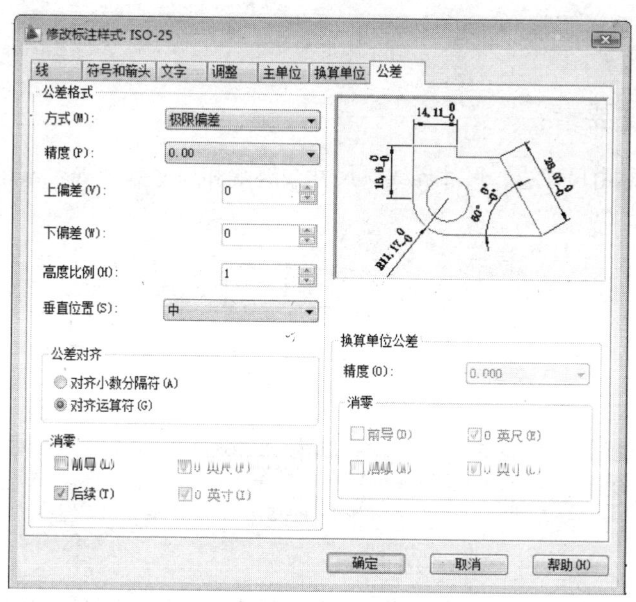

图 2—5—2

检查了解各选项下的设置，对于线、符号和箭头、文字、调整、主单位和换算单位各选项中的内容都暂时不必改动。其中箭头大小、文字大小可以在使用时临时加以调整使其适合图纸的图幅。

打开图 2—5—2 所示“公差”选项板；公差格式中的方式选择极限偏差；垂直位置选择：中；公差对齐选择：对齐运算符。按“确定”按钮退出并保存设置。

二、公差标注的基本规则

(1) 使用图纸作为表达文件，机件的真实大小应以图样上所注的尺寸数值为依据，与图形大小及绘图的准确度无关。

(2) 使用计算机数据文件进行表达和交流，图样实际尺寸与所标注尺寸要求一致。

(3) 图样中（包括技术要求和其他说明）的尺寸，以 mm 为单位时，不需标注计量单位的符号或名称；采用其他单位，则应注明相应的单位符号。

(4) 图样中所标注的尺寸，为该图样所示机件的最后完工尺寸，否则应另加说明，如图 2—5—3 所示。

(5) 机件的每一尺寸，一般只标注一次，并应标注在反映该结构最清晰的图形上，如图 2—5—4 所示。

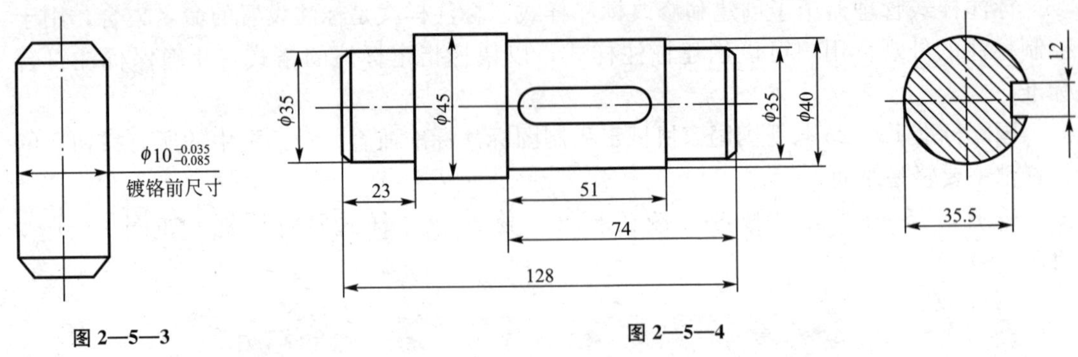

图 2—5—3　　图 2—5—4

三、尺寸标注要素

一个完整的尺寸由尺寸线、尺寸界线、尺寸线终端和尺寸数字等要素组成，如图 2—5—5 所示。

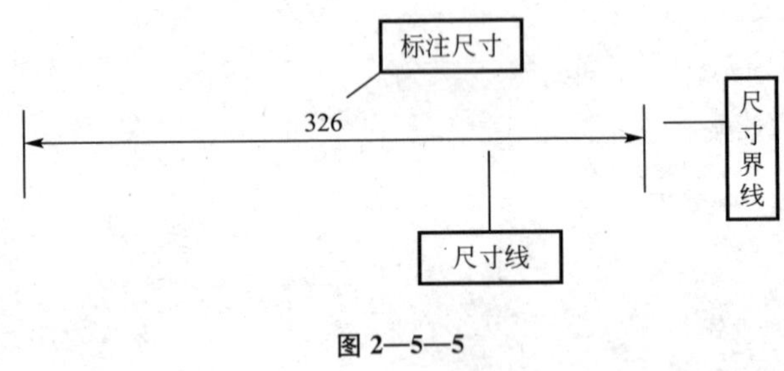

图 2—5—5

1. 尺寸界线

尺寸界线用来表示所注尺寸的范围。它用细实线绘制，并应从图形的轮廓线、轴线或对称线、中心线处引出，也可用这些图线代替。通常，尺寸界线应与尺寸线垂直，并超出尺寸线终端约 2mm，如图 2—5—6 所示。

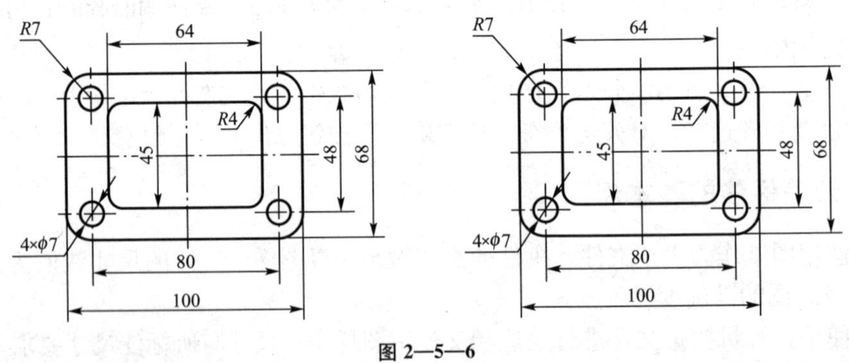

图 2—5—6

必要时，允许尺寸界线与尺寸线倾斜，如图 2—5—7 所示。

2. 尺寸线

尺寸线用来表示尺寸度量的方向，位于尺寸界线之间，用细实线画出。尺寸线不能用其他图线代替，也不能与其他图线重合或画在其他图线的延长线上。

标注线性尺寸时，尺寸线必须与所标注的线段平行，尺寸线与轮廓线以及尺寸线之间的距离应大致相等，一般以不小于 7mm 为宜。在标注相互平行的尺寸时，应使较小的尺寸靠近图形，较大的尺寸依次向外分布。

（1）尺寸线终端。

机械图样中一般采用箭头作为尺寸线的终端，如图 2—5—8 所示。

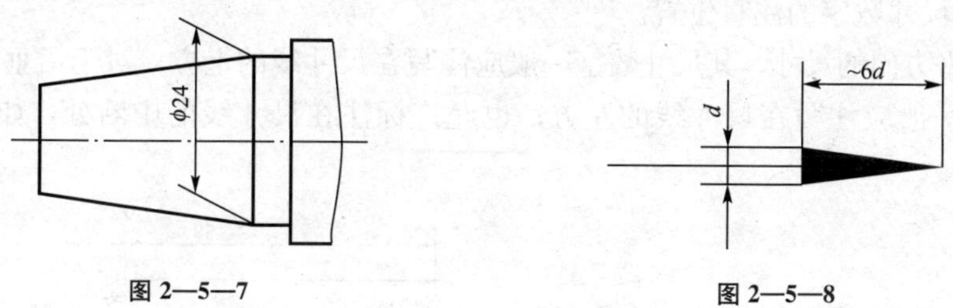

图 2—5—7　　图 2—5—8

斜线终端必须在尺寸线与尺寸界线相互垂直时才能使用。斜线终端用细实线绘制，方向以尺寸线为准逆时针旋转 45°画出，如图 2—5—9 所示。

同一机件的图样中，一般只能采用一种终端形式。但当采用斜线终端形式，图中遇有圆弧的半径尺寸、投影为圆的直径尺寸及尺寸线与尺寸界线成倾斜的尺寸时，这些尺寸线的终端应画成箭头，如图 2—5—10 所示。

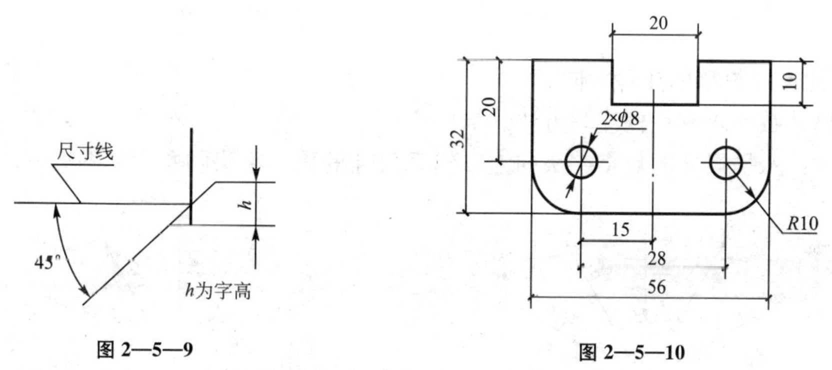

图 2—5—9　　图 2—5—10

当采用箭头终端形式，遇到位置不够画出箭头时，允许用圆点或斜线代替箭头，如图 2—5—11 所示。

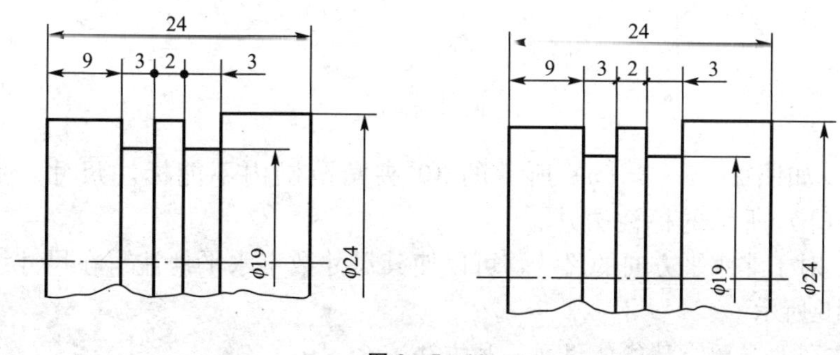

图 2—5—11

标注角度时，尺寸线应画成圆弧，其圆心是该角的顶点，尺寸线的终端应画成箭头，如图 2—5—12 所示。

(2) 尺寸数字。

尺寸数字用来表示所注尺寸的数值，这是图样中指令性最强的部分。因此，要求注写尺寸时一定要认真仔细，字迹要清楚，使其容易辨认，并应避免可能造成误解的一切因素。注写尺寸数字时应符合下列规定：

1) 线性尺寸数字的注写位置。

对于水平方向的尺寸，其尺寸数字一般应注写在尺寸线的上方；对于铅垂方向的尺寸，其尺寸数字一般应注写在尺寸线的左方；也允许标注在尺寸线的中断处，如图 2—5—13 所示。

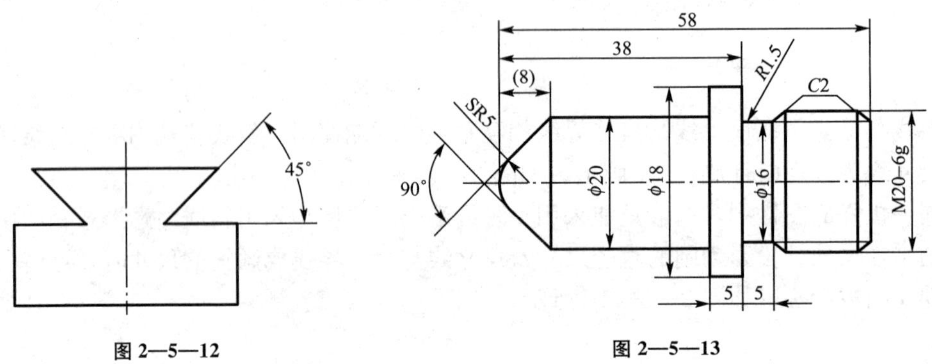

图 2—5—12　　图 2—5—13

2) 线性尺寸数字的注写方向。

线性尺寸数字，有三种注写方法。

方法一：水平尺寸的数字字头向上，铅垂尺寸的数字字头朝左，如图 2—5—14 所示。

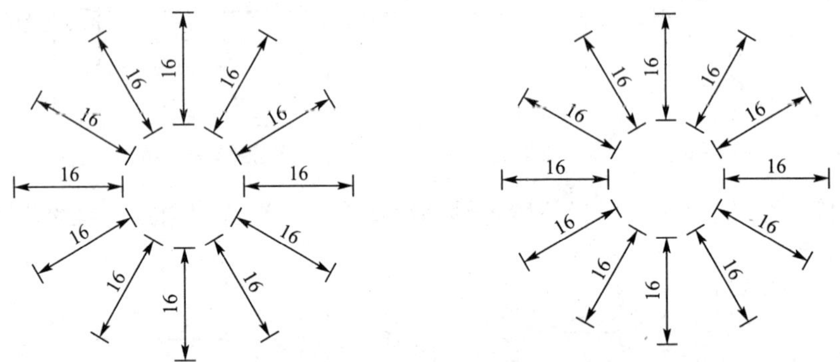

图 2—5—14

方法二：如图 2—5—15(a) 所示的 30°夹角范围内不能标注尺寸，必要时使用图 2—5—15(b) 所示的标注方法。

方法三：对于非水平方向的尺寸，可以使其尺寸数字水平地注写在尺寸线的中断处，如图 2—5—16 所示。

注意：在同一张图上只能使用同一种方法。

3) 尺寸数字不可被任何图线所通过，否则应将该图线断开，以保证尺寸数字清晰。如图 2—5—17 所示；当尺寸数字处于剖面线的区域内，为了清楚地看到尺寸数字，将尺寸数字处的剖面线断开。

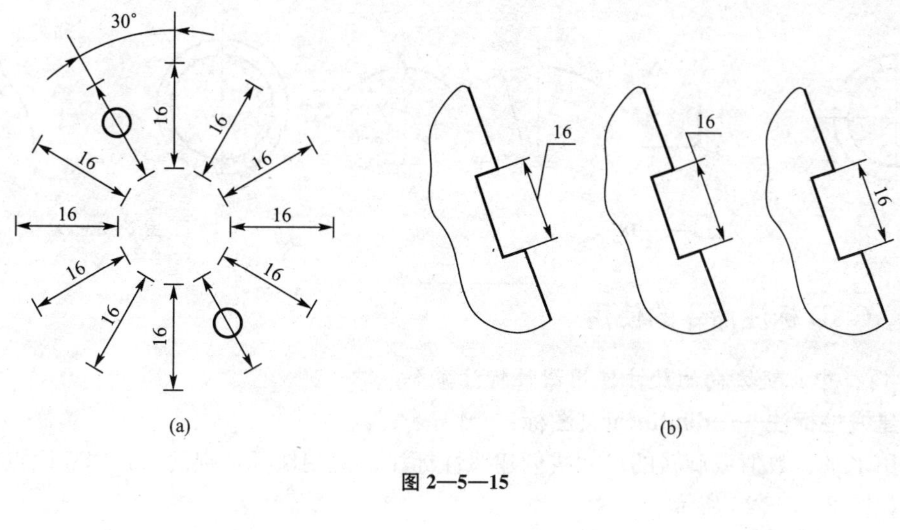

图 2—5—15

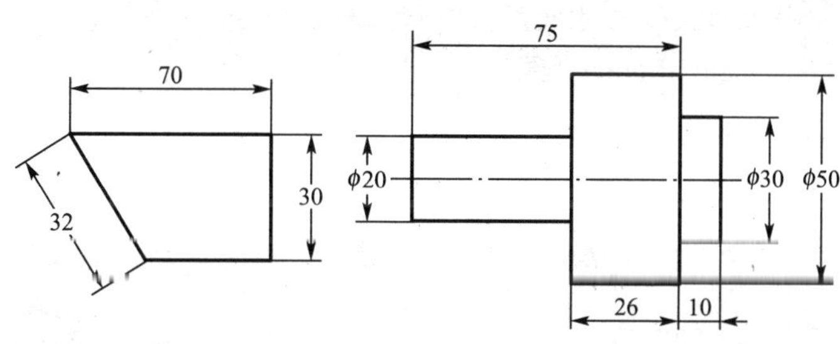

图 2—5—16

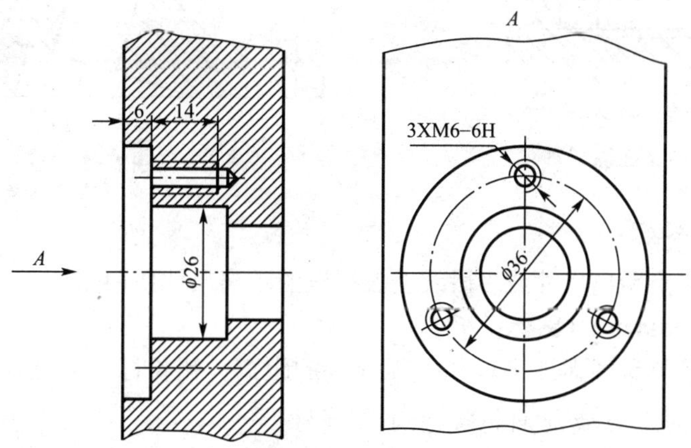

图 2—5—17

4）圆弧的尺寸标注。

圆的直径尺寸数字前面加注ϕ，当尺寸线的一端无法画出箭头时，尺寸线要超过圆心一段。

圆弧半径尺寸数字前面加注 R，半径尺寸线一般应通过圆心，如图 2—5—18 所示。必要时可以使用简化的标注方法，如图 2—5—19 所示。

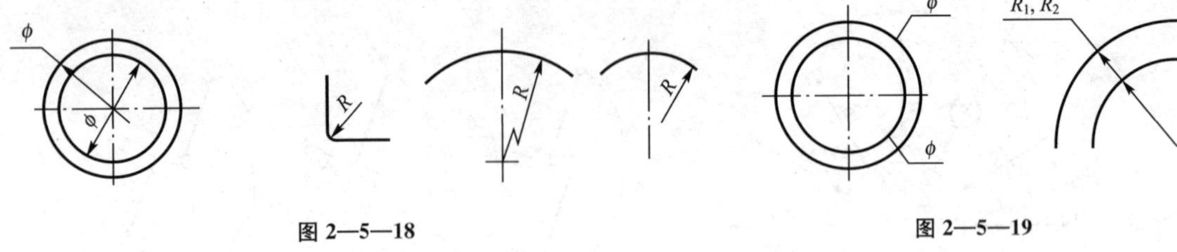

图 2—5—18　　　　图 2—5—19

四、CAD 标注命令的使用

1. 图样中正交方向的尺寸使用线性标注命令

创建线性标注——dimlinear（图标：）

使用水平、数值或旋转的尺寸线创建线性标注；使用鼠标捕捉两点，建立两点间的尺寸线，如图 2—5—20 所示。

2. 不在正交方向上的线性尺寸使用对齐线性标注命令

对齐线性标注—— dimaligned（图标：）

创建与延伸线的原点对齐的线性标注，如图 2—5—21 所示。

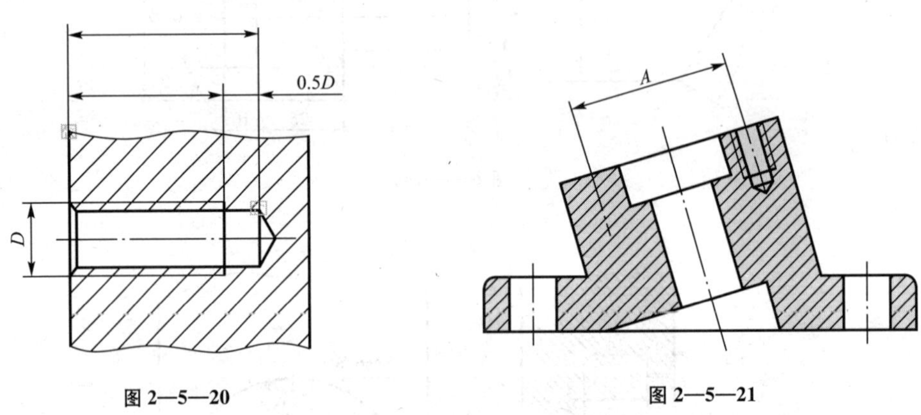

图 2—5—20　　　　图 2—5—21

3. 弧长标注命令

圆弧起点到终点距离尺寸或多段线上弧线段的距离尺寸使用弧长标注命令标注。

弧长标注——dimarc（图标：）

弧长标注用于测量圆弧或多段线上弧线段的距离。弧长标注的延伸线可以正交或径向。在标注文字的上方或前面将显示圆弧符号，如图 2—5—22 所示。

弧长标注的顺序为：（1）选择要标注的圆弧；（2）指定标注尺寸线位置。

4. 需要标注图形中各线段端点、圆心及所有基准点的坐标时使用坐标标注命令

坐标标注——dimordinate（图标：）

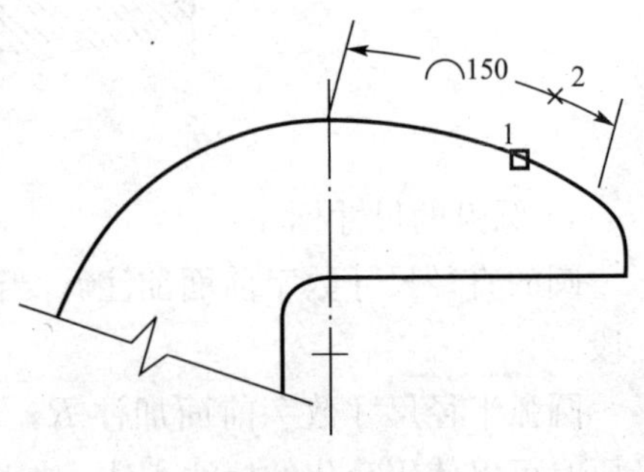

图 2—5—22

坐标标注用于测量从原点（基准）到要素

（例如部件上的一个孔）的水平或垂直距离。

这种标注保持特征点与基准点的精确偏移量，从而避免增大误差，如图 2—5—23 所示。

5. 圆的半径、弧线的半径使用半径标注命令

半径标注——dimradius（图标：）

半径标注，测量选定圆或圆弧的半径，并显示前面带有半径符号 *R* 的标注文字。

标注时使用光标选取要标注的圆弧或圆上任意一点就可以创建圆弧或圆的半径；可以使用夹点轻松地重新定位生成的半径标注，如图 2—5—24 所示。

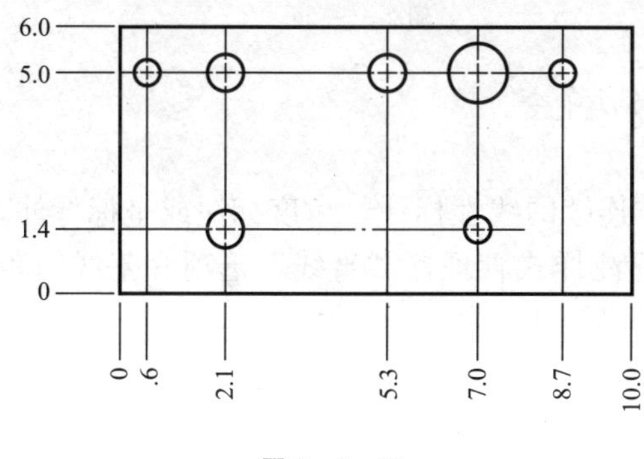

图 2—5—23

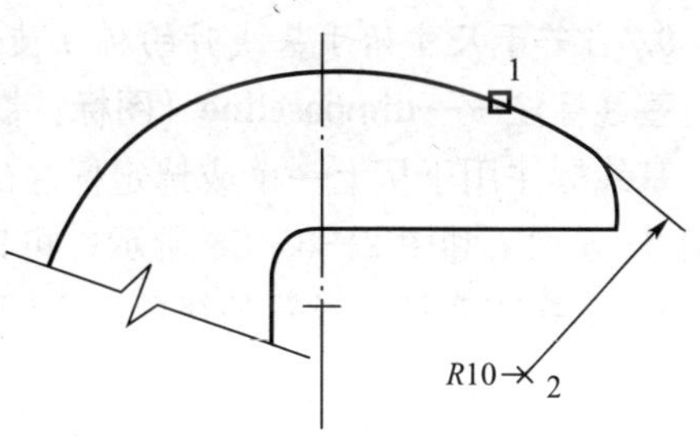

图 2—5—24

半径标注的顺序为：（1）选择要标注的圆弧；（2）指定标注半径中心。

6. 当圆弧或圆的中心位于图形布局之外时使用折弯半径标注命令

折弯半径标注——dimjogged（图标：）

创建圆和圆弧的折弯半径标注：当圆弧或圆的中心位于图形布局之外并且无法在其实际位置显示时，将创建折弯半径标注。可以在更方便的位置指定标注的原点，也称为中心位置替代，如图 2—5—25 所示。

折弯半径标注的顺序如图 2—5—25 所示 1、2、3、4：

（1）选择要标记的圆弧；

（2）指定替代中心位置；

（3）指定标注半径位置；

（4）指定折弯位置。

7. 标注圆的直径使用直径标注命令

直径标注——dimdiameter（图标：）

创建圆或圆弧的直径标注：测量选定的圆或圆弧的直径，并显示前面带有直径符号的标注文字。可以使用夹点轻松地重新定位生成的直径标注，如图 2—5—26 所示。

8. 角度的标注使用角度标注命令

角度标注命令——dimangular（图标：）

创建角度标注，测量选定的对象之间的夹角，可以选择的对象包括圆弧、圆和直线段等。

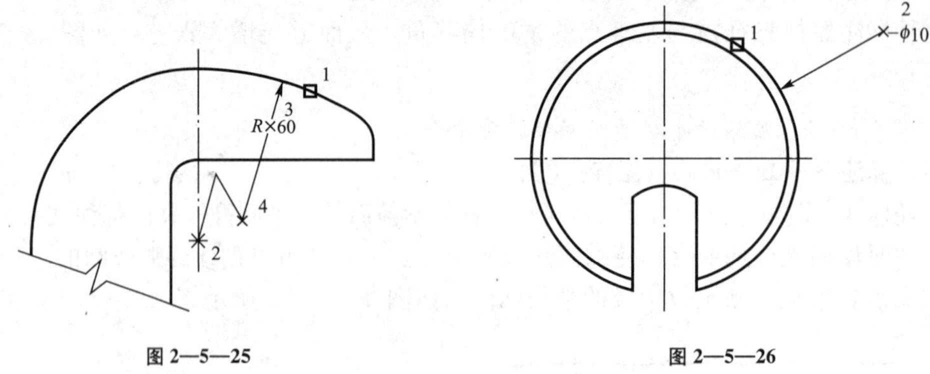

图 2—5—25　　图 2—5—26

9. 当若干尺寸始于基线时的标注使用基线标注命令

基线标注——dimbaseline（图标：）

基线标注用于从上一个或选定标注的基线作连续的线性标注、角度标注或坐标标注，如图 2—5—27 和图 2—5—28 所示；可以通过标注样式管理器“直线”选项和基线间距（DIMDLI 系统变量）设置基线标注之间的默认间距，如图 2—5—28 所示。

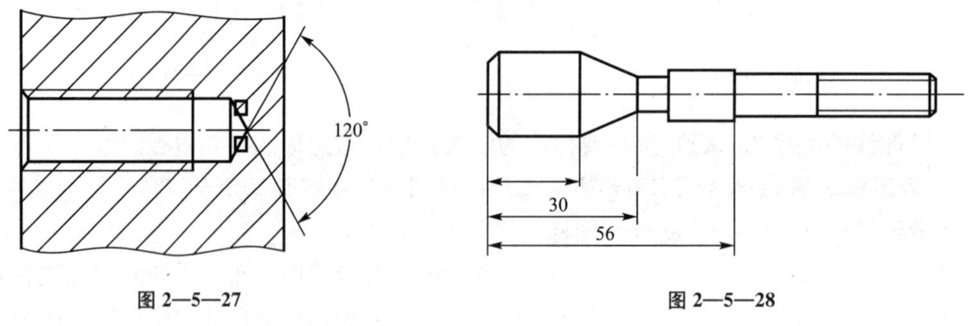

图 2—5—27　　图 2—5—28

10. 遇有连续的直线段尺寸或连续的圆弧尺寸可以使用连续标注命令

连续标注——dimcontinue（图标：）

创建从上一个或选定标注的第二条延伸线开始的线性、角度或坐标标注，自动排列尺寸线，如图 2—5—29 所示。

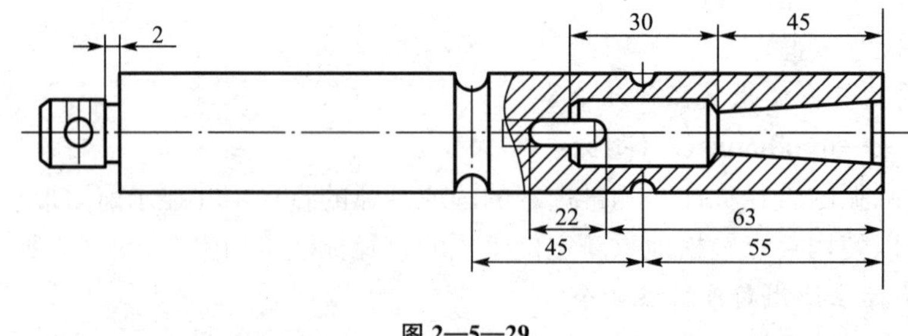

图 2—5—29

11. 在标注或延伸线与其他对象交叉时使用折断标注命令

折断标注——dimbreak（图标：）

可以将折断标注添加到线性标注、角度标注和坐标标注中，如图 2—5—30 所示。

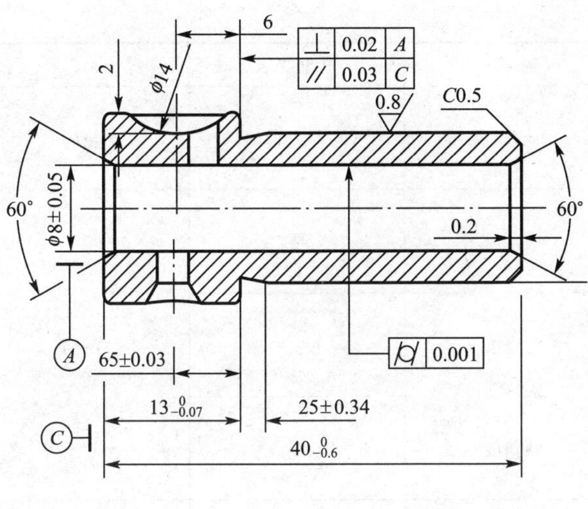

图 2—5—30

12. 形位公差标注

形位公差标注——tolerance（图标：）

创建包含在特征控制框中的形位公差；特征控制框可通过引线使用 tolerance、leader 或 qleader 进行创建，如图 2 5 31 所示。

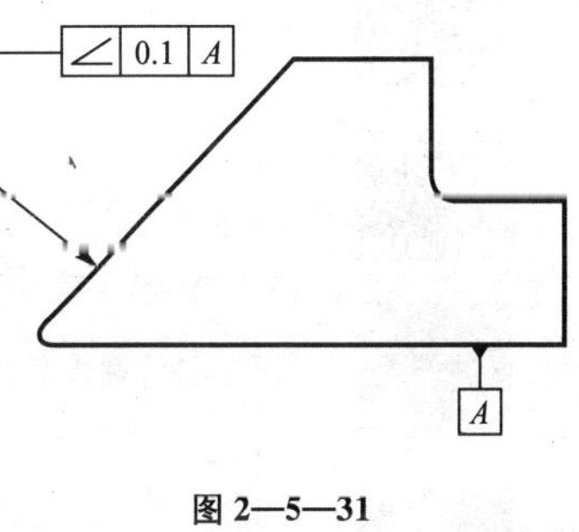

图 2—5—31

形位公差标注中规定要同时标注参照基准，AutoCAD 没有提供参照基准的标注命令。解决这个问题的方案我们将在本书第五章（零件图的标注）中讲解。

进行形位公差标注时，AutoCAD 提供的可选用的公差符号见表 2—5—2。

表 2—5—2

符号	名称	基准要求	公差类别	
	直线度	否	形状	形状公差
	平面度	否		
	圆度	否		
	圆柱度	否		
	线轮廓度	要或否	轮廓	形状或位置

（续前表）

符号	名称	基准要求	公差类别	
	面轮廓度	要或否	轮廓	形状或位置
	平行度	要		
	垂直度	要	定向	
	倾斜度	要		
	位置度	要或否		
	同心/同轴度	要	定位	位置公差
	对称度	要		
	圆跳度	要	跳动	
	全跳度	要		
(M)	最大包容条件	几何特征要规定极限尺寸内的最大包容量，属于过盈配合		
(L)	最小包容条件	几何特征要规定极限尺寸内的最小包容量，属于间隙配合		
(S)	不考虑特征尺寸	几何特征可以是极限尺寸内的任意大小，属于过渡配合		
	直径符号	形状公差需要时标注出直径符号		
	空白	复位标注		

13. 圆心标记

圆心标记——dimcenter（图标：⊕）

创建圆和圆弧的圆心或中心线，如图 2—5—32 所示。

在图 2—5—32 中创建圆的中心线时，可以通过标注样式管理器“符号和箭头”选项、“圆心标记”（dimcen 系统变量）设置圆心标记组件的默认大小。

14. 折弯标注

折弯标注——dimjogline（图标：）

在线性对齐标注上添加或删除折弯线。标注中的折弯线表示所标注对象中的折断，标注值表示实际尺寸，而不是图形中的测量尺寸，如图 2—5—33 所示。

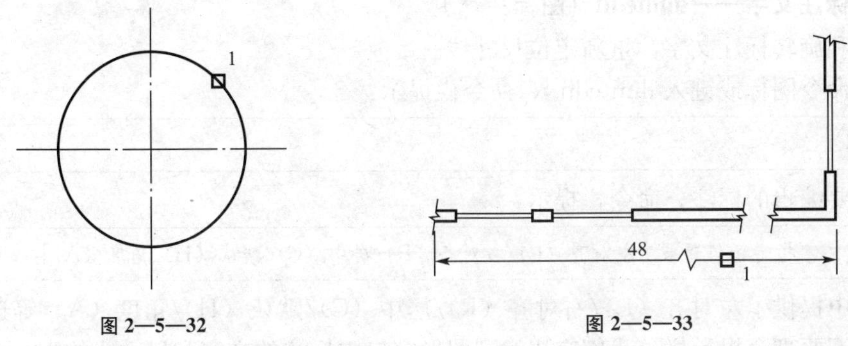

图 2—5—32　　　　图 2—5—33

五、标注的修改与编辑

经过标注的图形如果需要修改或者所标注的内容需要进行调整编辑时，可以使用相关的标注样式或标注文字编辑命令。

1. 编辑标注文字和尺寸线

编辑标注——dimedit（图标：）

编辑标注文字和尺寸线，旋转、修改或恢复标注文字。更改尺寸线的倾斜角；移动文字和尺寸线。

点击编辑标注的图标或键入 dimedit↓，命令栏提示：

输入标注编辑类型［默认（H）/新建（N）/旋转（R）/倾斜（O）］<默认>：

提示中各选项的功能特性不同：

（1）默认（H）选项。

如果在上述提示的后面键入选项值 H↓（或直接按 Enter 键），那么选择的标注将恢复到系统当前设定的默认样式。

（2）新建（N）选项。

如果在选项提示后面键入选项值 N↓，那么可以使用文字编辑器更改标注文字。如使用 AutoCAD 2010 及以上版本，执行该选项会打开文字编辑器面板，同时文字框内会有一个尖括号（< >）表示生成的测量值。要给生成的测量值添加前缀或后缀，请在尖括号前后输入前缀或后缀。可以用控制代码和 Unicode 字符串来输入特殊字符或符号。

要编辑或替换生成的测量值，请删除尖括号，输入新的标注文字，然后“确定”。如果标注样式中未打开换算单位，可以通过输入方括号（[ ]）来显示它们。

（3）旋转（R）选项。

如果在选项提示后面键入选项值 R↓，那么可以将标注文字旋转一定的角度。

（4）倾斜（O）选项。

如果在选项提示后面键入选项值 O↓，那么可以调整线性标注延伸线的倾斜角度，如图 2—5—34 所示。

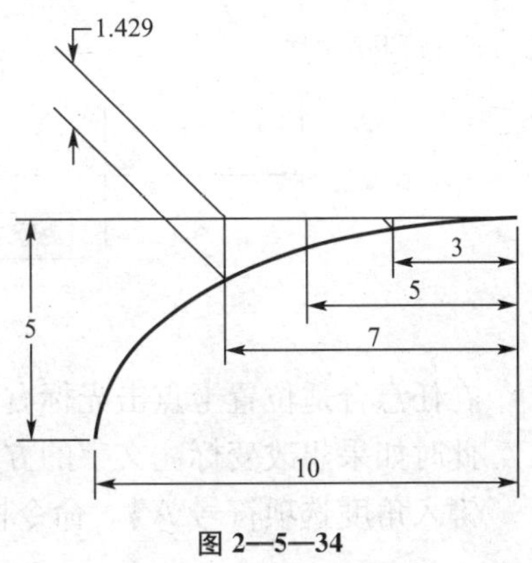

图 2—5—34

2. 编辑标注文字

编辑标注文字——dimtedit（图标：）

移动和旋转标注文字，重新定位尺寸线。

点击命令图标或键入 dimtedit↓，命令栏提示：

选择标注：

选择要编辑的标注；命令栏提示：

为标注文字指定新位置或［左对齐（L）/右对齐（R）/居中（C）/默认（H）/角度（A）］：

提示中提供了左对齐（L）/右对齐（R）/居中（C）/默认（H）/角度（A）等选项，此时我们先不要理会提示栏。我们应注意到图形窗口中标注的文字和尺寸线的中心会随着光标的移动而移动，如图 2—5—35 所示。

光标居中：

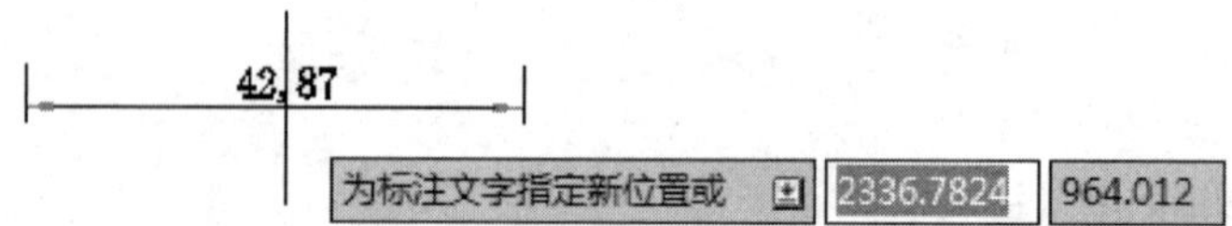

向左移动光标：

向右移动光标：

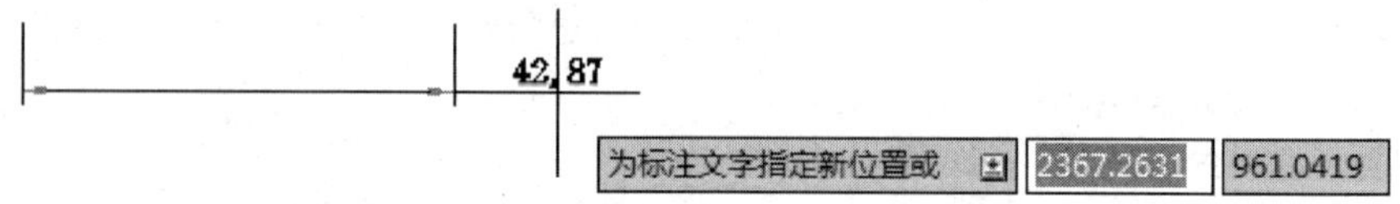

向上移动光标：

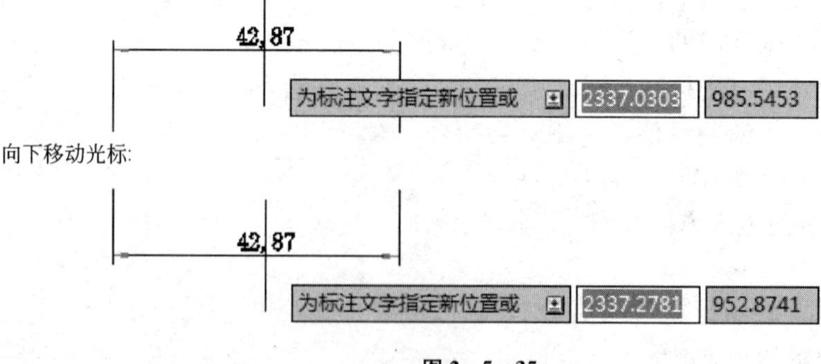

图 2—5—35

在任意合适位置上点击光标右键，确定标注文字及尺寸线的新位置。

此时如果想改变标注文字的方向，则需要使用提示的选项：角度（A）。

键入角度选项符号 A↓，命令栏提示：

指定标注文字的角度：

键入角度值 60↓，得到的结果如图 2—5—36 所示。

3. 修改标注样式

标注更新—— dimstyle（图标：）

用当前标注样式更新标注对象，可以将标注系统变量保存或恢复到选定的标注样式。

执行标注更新命令，打开标注样式管理器（见图 2—5—1），需要注意其中有一列按钮，如图 2—5—37 所示。

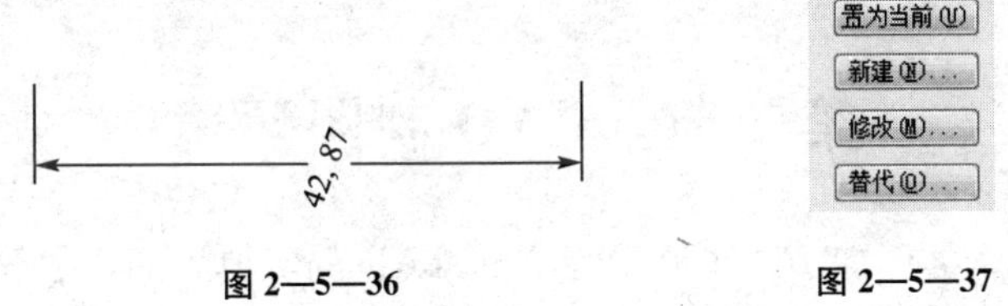

图 2—5—36　　图 2—5—37

按下“置为当前”按钮，窗口中的标注样式就更新为标注样式管理器中设置的样式。

第三章　CAD 机械工程制图

现代工业与现代信息产业的迅速发展，快速改变着传统的生产形式，作为工业生产中的一个重要的环节，“工程制图”也迅速转入了计算机制图的轨道。

CAD 工程制图具有快捷、准确和便于交流的特点。图形的数字化完全实现了人与机器的交流，给自动化生产奠定了基础。在工业生产中已经发挥出极大的优势。

第一节　CAD 制图环境

打开 AutoCAD，如图 3—1—1 所示为 AutoCAD 的经典界面，尽管在 AutoCAD 2010 以后的版本中有了一个新界面，但还是保留了图 3—1—1 所示的经典界面。

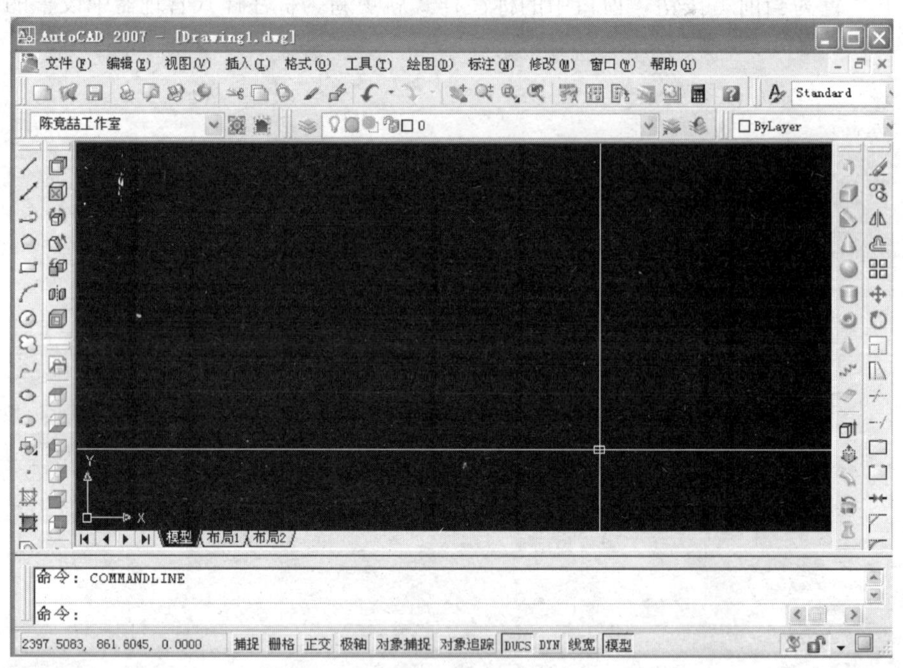

图 3—1—1

AutoCAD 的窗口界面和其他计算机应用软件一样在窗口中布置了我们需要的菜单、工具栏。在开始制图工作前需要进一步熟悉 AutoCAD 的工作环境。

一、菜单

菜单，又称为快捷访问菜单。AutoCAD 所有的供用户使用的子程序按用途分类分别建立快捷方式，列举在各类菜单中。用户需要调用这些子程序，只要按照分类打开菜单找到这些程序选项的快捷方式，用鼠标点击即可。AutoCAD 的经典菜单如图 3—1—2 所示。

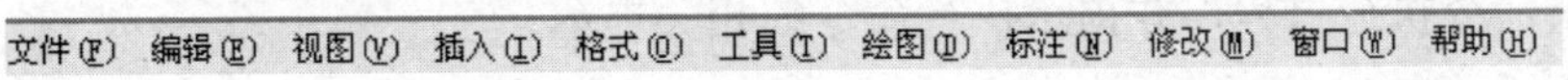

文件(F) 编辑(E) 视图(V) 插入(I) 格式(O) 工具(T) 绘图(D) 标注(N) 修改(M) 窗口(W) 帮助(H)

图 3—1—2

二、工具条

AutoCAD 将所有的绘图指令以及操作指令都设置了一个图标加以链接，并且按照用途分类组合为工具条目（称为工具条），如图 3—1—3 所示。

图 3—1—3

由于 AutoCAD 的工具条目太多，全部摆在窗口中会占用太多的绘图区域，因此被设置为可以隐藏的形式。常用的工具条目可以调出来摆在窗口的两侧或者上方。

将光标悬停于工具图标之上，会显示该图标所链接的命令条目。中文版的 AutoCAD 显示的是中文名称。

到了 AutoCAD 2009 版本以后，光标悬停时可以显示所链接的命令条目、适用范围甚至包括图解，如图 3—1—4 所示。

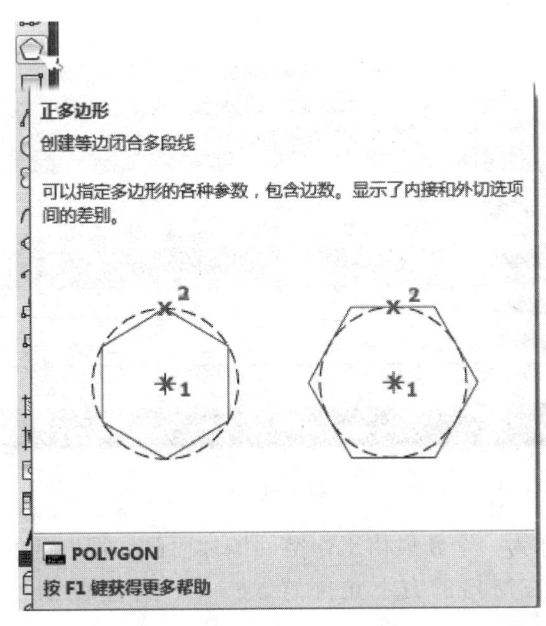

图 3—1—4

三、命令栏

布置在绘图窗口下面的是命令栏，如图 3—1—5 所示。

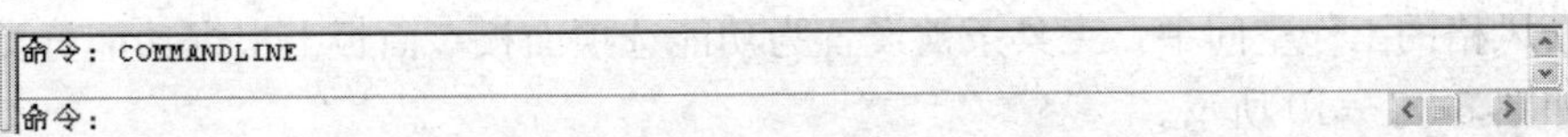

图 3—1—5

命令栏是使用键盘直接键入命令以及各项数据的窗口。在命令的执行过程中，命令栏还负责记录命令执行过程，并提示执行命令的相关提示。

四、状态栏

在命令栏的下面是状态栏，如图 3—1—6 所示。状态栏的功能主要是显示当前绘图窗口的工作状态，包括鼠标的行为状态等。

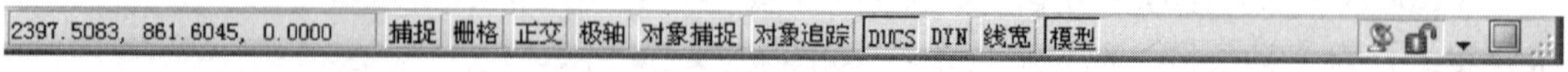

2397.5083, 861.6045, 0.0000
捕捉
栅格
正交
极轴
对象捕捉
对象追踪
DUCS
DYN
线宽
模型

图 3—1—6

五、AutoCAD 的新版本

到了 AutoCAD 2010 版本后，AutoCAD 除了功能更加完善以外，在保留原有经典界面的基础上增加了新的界面，如图 3—1—7 所示。

AutoCAD 2010 Drawing1.dwg
Express Tools

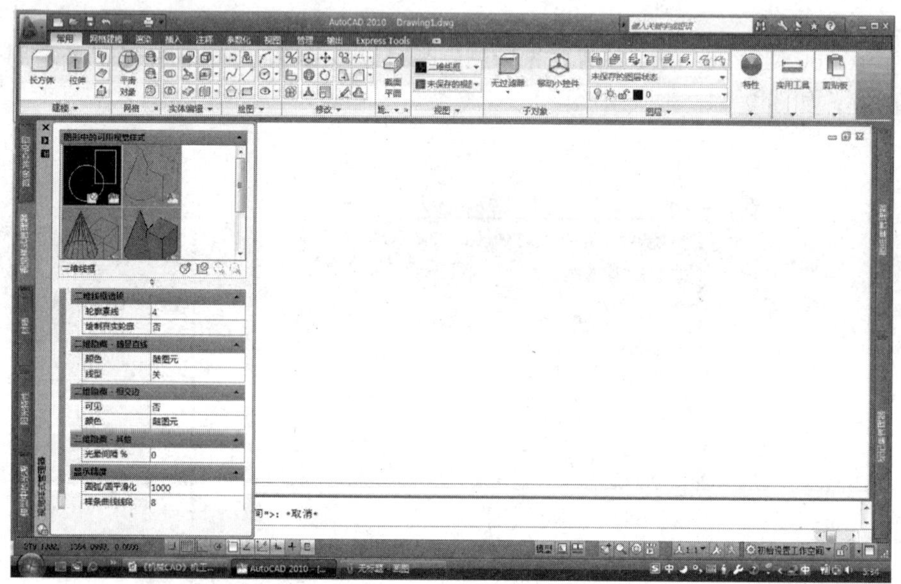

图 3—1—7

这个新界面只是作为一个新风格工作空间增加而已，把以前的版本风格作为另一个经典风格工作空间。在窗口的右下角配置了一个工作空间切换按钮，如图 3—1—8 所示。

可以使用工作空间切换按钮切换到经典工作空间。点击按钮，展开切换菜单，如图 3—1—9 所示。

除了在新风格工作空间与经典风格工作空间切换以外还可以由用户自定义新的工作空间。

在新风格的工作空间中，工具条被设置为功能选项面板，面板上根据功能分类排列工具图标如图 3—1—10 所示。

初始设置工作空间

图 3—1—8

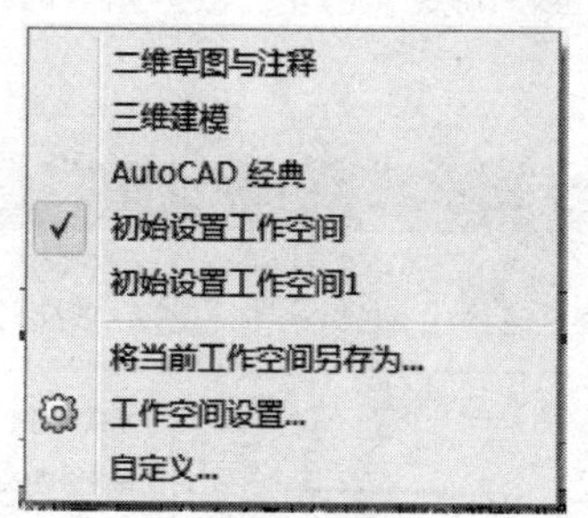

图 3—1—9

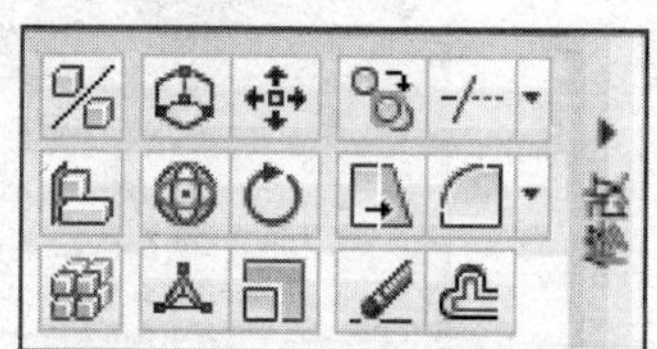

图 3—1—10

第二节 CAD 制图的标准环境设置

AutoCAD 界面中间的区域称为图形窗口，是我们的绘图空间。在 AutoCAD 2010 以前的版本中图形窗口的背景初始状况下都被设置为黑色的（见图 3—1—1）。

移动鼠标我们可以看见窗口中对应的光标在移动，如图 3—2—1 所示。

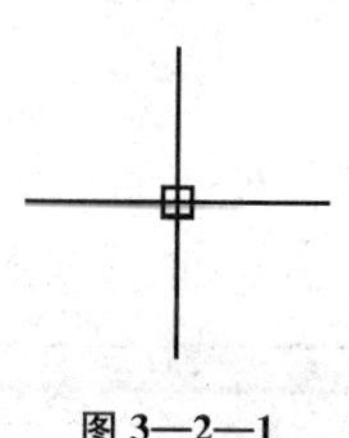

图 3—2—1

图 3—2—2

点击鼠标右键，窗口中弹出一个菜单，如图 3—2—2 所示，称为窗口菜单。

点击鼠标左键，显示一个随鼠标移动的文字框，如图 3—2—3 所示，称为动态输入栏。

指定对角点: 1702.3324 1342.7921

图 3—2—3

将光标滑动到工具面板，悬停在某个工具图标上，会显示出该图标所指向的命令名称、使用范畴甚至该命令的图解。

这些内容都称为窗口元素，窗口元素的显示以及显示效果设置都可以由用户自行改变，称为 UI 设置。

一、显示选项设置

有人不喜欢黑色屏幕背景，认为黑色背景影响观察图样效果。可以通过下列步骤改变设置：

（1）用鼠标点击菜单“工具”，弹出菜单选取“选项”命令，弹出“选项”对话框，如图 3—2—4 所示。

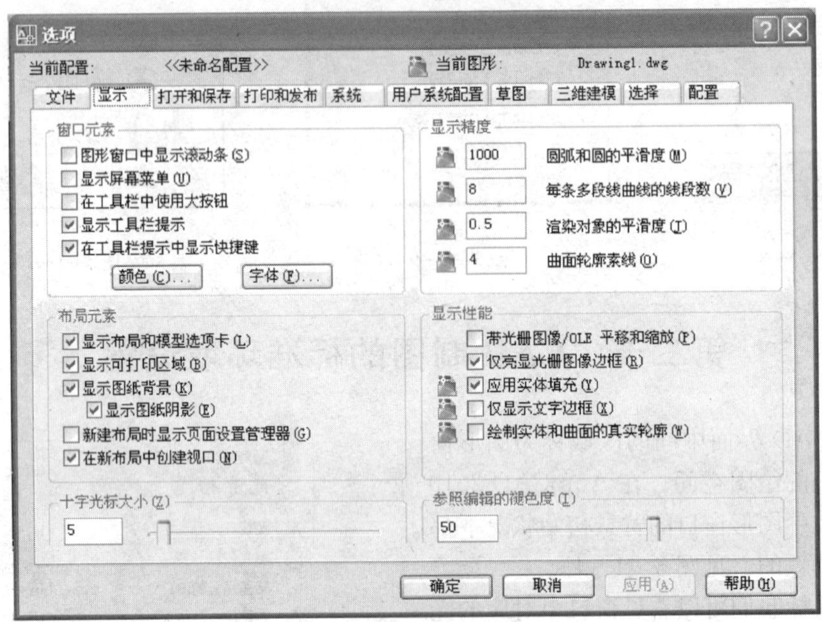

图 3—2—4

（2）点击对话框中的“显示”标签打开“显示”选项卡。

（3）点击［颜色（C）...］按钮，弹出“图形窗口颜色”对话框，如图 3—2—5 所示。在图 3—2—5 所示对话框的左上方有一个标题为“背景（X）”的选项栏。

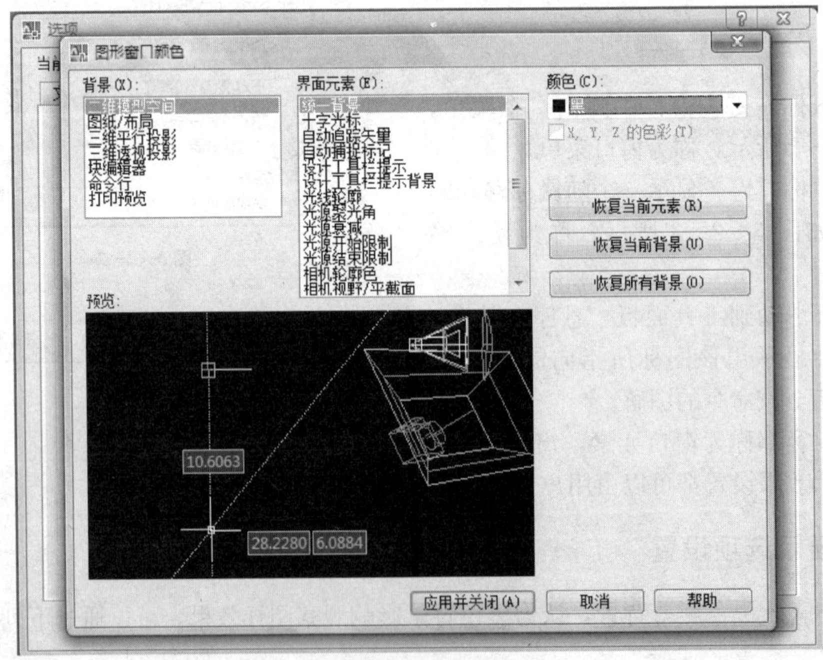

图 3—2—5

注意：在 AutoCAD 2010 以后的中文版中“背景（X）”被翻译为“上下文（X）”，其快捷键仍然使用（X）不变。

（4）在标题为“背景”（或上下文）的选项栏中选中“二维模型空间”。

（5）在标题为“界面元素（E）”的选项栏中选中“统一背景”。

（6）在标题为“颜色”下面点开颜色选择菜单。选择“□白色”。

（7）点击对话框下面的“应用并关闭”按钮，回到“选项”对话框。

（8）点击选项对话框下面的“确定”按钮完成设置。

在对话框中还可以对屏幕颜色以及其他项目进行设置。屏幕上的光标颜色、大小和形式等也可以通过对话框中相应的项目进行设置。我们应该尽可能地去熟悉各种选项，进而掌握 AutoCAD 的功能。

二、面板工具设置

打开 AutoCAD 的界面时，我们看到的工具图标不完全一定是我们所需要的，AutoCAD 是一款多行业通用制图软件，命令图标有很多，我们可以通过下列步骤来增减这些图标，以适应机械制图的需要。

1. AutoCAD 经典界面工具图标配置

鼠标右键点击工具图标的任何部位，弹出工具选项菜单。菜单上显示的是所有的工具组如图 3—2—6 所示。

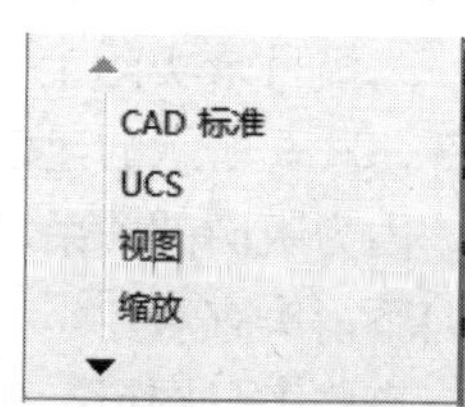

图 3—2—6

在图 3—2—6 中当工具组的选项没有能完全显示的时候。向下的箭头会“亮起”，可以点击箭头显示更多的工具选项。工具组名称前有√的表示已经显示在窗口中的，可以进行删减。没有勾选的点取后就会显示在窗口中。

例如：点击勾选“标注”选项，调出标注选项的工具条，如图 3—2—7 所示。

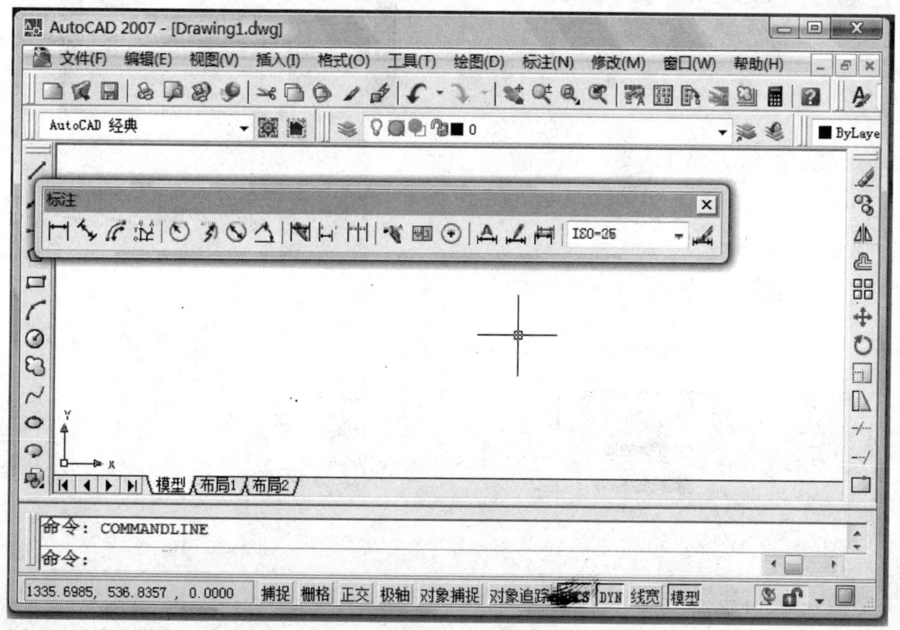

图 3—2—7

2. AutoCAD 2010 新界面工具图标配置

在 AutoCAD 2010 版本中界面工具图标配置更趋近于合理，如图 3—2—8 所示。

图 3—2—8

新的图标配置分为三级目录。

一级目录包括：“常用”、“网格建模”、“渲染”、“插入”、“注释”、“参数化”、“视图”、“管理”、“输出”、“Express Tools”（Express Tools——专项工具，之所以没有翻译为中文是因为该项工具目前不支持中文版）等选项。

在一级目录下还设置了二级目录，如：常用：“建模”、“网格”、“实体编辑”、“绘图”、“修改”、“截面”、“视图”、“子对象”、“检测”等选项。

二级目录实际上是一个工具组，在每个工具组中配置了多个相关工具的图标，如图 3—2—9 所示的建模工具组。

因为版面的关系，该组图标中还有些不常用的图标没有列出，可以通过点击标题旁边的向下箭头查看。

有些工具图标，如图 3—2—9 所示的长方体图标，其下面有一个向下的箭头，就是所谓的第三级目录。

点击长方体下面的箭头展开第三级目录，如图 3—2—10 所示。

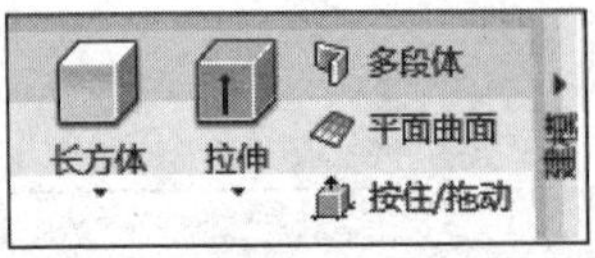

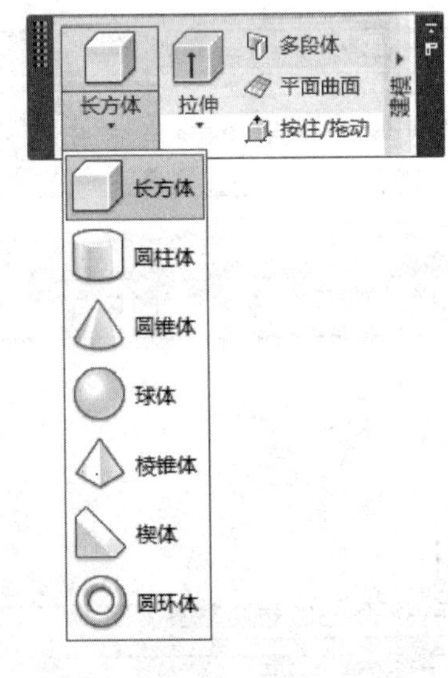

图 3—2—9

图 3—2—10

(1) 更改一级目录。

鼠标右键点击一级目录，如图 3—2—11 所示。当鼠标右键点击目录条时，弹出一级目录菜单如图 3—2—12 所示。在菜单的“显示选项卡”的子菜单中可以选择一级目录的内容。

(2) 更改二级目录。

在上述的菜单中选择显示面板下的子菜单进行选择，如图 3—2—13 所示。

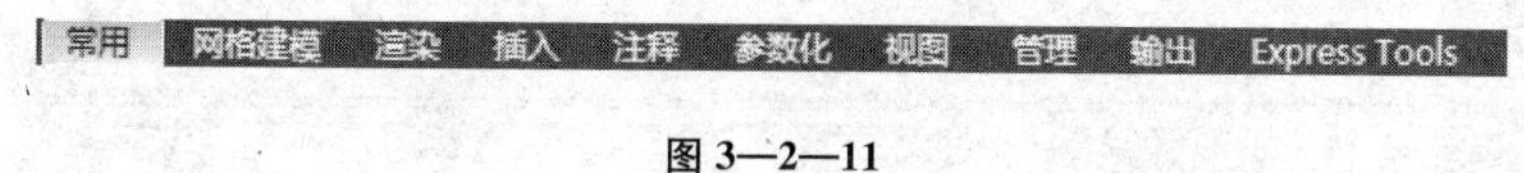

图 3—2—11

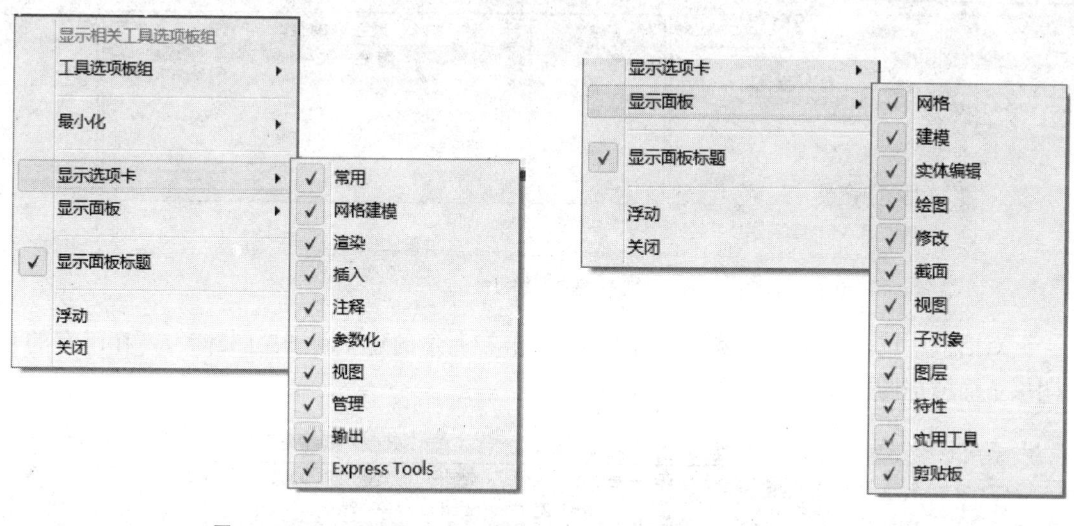

图 3—2—12　　　　图 3—2—13

三、图层设置

CAD 制图标准设置是指按照 CAD 制图的国家标准在绘图前进行层和线型的设置。

图层相当于图纸绘图中使用的重叠图纸，是图形中使用的主要组织工具。可以使用图层将信息按功能编组，也可以强制执行线型、颜色及其他标准。

每个图形均包含一个名为 0 的图层。无法删除或重命名图层 0。该图层有两个用途：一是确保每个图形至少包括一个图层；二是提供与块中的控制颜色相关的特殊图层。

图层用于按功能在图形中组织信息以及执行线型、颜色及其他标准。按照国家标准对 CAD 工程制图的线型以及图层的规定。在使用 CAD 制图时，将不同的图形、不同的内容、不同的表达方式放置在不同的图层中，如图 3—2—14 所示。

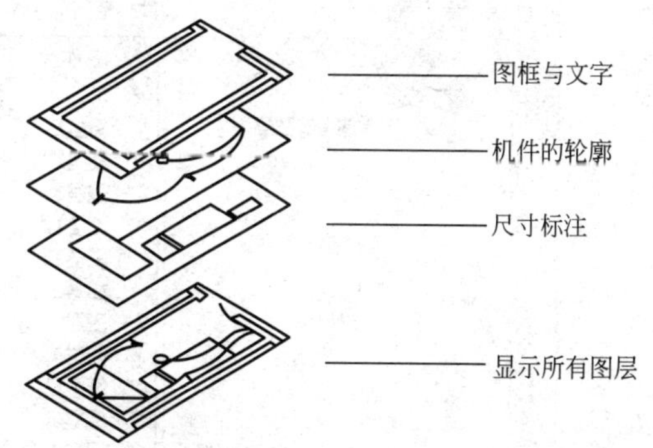

图 3—2—14

AutoCAD 中的图层概念和其他计算机图形处理软件中的“图层”概念有所不同，在 AutoCAD 制图环境中，图层是没有实际间距的，上面图层中的图形不会遮盖下面图层中的图形，多个图层中的图形可以进行组合（除用户在设置中规定以外）。在学习中对于这一点可以逐步体会。

1. 建立新图层

图层特性管理器——layer（图标：）

点击图层特性管理器图标或在命令栏中键入 layer，打开图层管理器如图 3—2—15 所示。

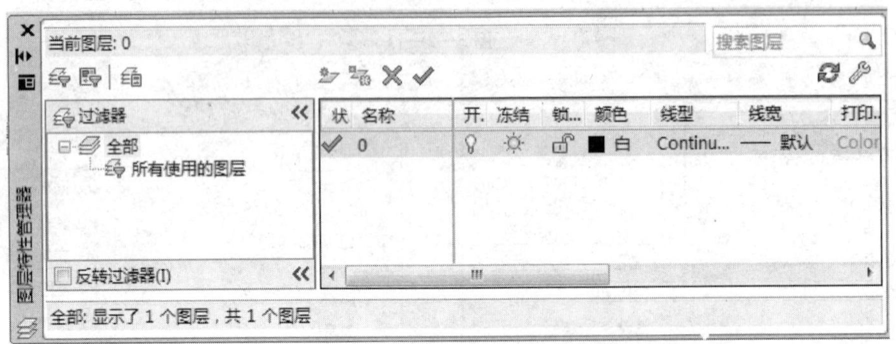

图 3—2—15

对话框中已经有了一个默认的图层 0。点击左上角的建立新图层图标，在已有的 0 图层下面增加图层 1，如图 3—2—16 所示。

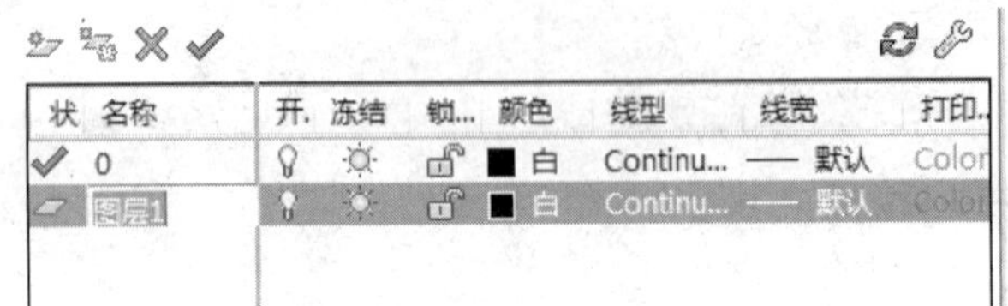

图 3—2—16

继续点击建立新建图层图标直至增加到图层 13，如图 3—2—17 所示。

图 3—2—17

2. 为图层设置颜色

国家标准规定不同的图层设置不同的颜色。在图层管理器中点击图层 1 的颜色选项，调出“选择颜色”对话框如图 3—2—18所示。

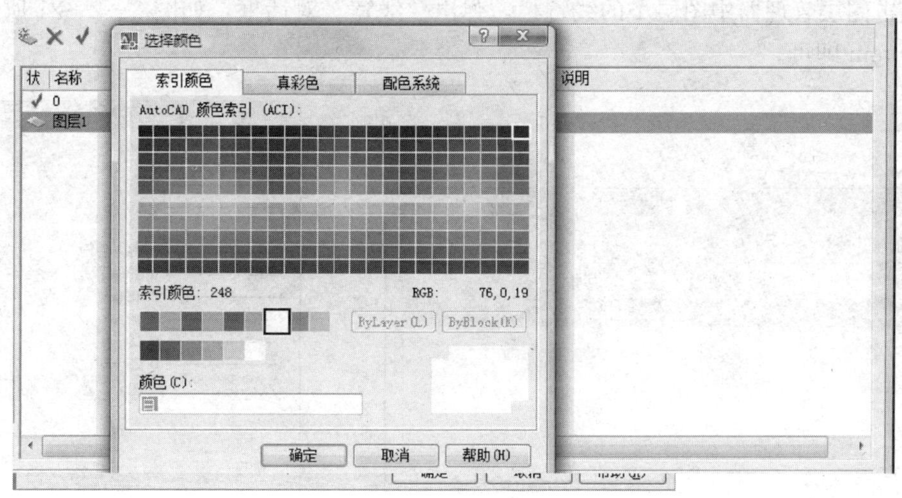

图 3—2—18

所有新建图层在颜色一栏中显示的状态信息均为“□白”，这表示 CAD 系统默认的新图层图线颜色为白色。

按照我国国家 CAD 制图标准规定：图层 1 是绘图主要图层，并且规定了图层 1 使用的线型为粗实线。颜色为对比色“□白”。

注意：这里的白色实际上定义为对比色，实际显示的颜色和窗口背景颜色有对比关联。AutoCAD 颜色设置索引为 ACI 10～249，当窗口背景颜色设置编号的尾数是 0、1、2、3、4、5 时图线的颜色会显示为黑色；当窗口背景颜色设置编号的尾数是 6、7、8、9 时，图线的颜色会显示为白色。

在绘图窗口背景为白色时，所选中的颜色显示为黑色，如图 3—2—19 所示。

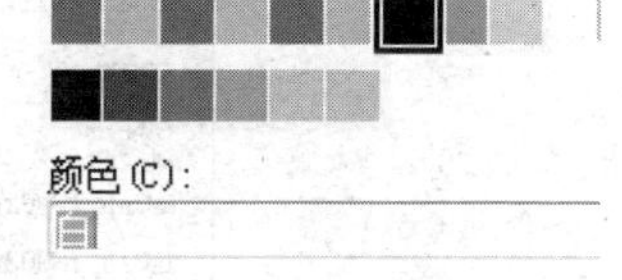

图 3—2—19

我国国家标准还规定了 1～13 图层分别使用的线型和颜色乃至绘图的内容，参见表 2—4—1。

分别将图层 1、8、9、10、11、12、13 设置为对比白色（使用默认值）。

将图层 2 设置为绿色，图层 3、4 设置为黄色，图层 5 设置为红色，图层 6 设置为棕色，图层 7 设置为粉红色。

为了便于使用，所有设置好的图层都可以进行命名，建议用所在图层的线型来命名，例如将图层 1 重命名为：1-粗实线。

这样以后打开文件选择图层时可以一目了然。

3. 为图层设置线型和线宽

我国国家标准不但规定了每个图层的颜色，还规定了每个图层所使用的线型和线宽。

(1) 点击图层管理器中图层 1 的线型一栏，弹出“选择线型”对话框，如图 3—2—20

所示。对话框中只有一种线型：Solid Line。Solid Line 是实线，而国家标准规定图层 1 使用的线型为粗实线。将 Solid Line 选中，点击“确定”按钮即可。

（2）因为国家标准规定图层 1 使用粗实线，还必须为图层 1 设置线宽。

点击图层管理器中图层 1 的线宽栏，弹出“线宽”对话框，如图 3—2—21 所示，选择 0.30mm 即可。

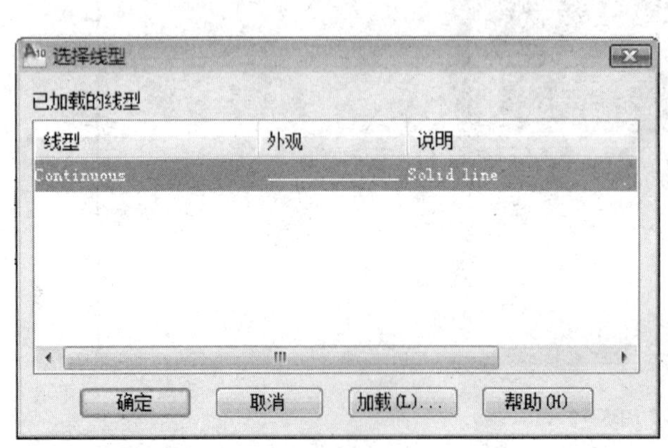

图 3—2—20

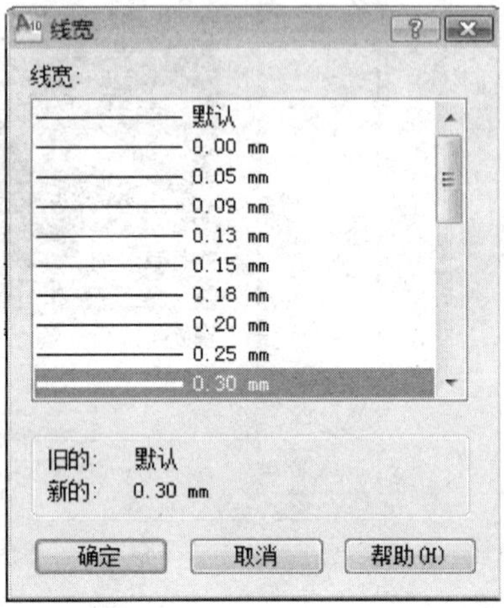

图 3—2—21

（3）设置特殊线型。

国家标准规定图层 7 中使用细双点划线，点击图层管理器中图层 7 的线型栏，弹出“选择线型”对话框，见图 3—2—20。对话框已加载线型栏中只有 Solid Line 一种线型。按下对话框下面的“加载”按钮，弹出线型加载对话框，如图 3—2—22 所示。

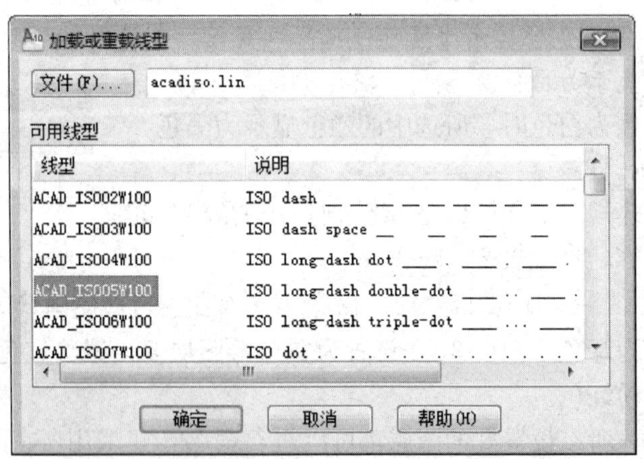

图 3—2—22

在对话框中找到 ACAD_ISO05W100（双点划线）并选中，按下“确定”按钮，回到“选择线型”对话框，双点划线已经被加载到对话框中，如图 3—2—23 所示。

将 ACAD_ISO05W100 选中，按下“确定”按钮关闭对话框，图层 7 的线型被设置为双点划线。由于图层 7 规定为细双点划线，线宽值使用系统默认值即可，不必再设置线宽。

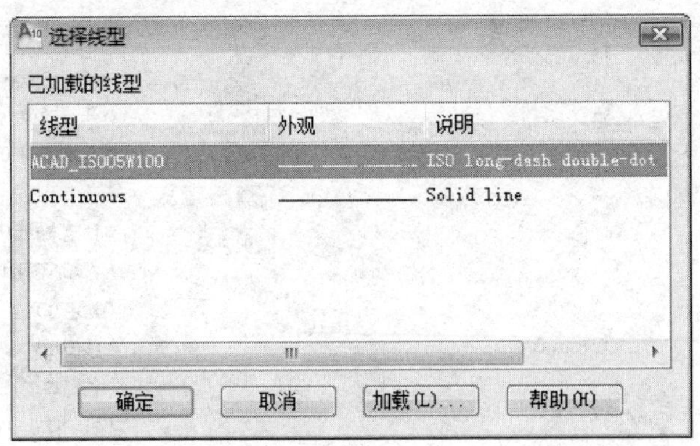

图 3—2—23

其他图层中的线宽和线型依照同样方法设置。所有的图层颜色、线型、线宽设置完以后可以将文件保存为模板文件，又称为用户原型文件。以后制图时，打开来用就可以了。

四、保存图层设置

图层设置好以后，应该加以保存，保存图层设置的方式：

(1) 图层设置好以后，将当前文件保存为 AutoCAD 的模板文件。

点击“文件”菜单，在“文件”菜单中选择“另存为”命令，并选择“另存为：AutoCAD 图形样板文件”选项，打开“保存文件”对话框（标准对话框）。

执行保存时，弹出“样板选项”对话框，如图 3—2—24 所示。在对话框中选择“将所有图层另存为未协调”。可以在“说明”文本框中添加相关说明，单击“确定”按钮完成文件保存。

(2) 将文件保存为空白（没有图形）的普通 dwg 文件。

该类型文件可以随时打开使用，虽然没有保存图形，但可以将所有设置保存到文件中。下次打开时可以继续使用这些设置。

(3) 正规的保存方法。

在图 3—2—17 所示的图层特性管理器中点击如图 3—2—25 所示的图层状态管理器图标。将打开“图层状态管理器”对话框，如图 3—2—26 所示。

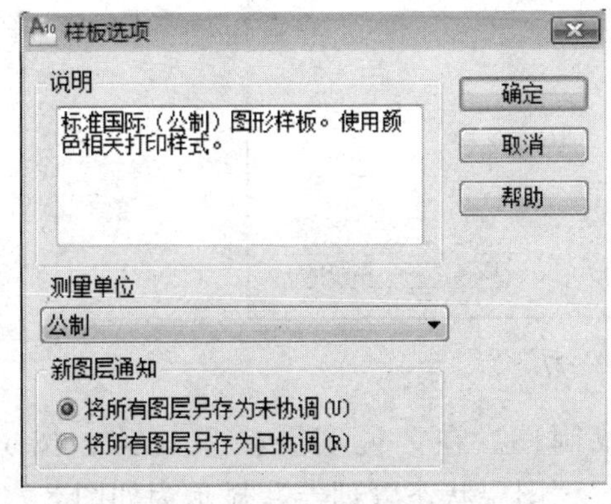

图 3—2—24

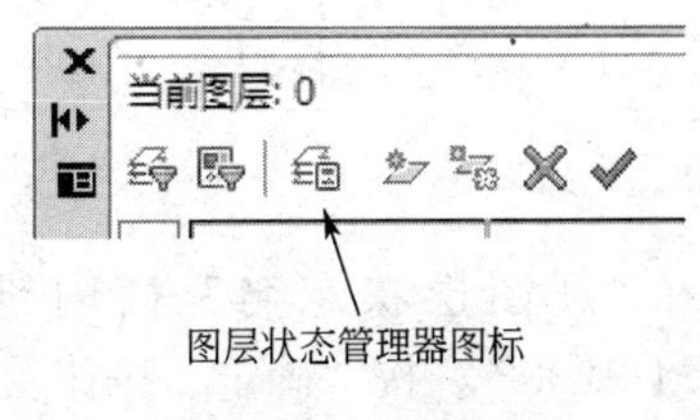

图 3—2—25

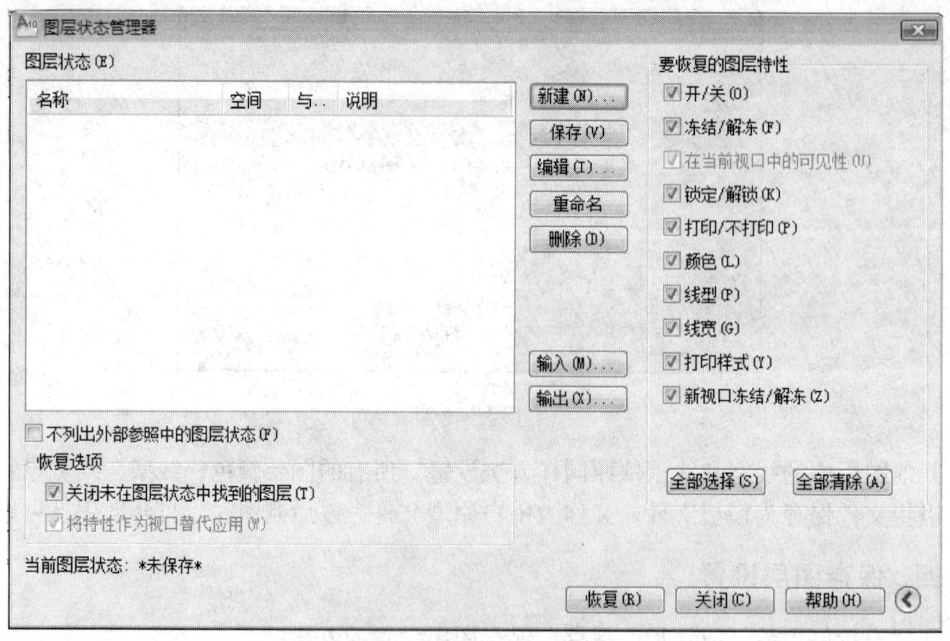

图 3—2—26

1）在“图层状态管理器”对话框中的以下五个选项一定要勾选，其他项目可以暂时不去理会：

□不列出外部参照中的图层状态（F）；

□关闭未在图层状态中找到的图层（T）；

□颜色（L）；

□线型（P）；

□线宽（G）。

2）按下“新建”按钮，弹出“要保存的新图层状态”对话框，如图 3—2—27 所示。

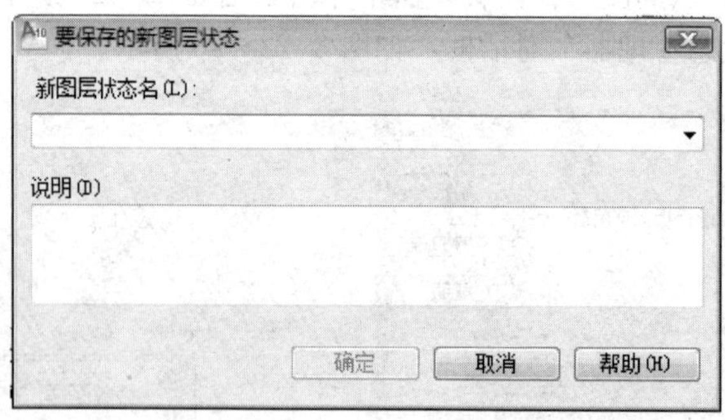

图 3—2—27

在“新图层状态名”栏内键入：机械制图。在“说明”栏里键入：按 GB/T 4457.4—2002 。按“确定”按钮关闭对话框。“图层状态管理器”显示为如图 3—2—28 所示的对话框。

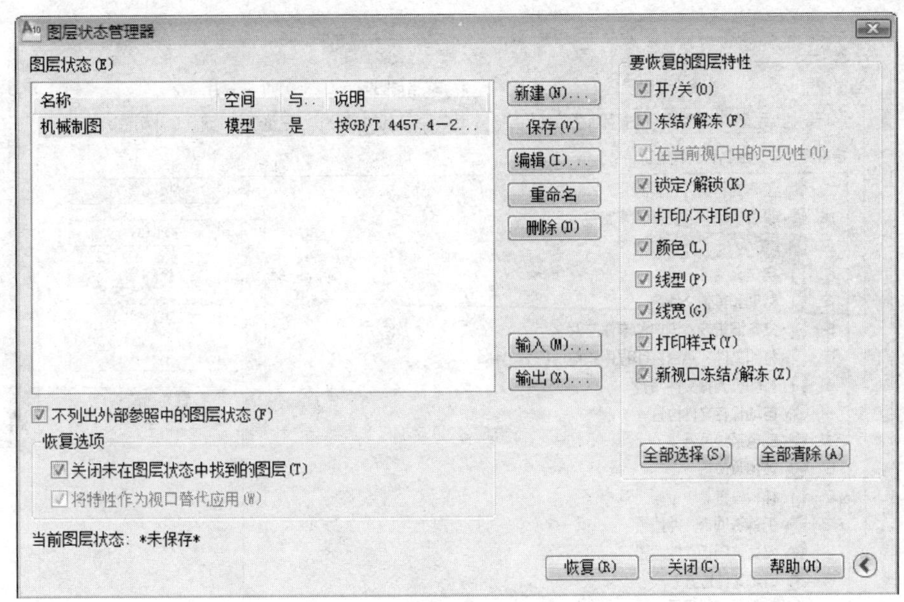

图 3—2—28

回到“图层状态管理器”对话框后，如果图层已经设置好，直接按下“保存”按钮即可；如果还没有设置好，可以按下“编辑”按钮继续编辑设置。

(4) 输出标准文件。

为了便于今后能够随时使用当前图层的设置，可以使用对话框中的“输出”按钮，在用户指定的位置保存一份名为“机械制图”的图层状态（*.las）文件。

“图层状态管理器”对话框中的“输入”按钮是为了便于随时将外部的图层状态（*.las）文件导入而替换当前图层而设置的。

五、文件保存路径设置

AutoCAD系统默认的保存文件路径是计算机的C盘，长期的制图工作将会积累大量的文件，势必占据大量的系统空间。更为令人担忧的是，一旦出现系统故障，恢复系统时会将保存的工作文件丢失。

建议开始使用AutoCAD时一定先进行文件保存路径的设置。

(1) 打开“我的电脑”，在我们方便的位置如D盘的根目录下建立一个文件夹，并命名为“我的CAD”。

(2) 点击工具菜单中的“选项[N]”菜单，调出“选项”对话框，打开“文件”选项板如图3—2—29所示。

(3) 在选项板中双击“工程文件搜索路径”选项，显示为“空”，如图3—2—30所示。

(4) 点击右侧的“添加”按钮，在“工程文件搜索路径”下面显示出一个未命名的文件夹，图3—2—31所示，将其命名为“我的CAD”。

(5) 点击“添加”按钮，在“我的CAD”下面出现一个路径指向图标，如图3—2—32所示。

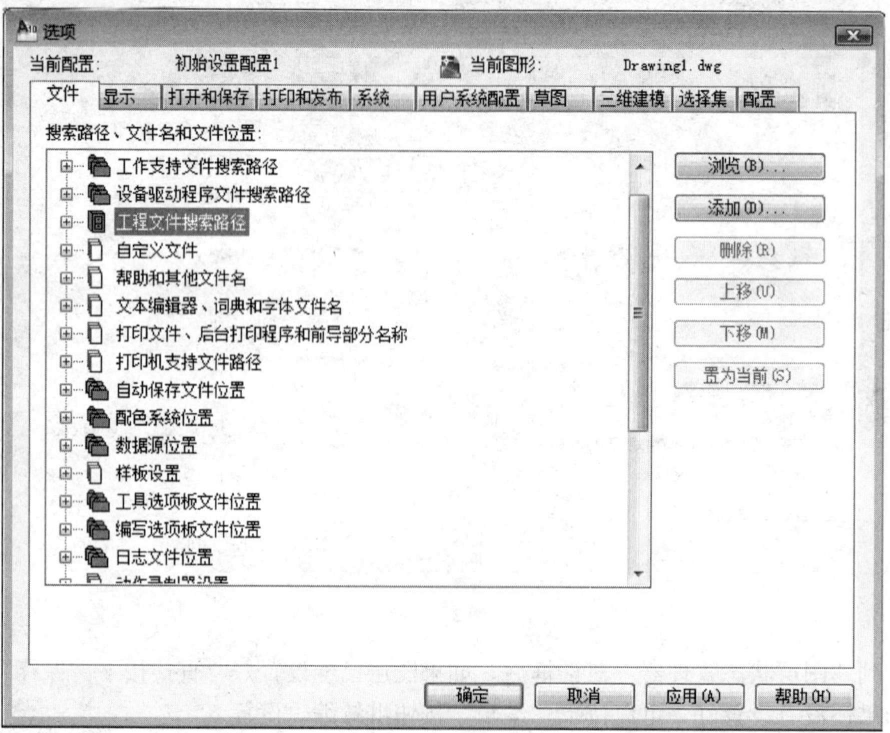

图 3—2—29

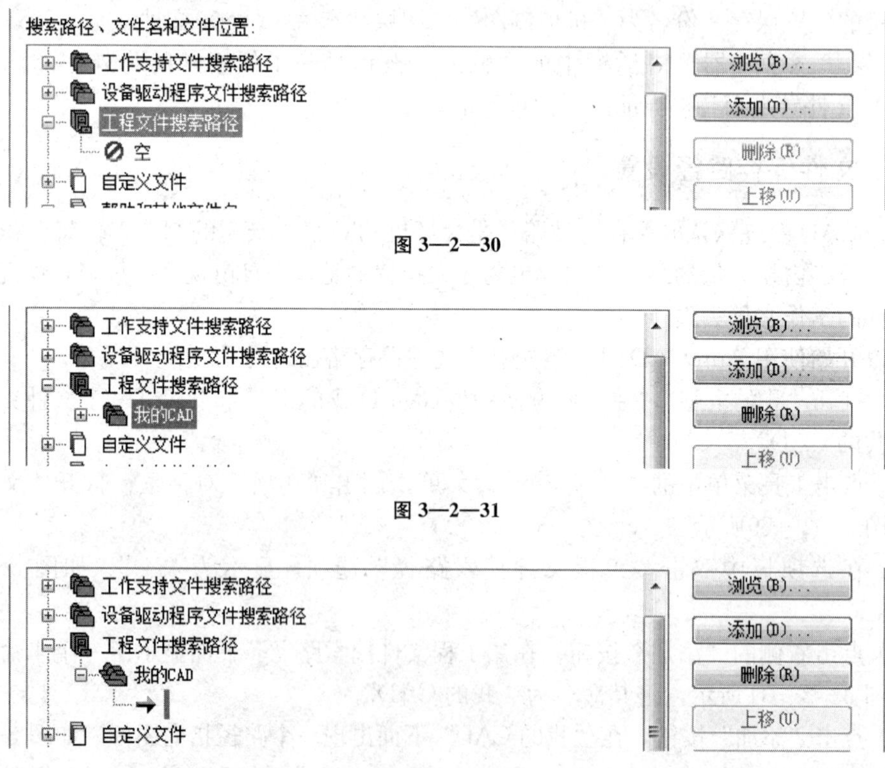

图 3—2—30

图 3—2—31

图 3—2—32

保存文件时点击“浏览”按钮，找到预存在D盘的“我的CAD”文件夹，选中即可。以后保存文件时系统会直接打开“我的CAD”文件夹。

对于栏目中的自动保存文件的位置也要进行设置。点击自动保存文件位置，显示出系统默认地址：C：\Users\cjZ\AppData\Local\Temp\，将其改为：D：***CAD\工程制图文件\Temp\。这样在今后制图时生成的文件就会自动保存在这个地址。

要注意的是，在改动这个地址前新地址目录文件夹必须存在，因此我们在进行设置前先在D盘建立***CAD\工程制图文件\Temp目录。

设置完成以后，按下面的“确定”按钮确认退出选项设置或者点击其他选项继续。

六、鼠标右键设置

鼠标，相当于绘图仪，又叫做定点设备。在使用AutoCAD制图时，为了不至于产生误解在AutoCAD的相关文件中都使用左键、右键，而不说明是鼠标还是绘图仪。

右键行为设置对于CAD制图非常重要，有必要认真对待。

在系统“选项”对话框中打开“用户系统配置”选项板，如图3—2—33所示。

图3—2—33

1. Windows 标准设置

选项板中“ Windows 标准操作 ”栏下的项目都是关于定点设备的设置项目。

□双击进行编辑：将此复选框勾选，左键单击对象相当于执行编辑命令。

□绘图区域中使用快捷菜单：将此项目进行勾选，将允许在绘图区内使用快捷菜单。

2. 右键行为设置

点击选项板上的“自定义右键单击（I）”按钮，将打开“自定义右键单击”对话框，如图 3—2—34 所示。

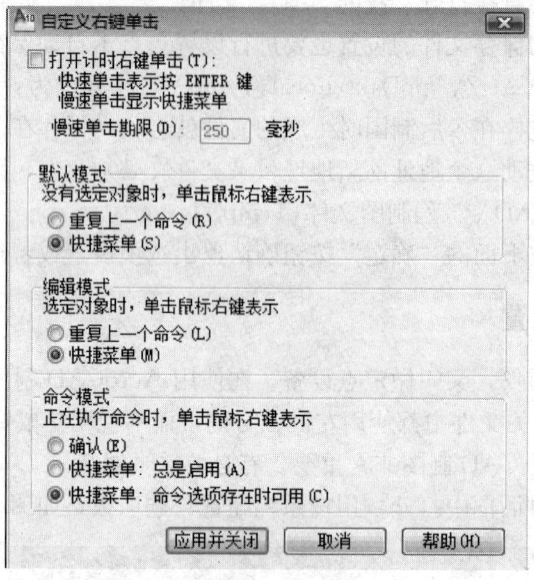

图 3—2—34

(1) □打开计时右键单击选项。

这一选项对我们制图操作有很大的帮助，一般情况下“慢速单击时限”设为 250 毫秒，设置完成后，可以进行测试，如不能满足，可以稍加延长。

(2) 默认模式。

○ 重复上一个命令：没有选定对象时，单击右键重复上一个命令。

○ 快捷菜单：没有选定对象时，单击右键显示快捷菜单。

注意：如果不勾选“打开计时右键单击”选项，可以在默认模式选项中任选一项。一旦勾选了“打开计时右键单击”选项，默认模式选项便不能再进行设置。

(3) 编辑模式。

○ 重复上一个命令：选定对象时，单击右键重复上一个命令。

○ 快捷菜单：选定对象时，单击右键显示快捷菜单。

(4) 命令模式。

○ 确认：正在执行命令时，单击右键确认。

○ 快捷菜单：总是启用。不管是否在执行命令，单击右键都启用快捷菜单。

○ 快捷菜单：命令选项存在时可用。正在执行命令时，单击右键启用快捷菜单。

注意：如果不勾选“打开计时右键单击”选项，可以在命令模式选项中任选一项。一旦勾选了“打开计时右键单击”选项，命令模式选项便不能再进行设置。

AutoCAD 的“选项”对话框有：文件、显示、打开和保存、打印和发布、系统、用户系统配置、草图、三维建模、选择集以及配置等十个选项板，具体设置不再一一赘述，在今后的制图工作中可以慢慢地体会，可以随时调出“选项”对话框进行设置或修改以前的设置。

第三节 CAD 制图命令的使用

在初步了解 AutoCAD 制图功能以后，还需要系统地学习 AutoCAD 制图命令的组织系统及使用方法。

一、AutoCAD 命令的调用

AutoCAD 的制图、编辑以及管理指令调用可以分为三种方式：

(1) 通过文件菜单选项（包括鼠标的右键菜单），调用执行命令；

(2) 通过点击工具条中的图标，调用执行命令；

(3) 在命令栏中直接输入命令，调用执行命令。

同时又以键盘操作和鼠标操作分为两种操作方式。

在 AutoCAD 中调用命令的三种方式是可以交叉使用的，操作方式也是可以交叉混合使用的，这些设置和功能有助于我们的绘图工作更快捷方便，但同时也给我们熟悉 AutoCAD 带来一定的难度。

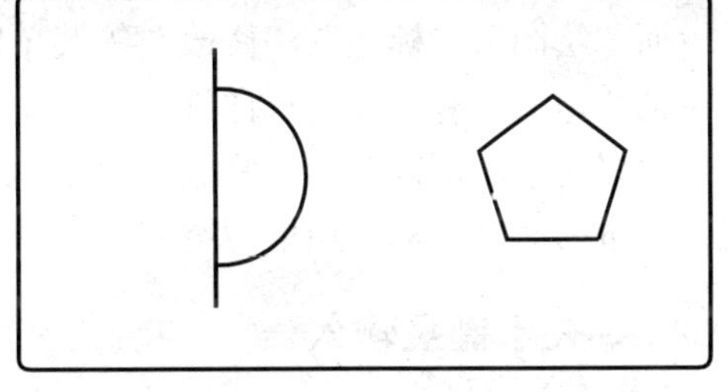

图 3—3—1

例：如图 3—3—1 所示，图中的零件轮廓画好以后要将图线多余的部分截除。

方案 1：

鼠标点击工具条中的截断线图标-/--；

鼠标选取半圆形部分作为截断界线；

键盘：按回车键；

鼠标选取要截断的直线部分（两次）；

键盘：按回车键。

方案 2：

鼠标点击菜单“修改”在弹出的菜单目录中选择修剪（I）；

鼠标右击（屏幕空白处）；

鼠标选取要截取的部分（两次）；

鼠标右击，弹出右键菜单；

鼠标选择“确认”。

两个方案相比，各有各的快捷方便之处。如果综合一下可以列出第三个方案。

方案 3：

鼠标左键点击截断线图标-/--；

鼠标右键单击（默认图形中所有对象为截断界线）；

鼠标选取要截断的部分；

键盘：按回车键。

在方案 3 中，鼠标左键点击截断线图标-/--，相当于鼠标点击“修改”菜单在弹出的菜单目录中选择“修剪（I）”命令；或者在命令栏中键盘键入“trim”并按回车键确认；

鼠标右键单击，鼠标左键选择截断界限并按回车键确认；

鼠标选取要截断的部分；

键盘：按回车键，相当于鼠标右键单击调出屏幕菜单加点击确认。

在操作中如果使用右手操作鼠标，左手操作键盘（左手按回车键不方便时，可以使用空格键代替回车键），整个过程可以在瞬间完成。多实践、多体会是提高制图技能水平最佳的途径。

要提高绘图速度，建议根据实际需要综合使用以上三种方式。最常用的命令一般直接点取图标调用。部分命令可以在命令窗口输入，通常左手敲击键盘，右手使用鼠标在图形上操作。对于不常用和很难记忆的命令，可以使用菜单调用。虽然在AutoCAD中，单一使用某种方法可以调用所有的命令，但是效率不会太高，尤其不推荐单一使用菜单操作。

但是我们也不可能把所有的命令图标都摆在绘图窗口中，那样会占用窗口使得绘图有效区域变小。

通常，我们把常用的图形工具图标放在窗口的两侧，如：图层、绘图、建模。而阶段性使用的工具图标如修改、编辑、标注等需要使用时再调出来临时放在窗口中；那些使用频率很低的命令使用菜单选择。

而“绘图”、“标注”、“修改”等菜单则完全是用于绘图或编辑图形的命令，附有图标以及命令定义，有些还附有详细的子命令。

建议初学者可以多用一些菜单命令，可以帮助熟悉和选用合理的命令进行绘图，也避免了大量的命令图标占用桌面空间。

二、关于键盘输入

键盘是输入文字命令的唯一方式，输入命令时，只要在“命令（Command）：”提示行键入命令名，如line，然后按回车键，随后按进一步的提示输入数据或按回车键、空格键就可以完成命令的执行操作。另外，键盘的方向键也可用来选择菜单中的选项。

AutoCAD系统还设置了很多的快捷键，运用这些快捷键可以帮助我们快速切换和使用命令：

F1：获取帮助；

F2：实现作图窗口和文本窗口的切换；

F3：控制是否实现对象自动捕捉，与Ctrl+F等价；

F4：数字化仪控制；

F5：等轴测平面切换；

F6：控制状态行上坐标的显示方式；

F7：栅格显示模式控制，与Ctrl+G等价；

F8：正交模式控制；

F9：栅格捕捉模式控制；

F10：极轴模式控制，与Ctrl+U等价；

F11：对象追踪式控制，与Ctrl+W等价；

Ctrl+B：栅格捕捉模式控制（F9）；

Ctrl+C：将选择的对象复制到剪切板上；

Ctrl+J：重复执行上一步命令；

Ctrl+K：超链接；
Ctrl+N：新建图形文件；
Ctrl+M：打开选项对话框；
Ctrl+1：打开特性对话框；
Ctrl+2：打开图像资源管理器；
Ctrl+6：打开图像数据原子；
Ctrl+P：打开打印对话框；
Ctrl+S：保存文件；
Ctrl+V：粘贴剪贴板上的内容；
Ctrl+X：剪切所选择的内容；
Ctrl+Y：重做；
Ctrl+Z：取消前一步的操作。

三、关于鼠标操作

鼠标主要用于控制光标的位置，选择目标对象和单击工具图标执行命令。

左键用于选取对象：按下左键拖拽，可以进行屏幕对象框选；在窗口 zoom 命令下，可以按下左键拖拽选择放大区域。

右键相当于回车键：在命令激活状态下，单击鼠标右键可以调出右键快捷菜单；右键单击窗口工具条位置可以调出工具条选项菜单；右键与 Shift 键配合使用可调出光标快捷菜单。

鼠标的中键或中轮用于控制视图的缩放显示。

四、执行重复命令

无论用户采取何种方式执行命令，都可以在一个命令完成后，通过键盘空格键或回车键以及鼠标的右键来重复执行该命令。

例如，刚画好一个圆，按一次回车键可再次调用画圆的命令，继续画新的圆。

在选择执行重复命令时，键盘的回车键（或空格键）比鼠标右键操作要快一些。

五、执行透明命令

AutoCAD 在执行某一命令时可以插入执行另一个命令，插入命令被称为透明命令。完成透明命令后，使用“退出”命令恢复执行原来的命令。AutoCAD 许多命令和系统变量都可以透明使用，以改变图形设置的命令最为常用，例如：zoom 等。

六、返回和取消命令

返回和取消命令的含义有所不同，在命令的使用过程中，工具栏中的返回指令 是指返回上一命令的结果；在命令行输入 U 命令，或按 Ctrl+Z 组合键则等同 ，而 Esc 键是取消正在进行的操作，或者说是退出当前的操作模式。返回命令有两个图标，另一个图标 是返回到下一个操作结果。

七、光标的显示与命令的关系

CAD中光标是一个功能性命令工具，光标在画图区有三种显示状态，如图 3—3—2 所示。

图 3—3—2

（1）使用光标执行框选：在需要在绘图区选取对象时，可以使用鼠标单击对象进行单选也可以使用框选；和 Windows 其他程序一样，由左向右框选，被选中的是完全处于选框内的图形，而由右向左框选，选中的是任何涉及选框的图形。

（2）在执行 命令时，框选的区域被放大到绘图区全屏。

（3）在点取了其他功能性命令时光标会显示为功能性，如 等。

第四节　CAD 制图技巧

CAD 制图技能的掌握，不但是熟悉和学会使用制图命令，更重要的是能够机动灵活地运用各种命令以及选项。

一、画法几何的概念

CAD 制图技巧是建立在熟练掌握制图命令的使用基础之上的。首先要充分理解制图命令的几何含义，之后加以灵活的运用。

例：如图 3—4—1 所示，圆柱体被平面所截后的主视图为（a），求作它的左视图。

解：平面与圆柱表面（曲面）相截的截线是一个曲线，本题的难点就在于这个曲线的作图。

我们可以假设完整的圆柱体为图（b）所示，而截平面截得的圆柱截面为图（c）所示的椭圆，椭圆的长轴是 ab，短轴是 cd，画出椭圆后截去多余的部分就得到左视图的截平面曲线。

在分析这一类题目时，首先要从概念（圆柱与平面相截，其交线为椭圆）再根据画法几何定义条件，运用 CAD 命令画出所要的图形。

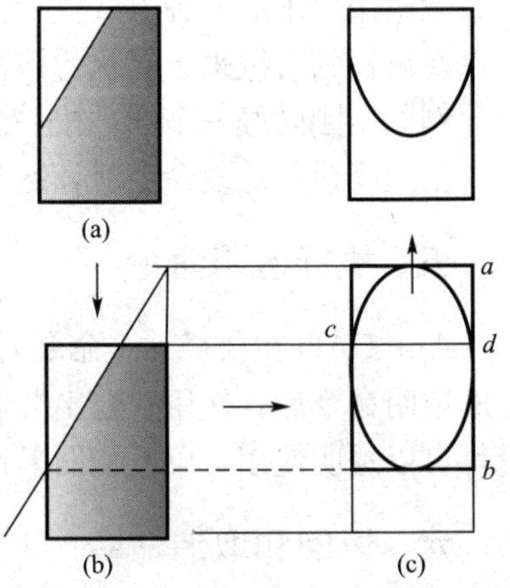

(a)　(b)　(c)

图 3—4—1

二、绝对坐标和相对坐标的定义

例如：X，Y 平面上一点的坐标为（50，75），表明这一点在 X 轴上的投影到原点的距离是 50，Y 轴上投影到原点的距离是 75，坐标（50，75）叫做这点的绝对坐标。如果第二点的绝对坐标是（5，20）；那么第二点与第一点在 X 轴投影的距离相差（50－5）＝45。

当我们把一个图形复制或移动到另一个位置时，需要指定基点坐标及终点坐标。

例：如图 3—4—2 所示的图形，根据制图的需要需向左移动 50 单位长距离。

如果我们知道图形上 A 点的坐标（200，50），我们就可以使用绝对坐标的概念，用键盘输入基点坐标（200，50），再输入目标点坐标（150，50）。图形就移动到规定的目标了。

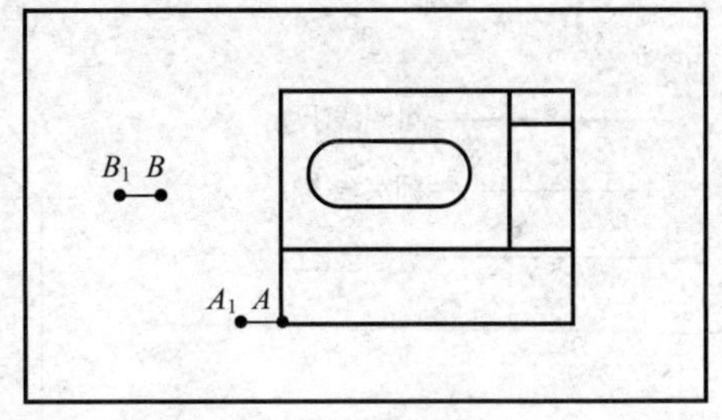

图 3—4—2

但是，如果我们并不知道图形的基点坐标，我们也可以使用相对坐标的概念，使用坐标系内的任何一点作为基点，比如点 B（100，100），这一点可能是图形上的一点，也可能是图形外的一点。再输入 B 点的目标坐标（50，100），确认。图形同样是向左移动了 50 个单位。

例：在图 3—4—2 中将图形基点 A 移到目标点 A_1，已知 A_1 点的坐标为（150，50）。

在这个例子中，我们并不知道图形的当前确切坐标，如果要把图形移动到规定的坐标点，我们可以采取以下步骤：

(1) 使用捕捉命令，捕捉到图形上规定的基点 A；

(2) 指定 A_1 点为终点坐标，将 A 点移动到 A_1。

三、运用 CAD 等价命令

由于版本的不同，AutoCAD 有些命令的设置有所不同，例如有些版本里找不到拉拔命令的工具图标，或者有些版本中该图标不可用。而我们不必到处去翻找，直接在命令栏里输入“extrude”，回车后系统会自动加载该命令的执行。

我们在绘图时还经常会遇到另一个问题：窗口中的图形比较复杂，在执行一些操作时经常是无论怎样选取，都不可避免的将某些不需选中的图形部分选了进来。

我们可以在执行操作过程中在命令栏提示选取对象状态下键入：remove。

```
选择对象：remove
删除对象：
```

要注意键入 remove 后的删除对象与“删除”命令的定义是不同的，这里指的是从选定的对象群（选择集）中删除，并不会将对象真的删除掉。这时光标呈□形，我们可以用它选取剔除那些不要执行的对象。

四、运用特性匹配命令

某个图形画好以后可能有很多图线不符合要求，而改正是一件很麻烦的事，我们可以按照标准在画面上画一条标准线型，再使用“菜单：修改/特性匹配”调出，按照标准线型把图形中的所有线条都“刷”成标准的线型。这样做非常方便、快捷。

例：图 3—4—3 绘制的销轴草图，为了避免在绘制的时候不断地切换线性和颜色，使用一种图线绘制。绘制完以后需要按规定更改线性和颜色。轮廓线要改为粗实线，中心线要改为红色的细点划线，尺寸线要改为绿色的细实线。

可以使用特性匹配的方法：

(1) 插入一个标准线型文件如图 3—4—3 所示。

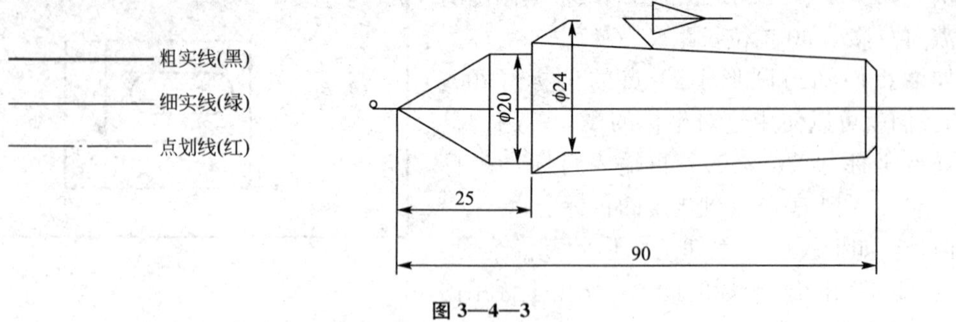

图 3—4—3

(2) 点击特性匹配图标，选择粗实线，光标呈刷子状：。

(3) 使用刷子状的光标点取图形中的轮廓线。结果如图 3—4—4 所示。

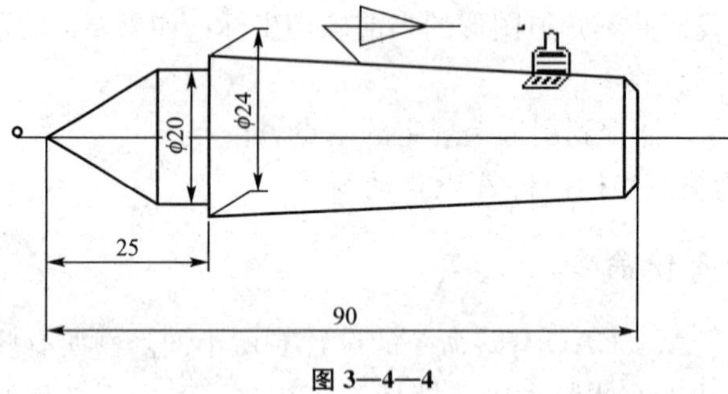

图 3—4—4

(4) 使用同样的方法步骤将图形中的所有图线更改为标准线型颜色，如图 3—4—5 所示。

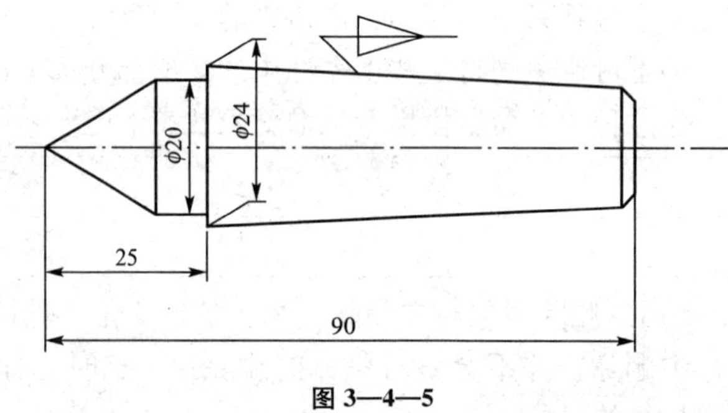

图 3—4—5

五、运用 AutoCAD 的快捷键

前面我们已经列出了 AutoCAD 快捷键列表，尽可能地熟悉这些快捷键是培养熟练的制图技能基础。

六、运用模板和“块”文件

1. 模板

对于在画图时经常用到的，如图框、标题栏等可以事先制作为模板文件，将文件存为只读文件，绘图时直接打开使用，保存文件时使用“另存为”命令。之所以保存为只读文件是为了这些模板不被修改和占用。即使误操作，系统也会自动提醒。

2. 模块

对于一些常用标准设置，如线型设置、图层设置，也可以与线保存为“块”，使用插入命令来导入。

3. 工具模块

还有一些用来编辑三维图形的固定模块，如加工螺纹模块等都可以存为“块”文件，可以多次反复地导入使用。

4. 数据模块

制图时经常会用到一些标准图形，如绘制一个齿轮的齿型涉及许多数据，我们可以把标准的齿型制作为模块，在绘制齿轮时导入到绘图空间，适当改变参数即可。

七、运用鼠标右键的缺省命令

(1) 鼠标右键点击窗口标题，这个区域不属于 CAD 界面，弹出 Windows 窗口控制菜单。

(2) 鼠标右键点击 CAD 工具图标区域的任意位置，弹出 CAD 的命令菜单，可增加或减少桌面命令图标，见图 3—4—6。

(3) 鼠标右键点击窗口绘图区域，弹出菜单等同于打开编辑菜单，见图 3—4—7。

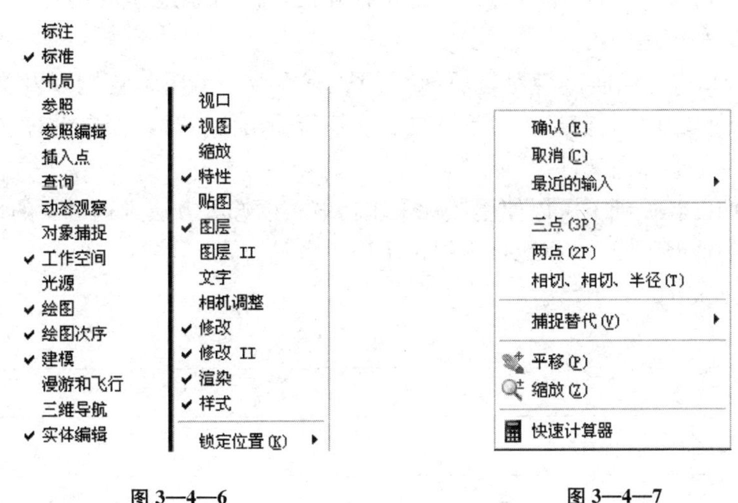

图 3—4—6　　　　图 3—4—7

(4) 在执行一个命令的过程中，使用右键点击绘图区域，有两重功能，一是相当于回车键功能。二是调用正在执行的命令的提示功能，弹出提示菜单以及提示菜单的子菜单。如图 3—4—8 所示，同时可以选取辅助命令进行透明命令的执行。

(5) 在执行透明命令的过程中，点击鼠标右键弹出提示菜单，提示退出执行透明命令或选择执行另外的辅助命令，如图 3—4—9 所示。

(6) 右键点击命令栏，弹出提示菜单及子菜单，如图 3—4—10 所示。

(7) 执行缺省命令，对于分步骤执行的命令，右键相当于回车键。

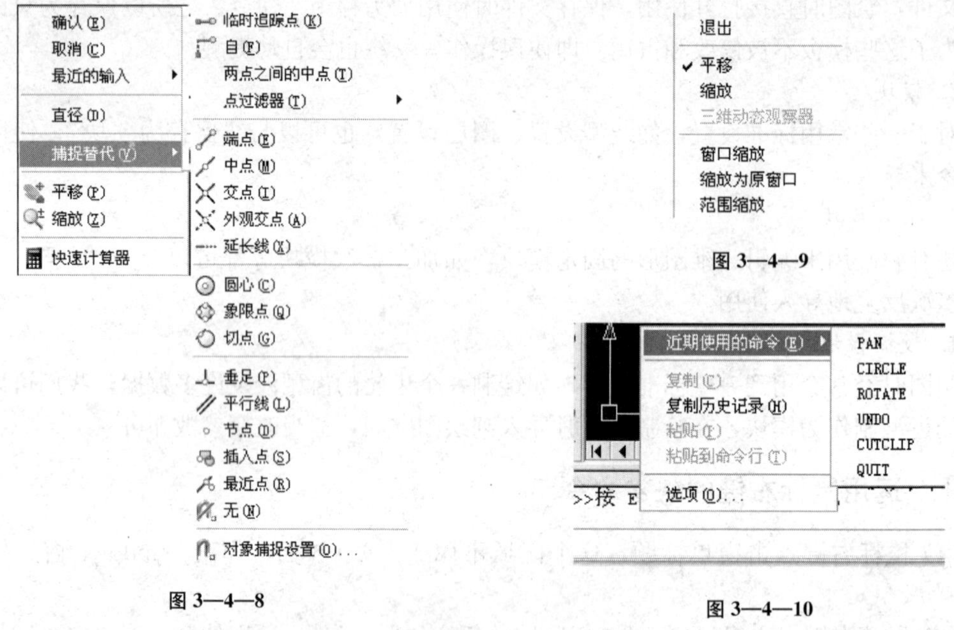

图 3—4—8

图 3—4—9

图 3—4—10

八、CAD 的对象选择

AutoCAD 提供的窗口对象选择命令是多样化的，而对象选择是我们特别值得注意和需要熟悉、掌握和运用的内容。

在 AutoCAD 中，面向窗口对象所执行的所有修改、编辑、复制以及文件菜单下的“输出”等命令都要在执行前进行对象选择。在执行输出命令时，如果没有选择实体对象，则输出的文件会是一个空文件。

在前面我们已经提到了可以使用鼠标采用拾取、框选等方法进行对象的选择；在窗口环境较为复杂的情况下，AutoCAD 还提供了以下各种方式。

1. 圈围（wpolygon）方式

命令栏提示：

选择对象：

键入 wp↓，命令栏提示：

第一圈围点：

用鼠标在屏幕上指定一点，命令栏提示：

指定直线的端点：

用鼠标在屏幕上指定一点，命令栏继续提示：

指定直线的端点：

这个提示可以继续下去，直到按下回车键为止。

wp 响应的结果实质是在窗口指定一个多边形，提示所指定的端点实际上是多边形的顶点；顶点数量可以任意多，也就是说多边形可以是任意的，直到按下回车键，如

图 3—4—11所示。

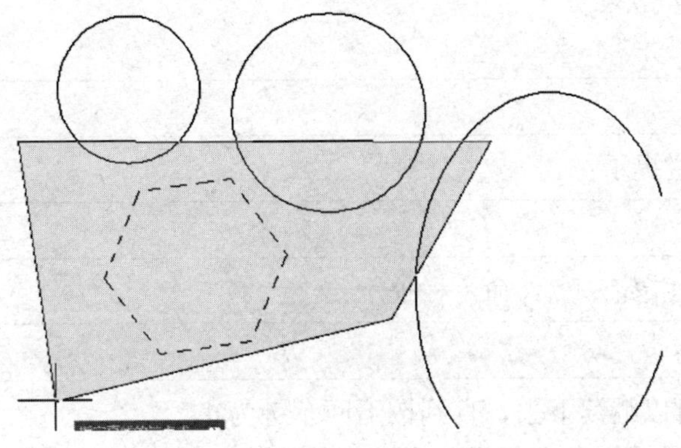

图 3—4—11

结果是只有被多边形完全圈围的图形对象被选中。

2. 涉及（cpolygon）方式

命令栏提示：

选择对象：

键入 cp↓，命令栏提示：

第一圈围点：

用鼠标在屏幕上指定一点，命令栏提示：

指定直线的端点：

用鼠标在屏幕上指定一点，命令栏继续提示：

指定直线的端点：

同样这个提示可以继续下去，直到按下回车键为止。

同样 cp 响应的结果实质是在窗口指定一个多边形，提示所指定的端点实际上是多边形的顶点；顶点数量可以任意多，也就是说多边形可以是任意的。直到按下回车确认，如图 3—4—12 所示。

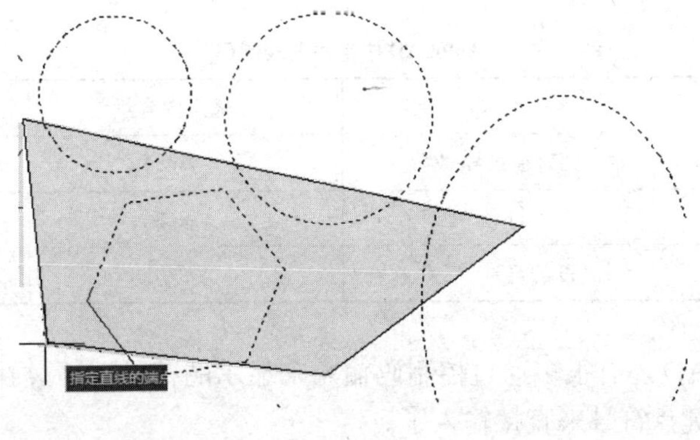

图 3—4—12

但是结果完全不同，涉及方式选择的结果是凡涉及选择框的图形全部被选中。

3. 栏选（fence）方式

命令栏提示：

选择对象：

键入 f↓，命令栏提示：

指定第一栏选点：

用鼠标在屏幕上指定一点，命令栏提示：

指定下一个栏选点：

同样这个提示可以继续下去，直到按下回车键为止。

f 命令响应的结果是一条有任意多个端点的折线，折线可以任意长；凡被折线穿过的图形都被选中，如图 3—4—13 所示。

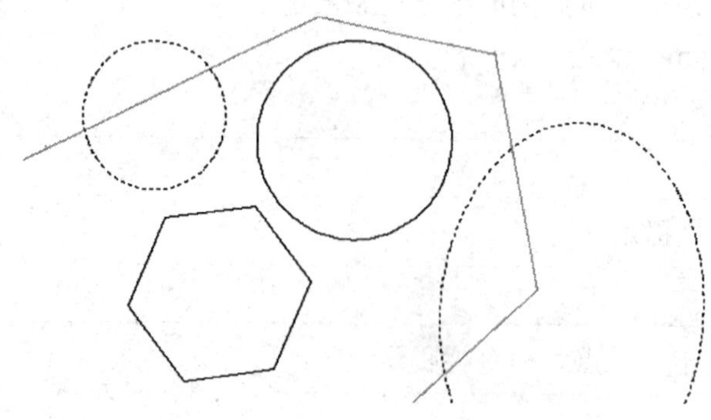

图 3—4—13

如何使用这些选择方式，选哪一种比较合适，就要根据具体的窗口情况而定。

九、在 AutoCAD 文本文件中输入特殊符号

在 AutoCAD 制图中经常会因为一些特殊的标示而需要输入一些特殊的文字符号，在 AutoCAD 的文字输入中是通过控制码来实现的。表 3—4—1 中列出了常用的几种控制码输入。

表 3—4—1　AutoCAD 中常用的控制码

控制码	含义	输入内容	输出结果
%%c	圆直径符号“ϕ”	%%c80	ϕ80
%%p	正负符号“±”	%%p80	80
%%d	度的符号“±”	80%%dc	80℃

实际上 AutoCAD 还有很多通过控制码输入来显示的符号，不过在版本的不断提高中大部分都可以使用键盘符号来直接输入了。

十、充分使用命令的代码

用文本编辑软件（如 Windows 下的写字板、Word）打开 ACAD＊＊＊＊\SUPPORT 目录下的 ACAD. PGP 文件可见到如下内容：

```
;acad.pgp-EXternal Command and Command Alias definitions
……
;overboard on sYstems with tight memorY.
A, *ARC
C, *CIRCLE
CP, ** COPY
DV, *DVIEW
E, **ERASE
L, *LINE
……
```

其中带“＊”的为命令全称，前面的字母就是该命令的缩写，如只需要在“Command:”后键入“l”就能使用 line 命令，键入“c”就可执行 circle 命令。熟悉这些代码可以提高绘图效率，我们还可根据自己的需要，把一些常用的命令按照该文件的格式也给出其缩写代码来方便绘图，如加入“Q，＊OFFSET”，并且把代码尽可能放在左手键位。这样在使用左手击键盘时，更为便捷。

十一、灵活运用自动捕捉绘图功能

在“Command:”状态下，不键入或选择任何命令，直接在想要处理的图形实体（如线、弧、圆、多边形等）上单击时，实体对象可以显示出夹点，当点击某一夹点时，此夹点被激活，同时“Command:”命令下出现＊＊STRETCH＊＊命令状态，连续回车，又可出现＊＊MOVE＊＊、＊＊ROTATE＊＊、＊＊SCALE＊＊、＊＊MIRROR＊＊四种状态供选择，在每种状态下执行相应的命令，称为自动捕捉绘图功能。灵活运用自动捕捉绘图功能可以提高绘图效率。

第五节 CAD 创建工程图样

一、工程图组织结构

1. 绘制工程图的顺序

绘制工程图的内容包括零件图和组装图，一般来讲一部机器或机械总是由若干功能部件总成组成，如图 3—5—1 所示。

图 3—5—1 是汽车前置后驱动液力自动变速器总成，由行星齿轮变速器、变矩器等组成。而变矩器又是由变矩器泵轮、液流导轮及涡轮等部件组成，如图 3—5—2 所示。

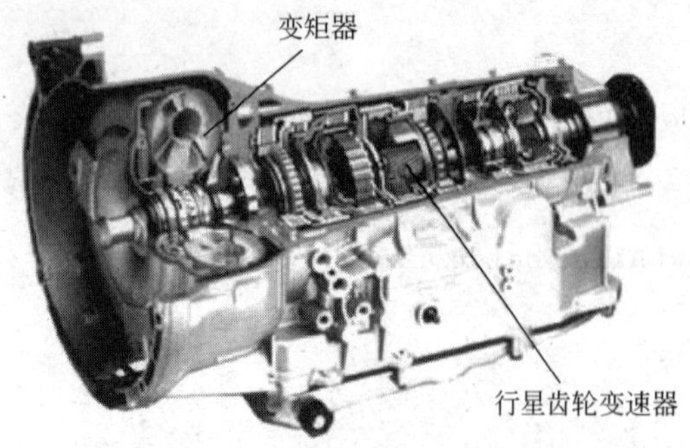

图 3—5—1

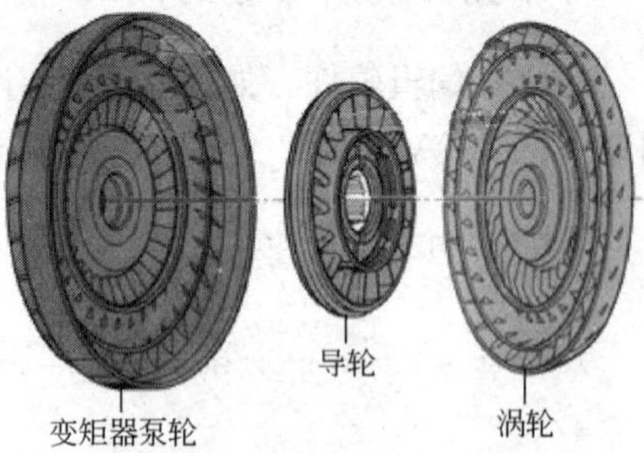

导轮
变矩器泵轮
涡轮

图 3—5—2

绘制工程图的顺序应该是先绘制出每个零件的零件图，再绘制组装图；组装图又分为部件装配图和总成总装图。在上面的例子中依次绘出各零件的零件图，绘制变矩器、齿轮变速器的装配图，绘制变速箱总成总装图。

2. 工程图图号的设置

机械工程图要根据总成总装图、部件的装配图以及零件的零件图进行编号，称为图号。图号的编排和设置一般为“树状”结构。如：

变速箱总装图图号设置为 00；

齿轮变速器装配图图号设置为 010；

变矩器装配图图号设置为 020；

变矩器泵轮零件图图号设置为 021；

变矩器涡轮零件图图号设置为 022；

变矩器导轮零件图图号设置为 023。

二、创建工程图

创建工程图除直接绘制外还可以使用其他方式。

1. 使用 insert 命令

使用插入“块”的方式将已有的零件图形插入到窗口，创建零件图或装配图。插入的块的文件格式为 dwg 格式，插入后可以进行编辑和修改。

如文件菜单所示插入的文件还可以为其他文件格式（见图 3—5—3），这些格式的图形文件不具备可编辑属性，可以作为参照以及作为工程图附加说明。

图 3—5—3

2. 使用 actrecordactmacro 命令

使用 actrecordactmacro 命令，调用“动作宏”自动完成绘制。

在绘制工程图时除了进行图形文件的保存以外，对于一些重要的、关键的绘制过程可以使用 AutoCAD 的操作记录进行保存。

（1）点取菜单＞工具＞动作录制＞记录选项，窗口光标会出现一个红色标志，如图 3—5—4 所示。以下的画图操作将会被记录下来并保存在默认的目录。

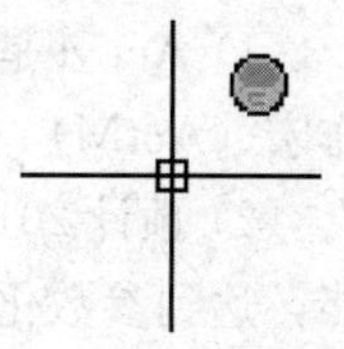

图 3—5—4

（2）点取：工具＞动作录制＞停止选项，弹出对话框，如图 3—5—5 所示。

图 3—5—5

动作宏的名称及保存地址可以由用户自行设置（设置方法参见本章第二节）。并且可以在说明栏附加说明，相关的说明会显示在动作宏管理器中。

（3）点取工具＞动作录制＞播放选项，如图 3—5—6 所示。将自动执行被记录的动作，绘出绘制过的图形，并保留所有参数和属性。

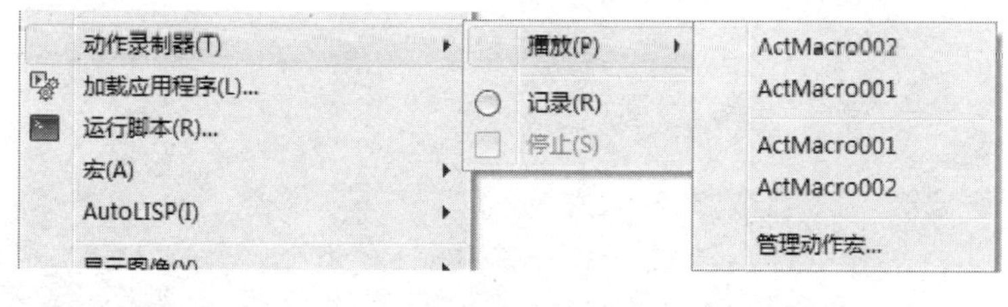

图 3—5—6

◆ ACTRECORD：执行记录；

◆ ACTSTOP：结束记录并自动保存记录文件；

◆ ActMacro ＊＊调用记录。

使用动作宏来保存数据具有双重意义：

1）ActM 是文本文件，文件占用空间很小。如图 3—5—2 所示的变矩器零件，创建动作宏（ActM）文件大小为 0.076K，而保存为 dwg 图形文件大小为 56K。

2）预计 2010 以后版本 AutoCAD 会提供 ActM 文件编辑功能，达到参数化设计的目的。通过文件中的数据改变可以创建出新的图形。

前面所提到的使用插入块命令实际上是一种调用数据的方式。

而使用 actrecordactmacro 命令也是一种调用数据的方式，并且更加接近自动绘图的目标。

3. 使用脚本创建图形

编辑操作脚本，使用脚本自动创建图形，如图 3—5—7 所示。

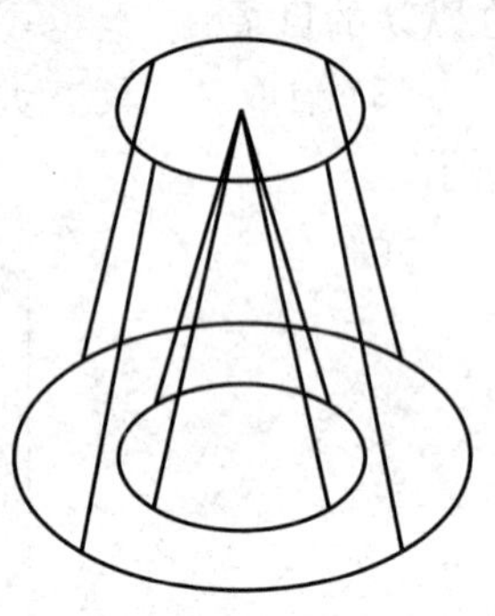

图 3—5—7

其绘图步骤为：

(1) 命令：cone。

(2) 指定底面的中心点或［三点（3P)/两点（2P)/切点、切点、半径（T)/椭圆(E)］：0，0。

(3) 指定底面半径或［直径（D)］：55。

(4) 指定高度或［两点（2P)/轴端点（A)/顶面半径（T)］：t。

(5) 指定顶面半径<0.0000>：30。

(6) 指定高度或［两点（2P)/轴端点（A)］：0，0，100。

(7) 命令：conf。

(8) 指定底面的中心点或［三点（3P)/两点（2P)/切点、切点、半径（T)/椭圆(E)］：0，0。

(9) 指定底面半径或［直径（D)］30。

(10) 指定高度或［两点（2P)/轴端点（A)/顶面半径（T)］<100.0000>：0，0，100。

把它写成脚本的形式：

```
cone
0，0
55
t
30
100
cone
0，0
30
100
↓
```

脚本非常简单，便于保存和调用；但要求对于命令的使用以及绘图的步骤非常熟悉。

如果继续完善上述的脚本，可创建更为复杂的图形：

```
_ cpolygon
158，-90
158，-75
133，-75
133，-90
找到 1 个
...
cylinder
0，0
30
110
subtract//选择要从中减去的实体、曲线和面域
_ cpolygon
60，-5
60，3
50，3
50，-5
找到 1 个
↓
box
-66，0
66，-66
110
↓
intersect
_ cpolygon
70，-15
70，10
48，10
48，-15
↓
选择对象：找到 2 个
↓
```

创建的图形如图 3—5—8 所示。

AutoCAD 在执行脚本时会自动检查，但不能自动更正。遇到错误，命令栏会有提示；可以根据提示实时加以更正。

图 3—5—8

4. 由三维模型创建工程图

机械制图更多的时候是由三维实体来创建工程图样，主要的技术手段是：

(1) 使用三维测量仪，直接获取实物的各项数据创建工程图样；

(2) 使用三维模型进行投影创建工程图样。

使用 AutoCAD 可以直接由三维模型创建投影视图以及剖视图、断面图，在后面的章节中将结合实际介绍使用三维模型创建工程图样的方法。

第四章　机件的表达方法

第一节　机件的投影视图

一、投影视图概述

一直以来我们将机件向投影面投射所得的图形称为视图，我们可以认为当我们面对物体时将看到的物体形状用图形表达出来，这个图形就是物体的视图。

更进一步的定义：我们对在物体的某一方向看到的物体几何形状用图形进行描述，该图形称为该物体这个方向的视图。

用视图描述物体几何形状一般只画它的可见部分，而当我们描述的是一个机器的零件时，还要根据画法几何的透视原理画出其不可见部分，如图 4—1—1 所示。

机械制图规定的各向正投影视图，如图 4—1—2 所示。

在我国国家标准《机械制图　图样画法》中规定机件的图形按正投影绘制，并采用第　角画法，如图 4—1—3 所示。

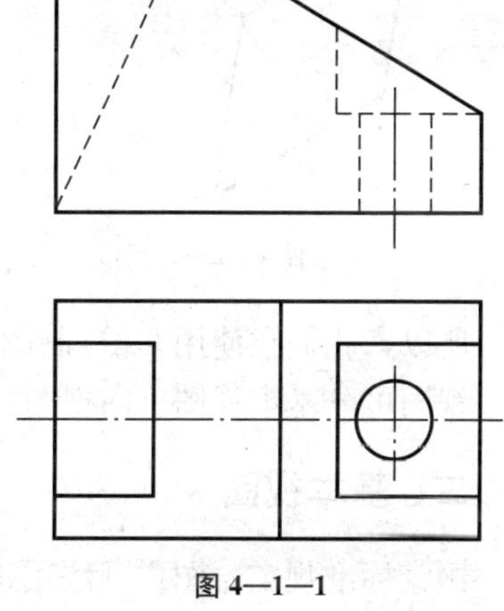

图 4—1—1

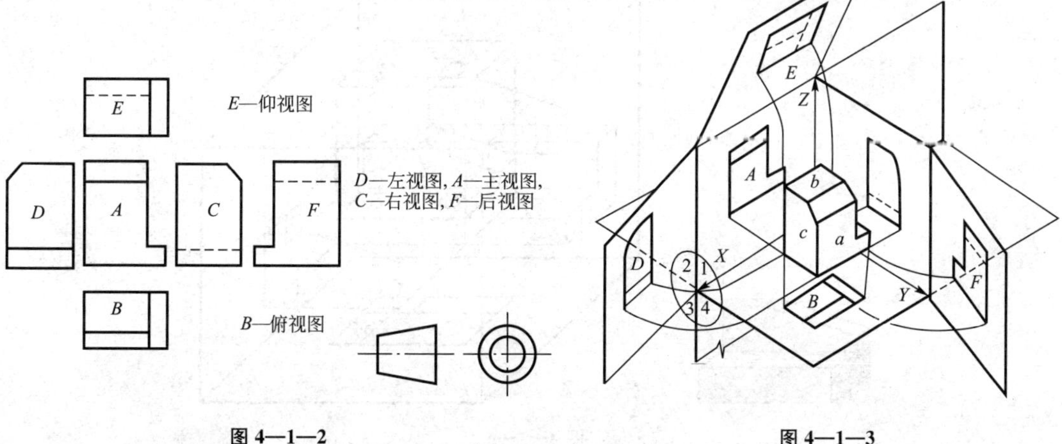

图 4—1—2

图 4—1—3

在 CAD 工程制图标准中规定必要时可以使用第三角画法，如图 4—1—4 所示。

实际上无论是第一角画法还是第三角画法只是使用的坐标系不同而已，并不影响我们习惯的视图表达方式。尽管视图的排序有所不同。

第三角画法视图排序如图 4—1—5 所示。

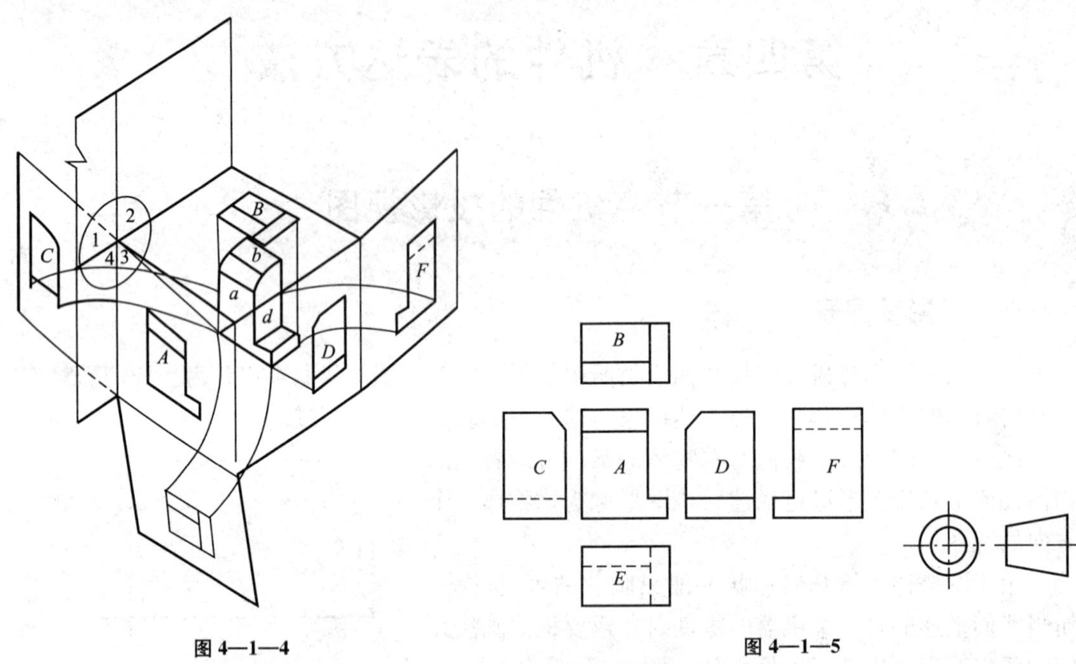

图 4—1—4　　　图 4—1—5

所以，我们在使用 CAD 制图时，各向视图的排序仍然按第一角画法排序。

视图可分基本视图、向视图、斜视图和局部视图四种。

二、基本视图

国家标准规定：图样画法用正六面体的六个面作为基本投影面，如图 4—1—6 所示。机件向基本投影面投射所得的视图称为“基本视图”。

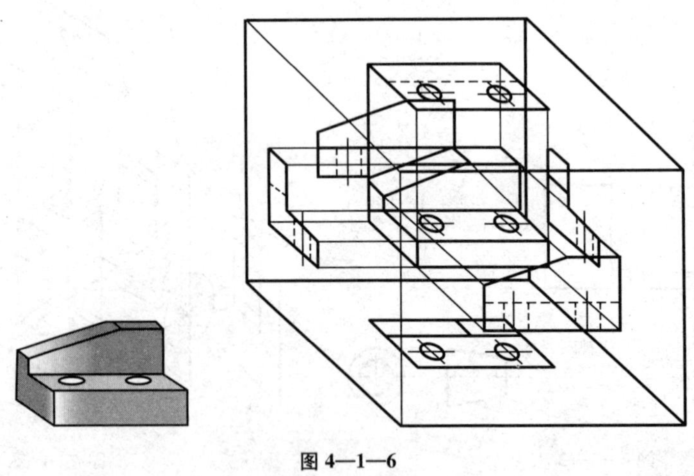

图 4—1—6

在图 4—1—6 中我们将机件放到了一个正六方体的中心，并分别从机件的六个方向向六方体的六个表面投影，在六方体的六个表面上得到了六个基本投影视图。

投影后将空间六个基本投影面展开，展开的规则是：正面固定不动，其余五个投影面按图 4—1—7 所示展开。得到所示的六个基本视图，如图 4—1—8 所示。

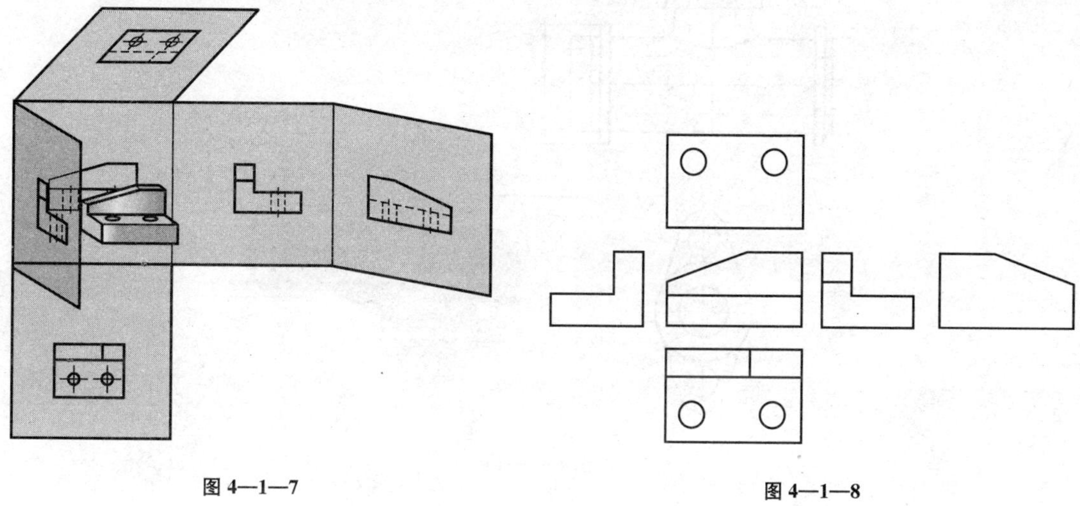

图 4—1—7　　　　图 4—1—8

国家标准规定，机件的基本视图在图面上的配置也就是按照图 4—1—7 展开后得到的图 4—1—8 所表示的位置。

三、向视图

当基本视图不能按规定位置配置时，可画成向视图。画成向视图时，应在视图上方用拉丁字母标出视图的名称“*X*”，同时在相应的视图附近用箭头指明投射方向，并注上相同的字母，如图 4—1—9 所示。

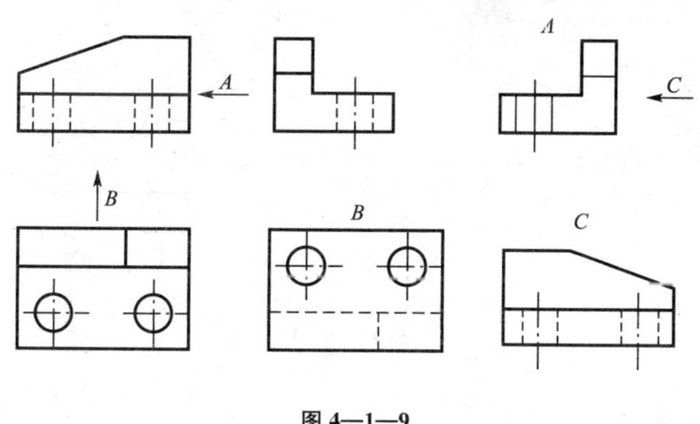

图 4—1—9

四、局部视图

将机件的某一部分（即局部）向基本投影面投射所得的视图称为局部视图，如图 4—1—10 所示。当只需表达机件某个方向的局部形状，而没有必要画出整个基本视图时，即可采用局部视图。

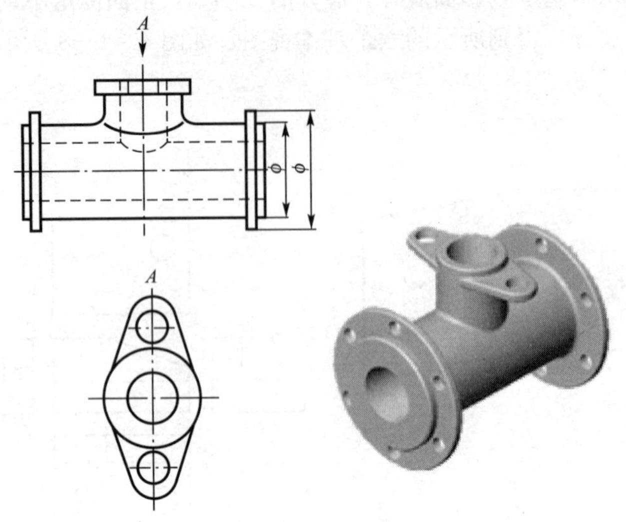

图 4—1—10

五、斜视图

将机件的某一部分向一个与基本投影面倾斜的新的投影面做投影得到的视图叫做斜视图。如图 4—1—11 所示，图中标明斜向 A 的视图部分称为这个机件的斜向视图。

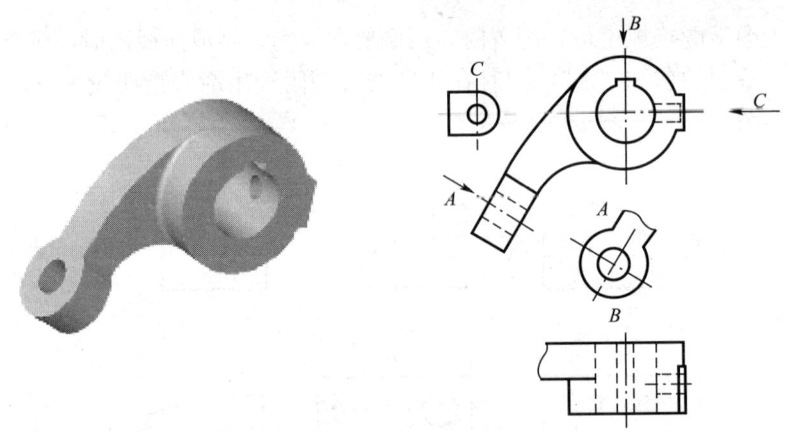

图 4—1—11

六、局部放大视图

图 4—1—12 是一个含有图样局部放大的视图。在我们以图纸为数据交流时，视图中机械零件的某些细小部位，按原比例制作的图样不能够将其表达清楚，于是将局部按比例放大，称为局部放大视图。

需要特别说明的是：在 CAD 制图时，图形的各个部分均包含了一定的数据参数，所以一般情况下不要使用局部放大的方法，否则会引起不必要的误解。必要时可以在出图时，另外出一张局部放大的图样作为附件。

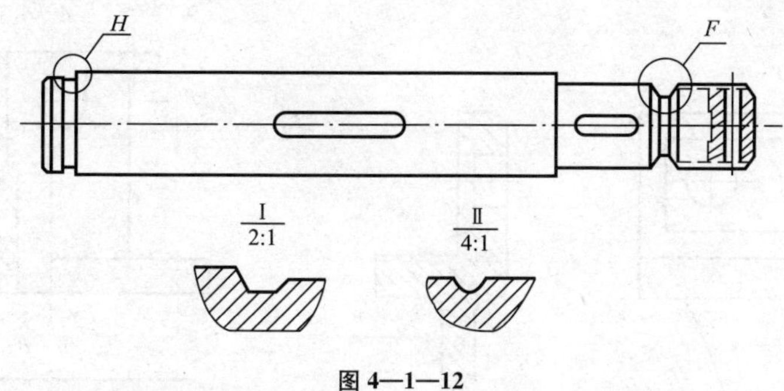

图 4—1—12

第二节 机件的基本视图

在实际的绘图中，表达一个机件实际上并不一定需要六个基本视图。我国国家标准规定表达机件的基本视图一般采用：主视图、左视图以及俯视图。

一、三视图

表达机件的主视图、左视图以及俯视图组成的关于机件的基本视图称为机件的三视图，如图 4—2—1 所示。

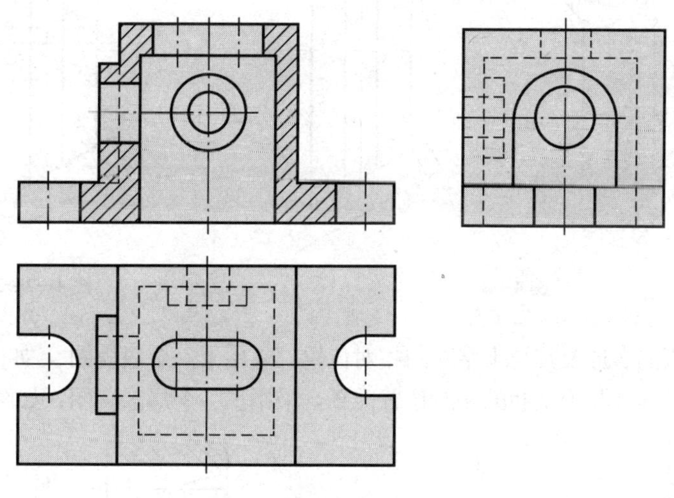

图 4—2—1

特殊情况下也可以使用主视图和左视图两个视图来表达，如图 4—2—2 所示。也可以使用主视图与俯视图的方法，如图 4—2—3 所示。

二、辅助视图

许多情况下，较复杂机件的基本三视图不能够完全表达清楚结构时，还要采取一些辅助视图来表达。例如：为了表达图 4—2—4 所示的机件的上面的轴孔以及下面的安装孔，可以在主视图上做局部剖如图 4—2—5 所示。

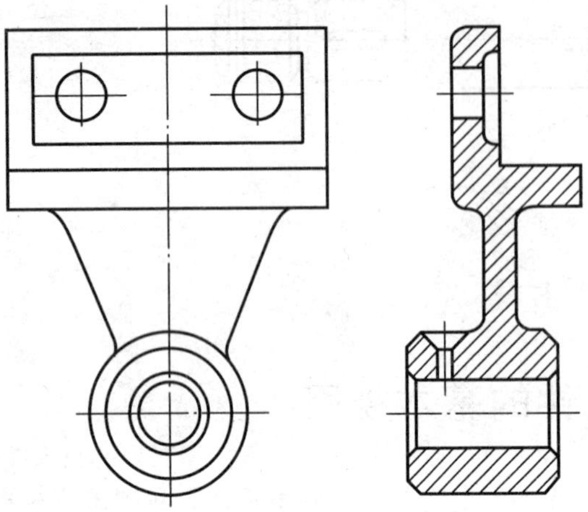

图 4—2—2

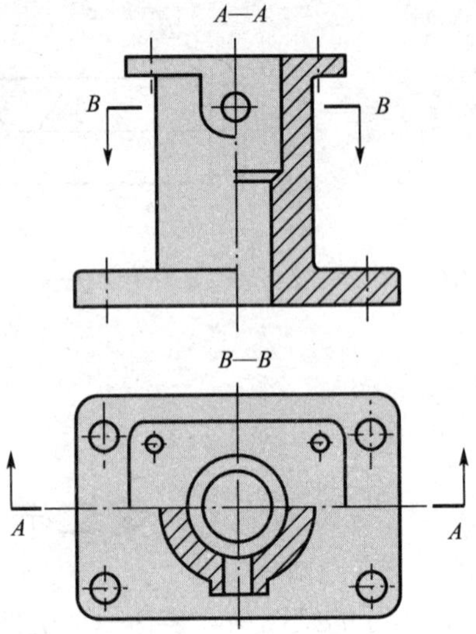

图 4—2—3

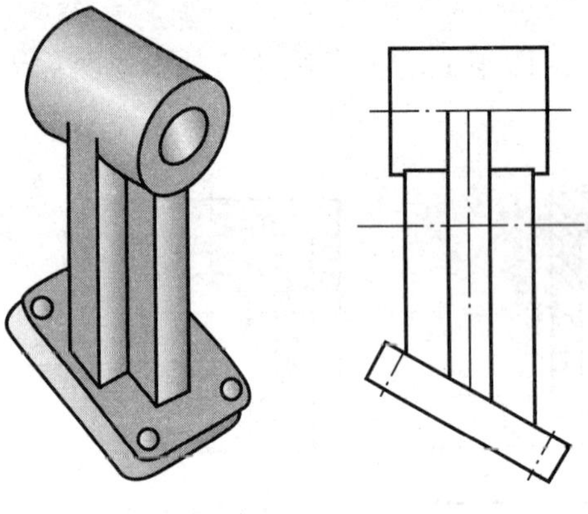

图 4—2—4

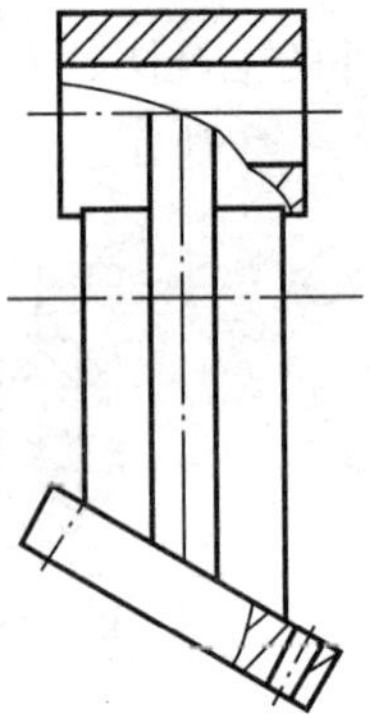

图 4—2—5

为了表达斜板的实形及其与十字肋的相对位置，采用了一个斜视图，如图 4—2—6 所示。为了表达上部圆柱与十字肋的相对位置关系，采用了一个局部视图，如图 4—2—7 所示。

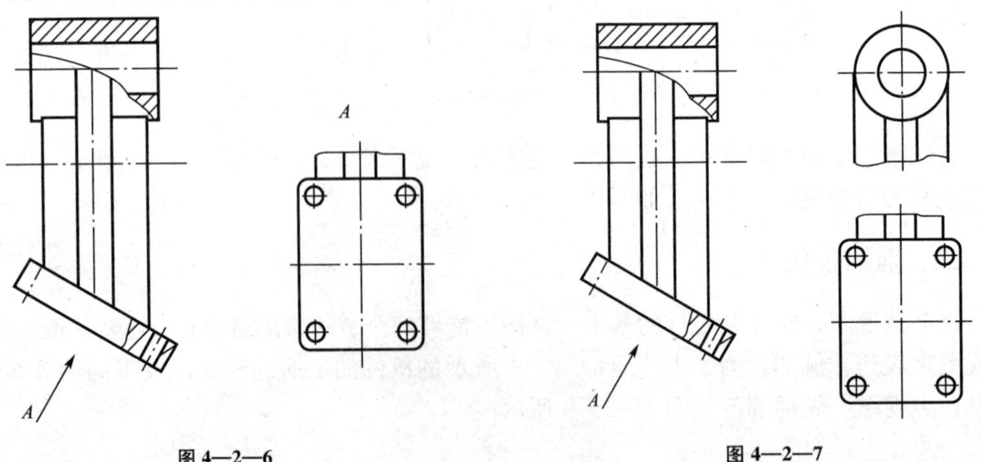

图 4—2—6

图 4—2—7

为了表达十字肋的截断面形状，采用了移出断面图，如图 4—2—8 所示。

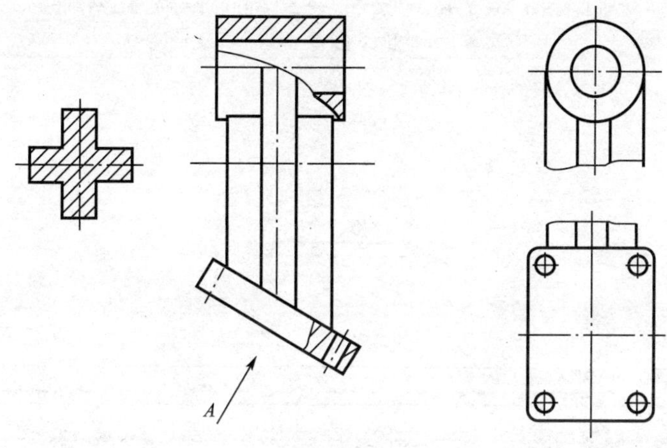

图 4—2—8

三、AutoCAD 中的各向视图

如图 4—2—9 所示的机件，可以用下面各向视图进行表达。

图 4—2—9

1. 正等轴测图

点击菜单＞视图＞视觉样式＞三维隐藏；点击视图图标（AutoCAD 中的角视图相当于正等轴测图）；结果如图 4—2—10 所示。

2. 机件的主视图

点击主视图图标，窗口显示零件的主视图，如图 4—2—11 所示。

3. 机件的左视图

点击左视图图标，窗口显示零件的左视图，如图 4—2—12 所示。

4. 机件的俯视图

点击俯视图图标，窗口显示零件的俯视图，如图 4—2—13 所示。

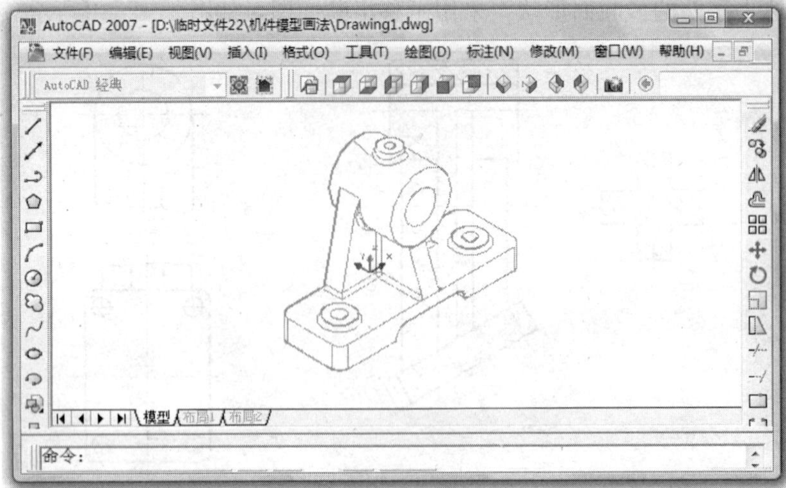

图 4—2—10

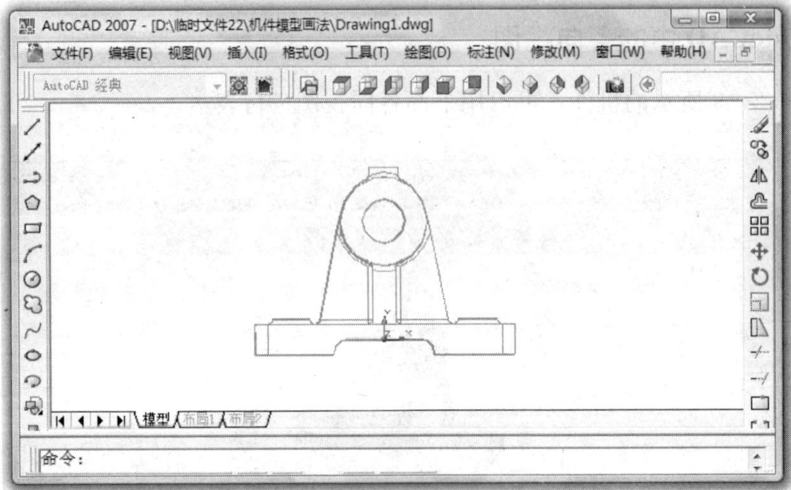

图 4—2—11

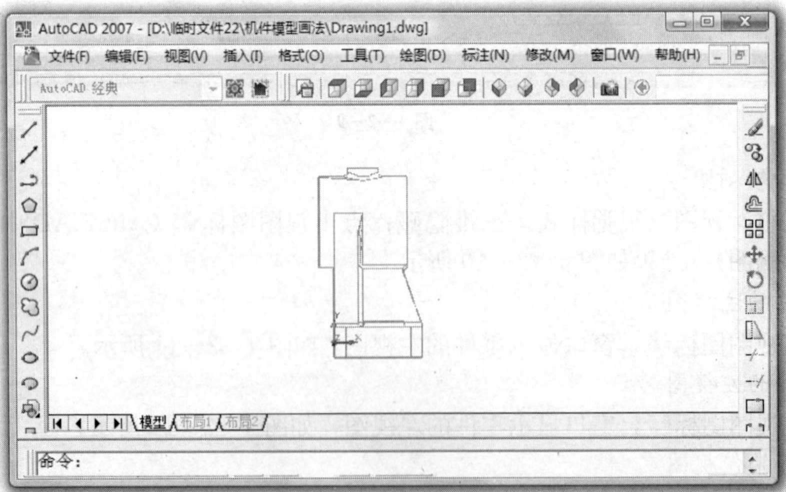

图 4—2—12

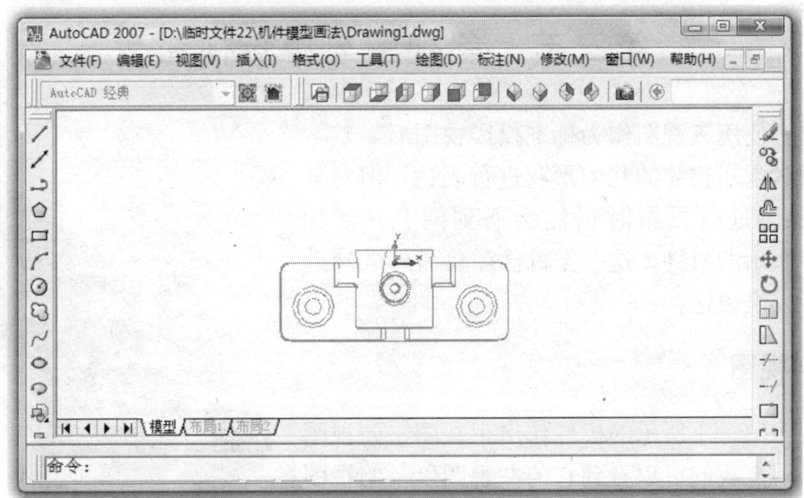

图 4—2—13

5. 使用视口显示各向视图

在 AutoCAD 界面中点击菜单＞视图＞视口＞四个视口，图形窗口会被分割成四个视口，四个视口可以同时显示窗口中图形的四个方向的视图，每个视口左下角的坐标都显示当前视口的视图方向，如图 4—2—14 所示。

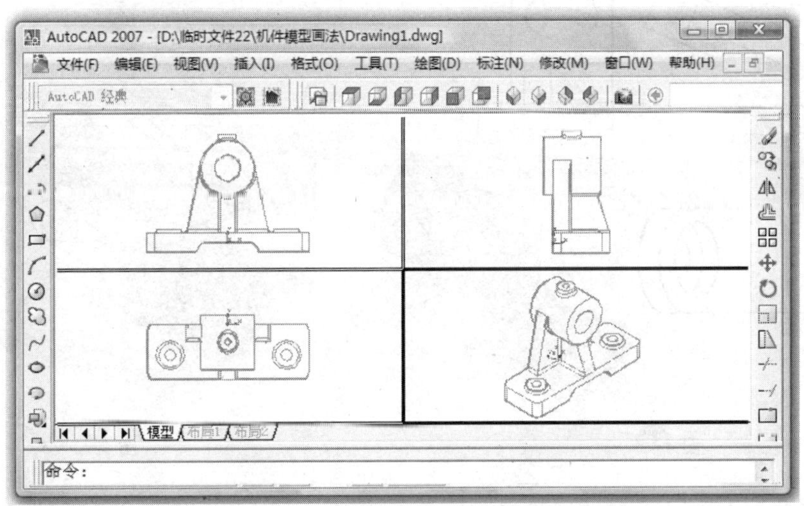

图 4—2—14

视口的数量可以设置为 1、2、3、4。每个视口中显示哪一个方向的投影，具体可以任意设置：

(1) 点击激活视口 1，点击主视图图标，在视口 1 中显示零件的主视图。

(2) 点击激活视口 2，点击左视图图标，在视口 2 中显示零件的左视图。

(3) 点击激活视口 3，点击俯视图图标，在视口 3 中显示零件的俯视图。

(4) 点击激活视口 4，点击西南方向轴测图图标，视口 4 中显示轴测图。

第三节　斜视图与旋转视图

在规定了使用三视图作为标准投影视图后，基本上可以满足对空间物体的几何形状进行表达，但对某些形状的物体进行投影时仍然会遇到问题，例如图 4—3—1 所示的机件。这一类机件需要另外的辅助试图来进行完全表达。

图 4—3—1

一、斜视图

在对图 4—3—1 所示的机件作出正视图、俯视图和左视图以后，我们可以看到它的左视图以及俯视图中得到的投影，无论是图中的圆孔部分还是外形轮廓都不能表达出物件的实际几何尺寸，如图 4—3—2 所示。

遇到这样的情况，我们可以针对机件的倾斜部分找一个假设的投影面，该投影面与机件的倾斜面平行，如图 4—3—3 所示。

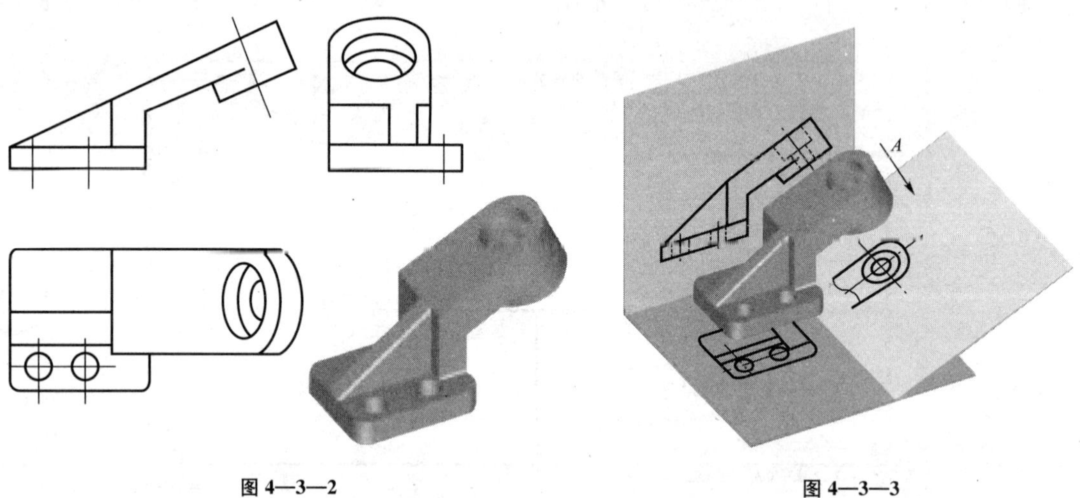

图 4—3—2　　　　图 4—3—3

将机件的倾斜部分向假设的投影面作垂直投影，得到倾斜部分的垂直投影视图，用来作辅助表达。在这个倾斜的假设投影面上得到的机件的投影视图就称为斜视图。

因为斜视图是机件倾斜部分在倾斜的投影面上的垂直投影，所以这个斜视图可以正确表达机件倾斜部分的实际几何尺寸，如图 4—3—3 所示。所得到的斜视图，应注明为 *A* 向。

在机件的视图配置中斜视图可以按照正常配置摆放，在不至于引起误会的情况下也可以将其旋转一定的角度，以便于读图。旋转后的斜视图上应标注旋转符号⌒，如图 4—3—4 所示。

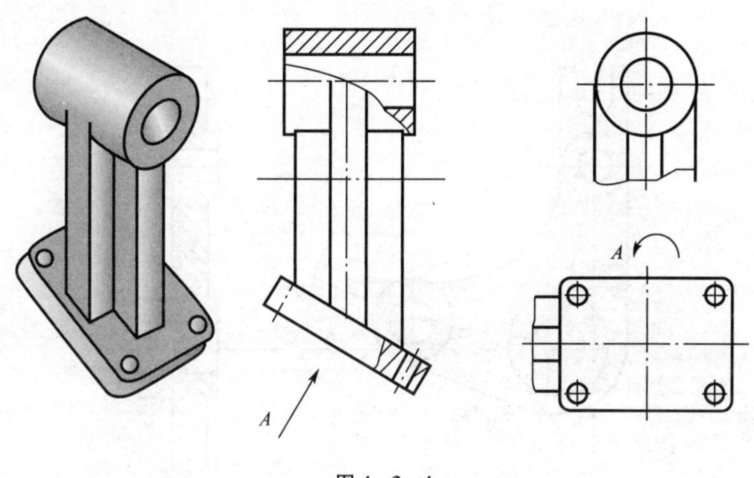

图 4—3—4

二、旋转视图

有些机件的某一部分与其他部分是以某一旋转中心相关联的，在制图时可以采用以旋转中心为轴心将机件的基本视图的一部分进行假设的旋转，得到投影面视图，称为旋转视图。

如图 4—3—5 所示的机件，机件的两端以机件中心的圆孔为旋转中心，如果机件以这个中心旋转，对于旋转中心而言，机件的两端长度以及轴孔的中心位置会始终保持不变。这是旋转视图能够表达机件实际几何尺寸的必要条件。旋转视图的投影原理，和上面所讲到的斜视图一样。

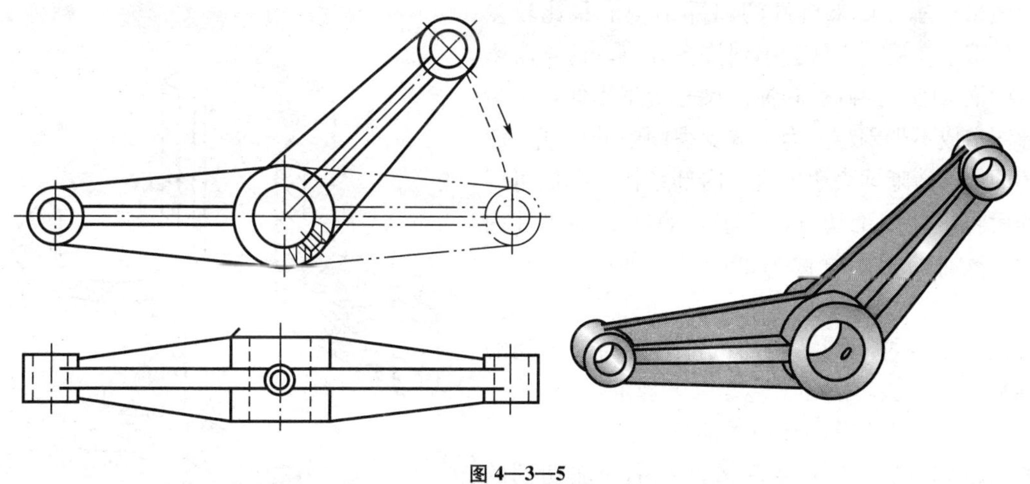

图 4—3—5

旋转视图中，旋转部分的假设位置视图使用细双点划线绘制，旋转路径使用细虚线表示，并注明旋转方向。

在后面将要讲到的剖视图中也将会用到旋转视图的原理。图 4—3—6 就是一个应用旋转投影原理的剖视图。

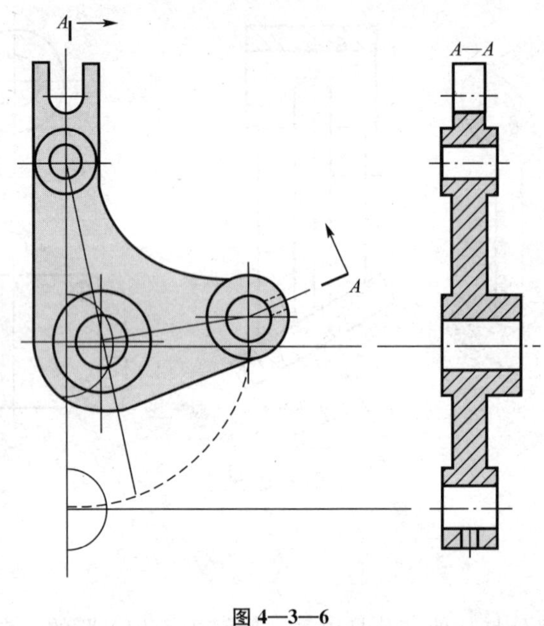

图 4—3—6

第四节　剖视图

一、剖视图的基本概念

在用视图表达机件时，机件的内部结构都用虚线来表示，如果机件的内部结构形状比较复杂，那么在视图中就会出现许多虚线。这样既影响图面清晰，给画图和标注尺寸带来不便，又给读图造成不少困难。为了减少视图中的虚线，使图面能够清晰地表达出机件内部结构，我们可以假设将机件用剖切方法剖开，直接看到机件内部，这时的视图就称为剖视图，如图 4—4—1 所示。

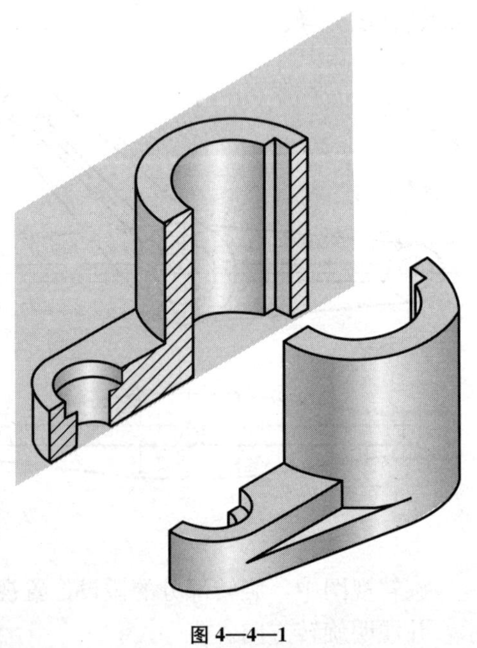

图 4—4—1

对于各种不同结构的机件可能需要不同的剖切方式方法，但必须遵守以下规定：

（1）剖切面及剖切位置的选取。

剖切面的选取：要使机件被剖切面切到的实体部分形状的投影反映实形，剖切面一般都选为特殊位置平面。

剖切位置的选取：剖切时应保证机件剖切后所表达的结构完整，因此剖切位置一般应通过机件的对称平面、轴线或中心线。

（2）剖面符号。

在剖视图中，剖切平面与机件接触的部分称为剖面。在剖面上应画上剖面符号。

不同的材料有不同的剖面符号，有关剖面符号的规定见表 4—4—1。在绘制机械图样时，用得最多的是金属材料的剖面符号。

表 4—4—1

材　质		剖面符号	材　质	部面符号
金属材料（已有规定剖面符号者除外）			胶合板（不分层数）	
非金属材料（已有规定剖面符号者除外）			钢筋混凝土	
型砂、填砂、粉末冶金、砂轮、陶瓷刀片、硬质合金刀片等			砖	
玻璃及供观察用的其他透明材料			格网（筛网、过滤网等）	
木材	纵剖面		液体	
	横剖面			

按国家标准规定，绘制金属零件图样时，其剖面符号用与水平方向倾斜 45°的细实线画出。在同一张图纸上同一零件的剖面线方向、间隔应相同。

当图形中的主要轮廓线与水平线成 45°时，该图形的剖面线应画成与水平线成 30°或 60°的平行线，其方向与间隔应与该机件的其他视图的剖面线相同。

（3）剖视是假想将机件剖开后得到的视图，因而当机件的一个视图画成剖视后，其他视图仍应将机件完整地画出。

（4）不仅可以在某一视图上采用剖视，如果需要还可以在不同的视图上同时采用剖视。

（5）剖视图中的虚线，一般可省略不画。但如果画了少量虚线就可以减少视图数量，而又不影响剖视的清晰时，也可画出必要的虚线。

（6）剖视的标注。

如图 4—4—2 所示，在剖视图中，应该用剖切线来标明剖切面的剖切位置。剖切线用点划线绘制，剖切线也可以省略不画。用剖切符号指示剖切面的起、止和转折位置（用粗短划表示）及投射方向（用箭头或粗短划表示）。剖切符号的粗短划线应尽可能不与图形的轮廓线相交，并在起、止和转折处注上大写英文字母，同时用同样的大写字母在相应的剖视图上方标出剖视图的名称如："A—A"。

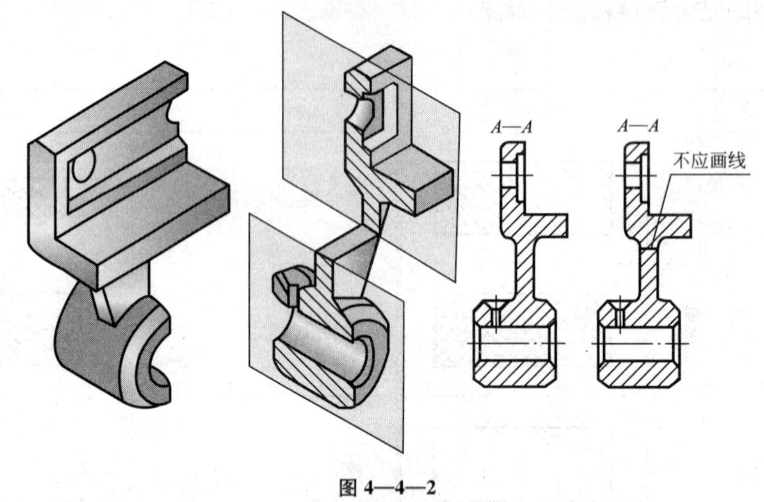

图 4—4—2

图 4—4—2 中用来剖切被表达物体的假想平面或曲面称为剖切面。

二、剖视图的画法

由于机件内部结构形状的不同，常需选用不同数量、位置、范围及形状的剖切面剖切机件，才能把它们的内部结构形状表达清楚。常用的剖切面有：单一剖切平面、两相交剖切平面、几个平行的剖切平面、组合的剖切平面及不平行于任何基本投影面的剖切平面等。

采用不同剖切面剖开机件时，得到的剖视图各有不同的画法。下面分类进行介绍。

1. 全剖视图

用一个剖切平面完全剖开机件所得的剖视图称为全剖视图，全剖视图一般用于表达内部结构复杂且外形简单的部件，如图 4—4—3 所示。

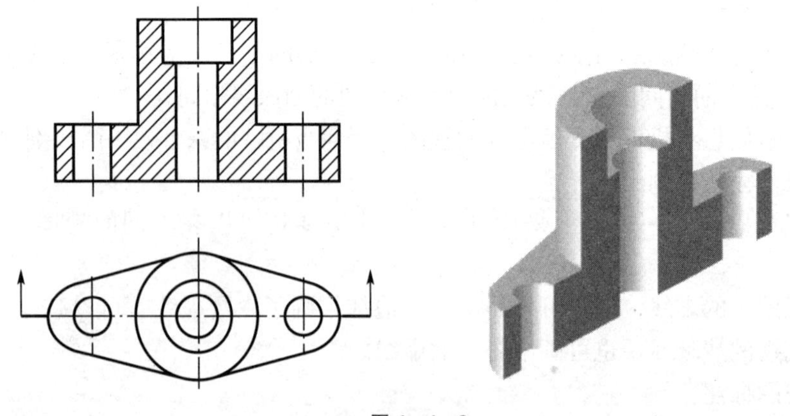

图 4—4—3

2. 半剖视图

当机件具有对称平面时，在垂直于对称平面的投影面上投影所得的图形，如果既需要表达内部结构又需要表达外部结构时，可以以对称中心线为界，一半画成剖视图（表达内部结构），另一半画成视图（表达外部结构），这种组合的图形称为半剖视图，如图 4—4—4 所示。

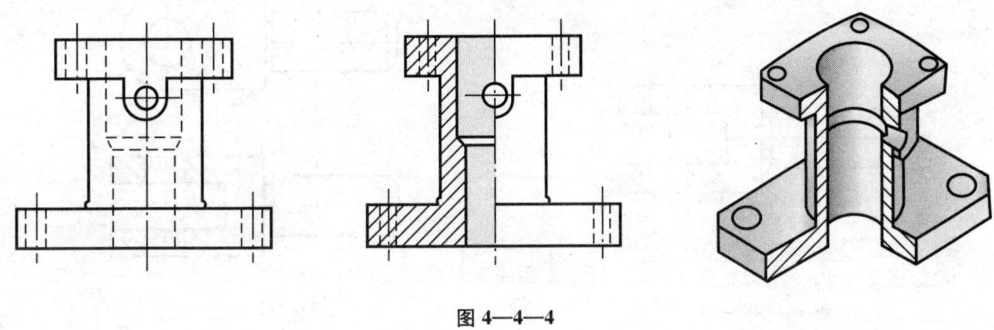

图 4—4—4

3. *局部剖视图*

用剖切平面局部地剖开机件所得的剖视图称为局部剖视图，如图 4—4—5 所示。

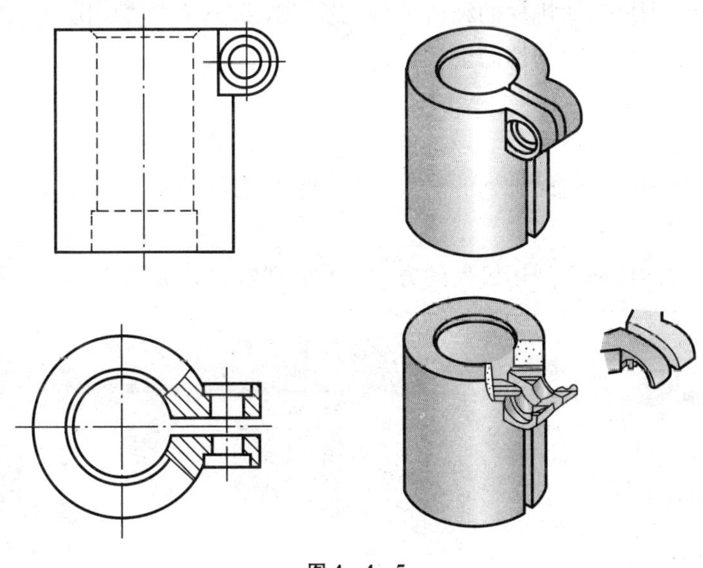

图 4—4—5

局部剖视图主要用于机件的内外结构均须在同一视图表达且机件结构不对称，或对称机件不宜画成半剖视图的情况。

局部剖视图不受机件结构是否对称的条件限制，可根据需要进行不同大小范围或不同位置的剖切，使表达重点突出、简单明了。

在局部剖视图中，剖视图部分与未剖视图部分以波浪线分界，如图 4—4—6 所示，波浪线的画法应注意以下几点：

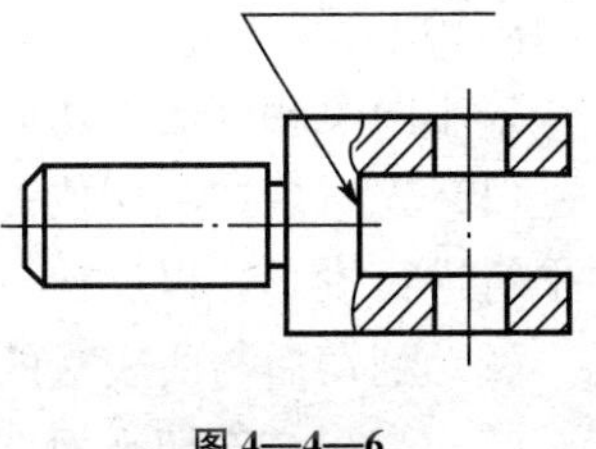

图 4—4—6

（1）波浪线不能与视图上其他的图线重合，不要画在视图的其他图线的延长线上。

（2）波浪线不能超出被剖切部分的外形轮廓，如图 4—4—7 所示。

(3) 波浪线不能画在被剖切位置无实体处，遇孔、槽类结构时波浪线要断开。正确的波浪线画法如图 4—4—8 所示。

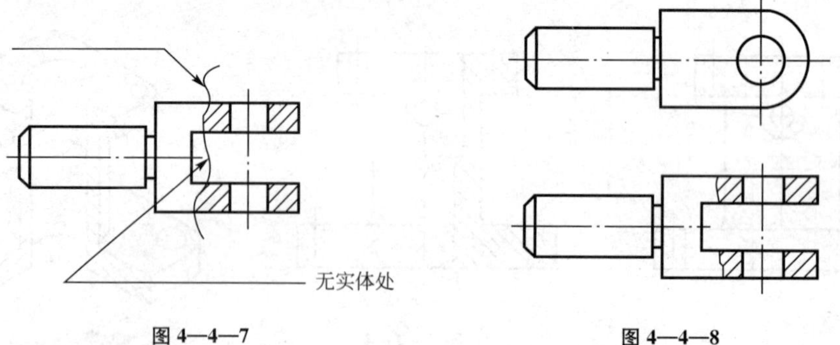

图 4—4—7　　图 4—4—8

三、剖切面的选择

剖视图能否清晰地表达机件的结构，剖切面的选择至关重要。国家标准规定，根据机件的结构特点可选用以下的剖切面剖切机件。

1. 单一剖切面

用一个剖切平面（或柱面）剖切机件的方法，称为单一剖切。剖切面一般平行或垂直于基本投影面。例如我们前面讲到的全剖、半剖和局部剖的实例均为单一剖切。

2. 多重剖切面

用几个平行的剖切平面剖切机件的方法，称为阶梯剖，如图 4—4—9 所示。

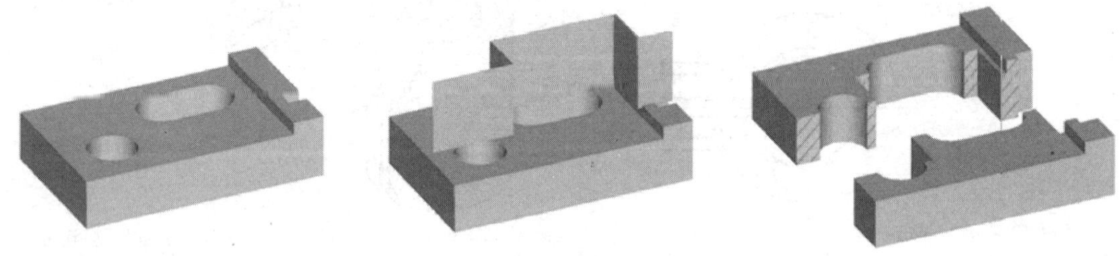

图 4—4—9

阶梯剖适用于机件内部结构复杂，又难以用一个剖切面剖切的情况。

3. 两个相交的剖切面

用两个相交的剖切面（交线垂直于基本投影面）剖切机件的方法，称为旋转剖，如图 4—4—10 所示。

采用两个相交的剖切面画剖视图时，要注意以下几点：

(1) 先假想按剖切位置剖开机件，然后将剖开的结构及有关部分旋转到与选定的投影面平行进行投影，以反映被剖的结构实形。

(2) 剖切后与所表达的结构关系不密切的部分按原来的位置投影。

(3) 当相交剖切平面剖切机件产生不完整要素时，应将此部分按不剖绘制。

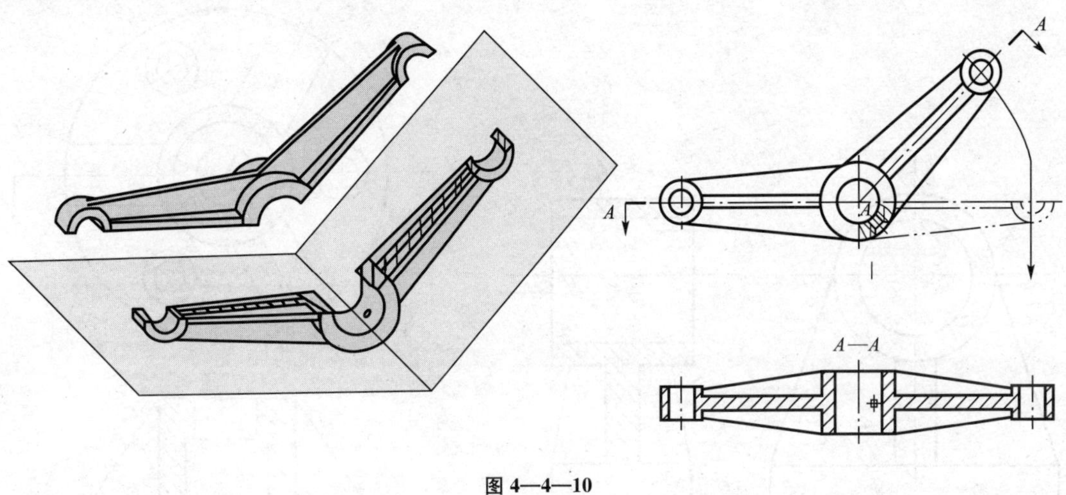

图 4—4—10

（4）用不平行于任何投影面的平面剖开机件，称为“斜剖”。斜剖主要适用于表达机件上倾斜部位的内部结构，如图 4—4—11 所示。

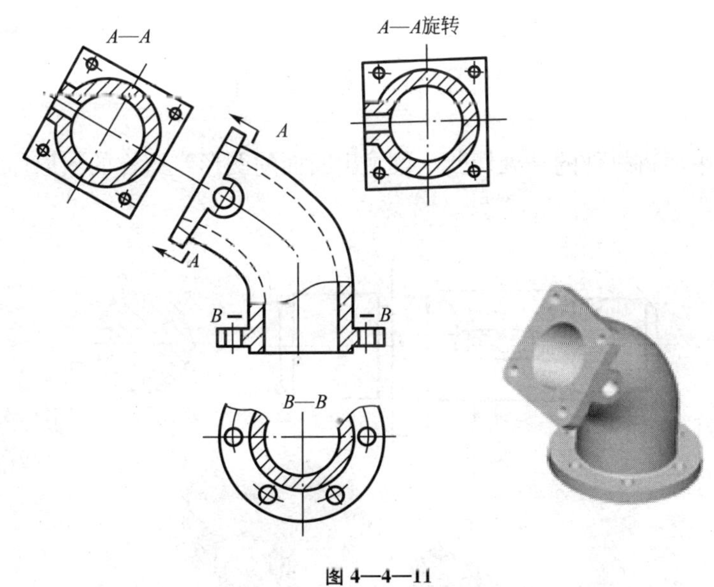

图 4—4—11

斜剖视图通常配置在箭头所指的方向上，必要时可以配置在其他位置并作相应的标注。

四、剖视图中的简化画法

（1）对于机件的肋、轮辐、薄壁等实心圆杆状及板状结构，如按纵向剖切（即剖切平面与肋、轮辐或薄壁厚度方向的对称平面重合或平行），这些结构不画剖面符号，而用粗实线将它与其邻近部分分开，如图 4—4—12 所示。

（2）当机件上均匀分布在一个圆周上的肋、轮辐、孔等结构不处于剖切平面上时，可将这结构旋转到剖切平面上画出，如图 4—4—13 所示。

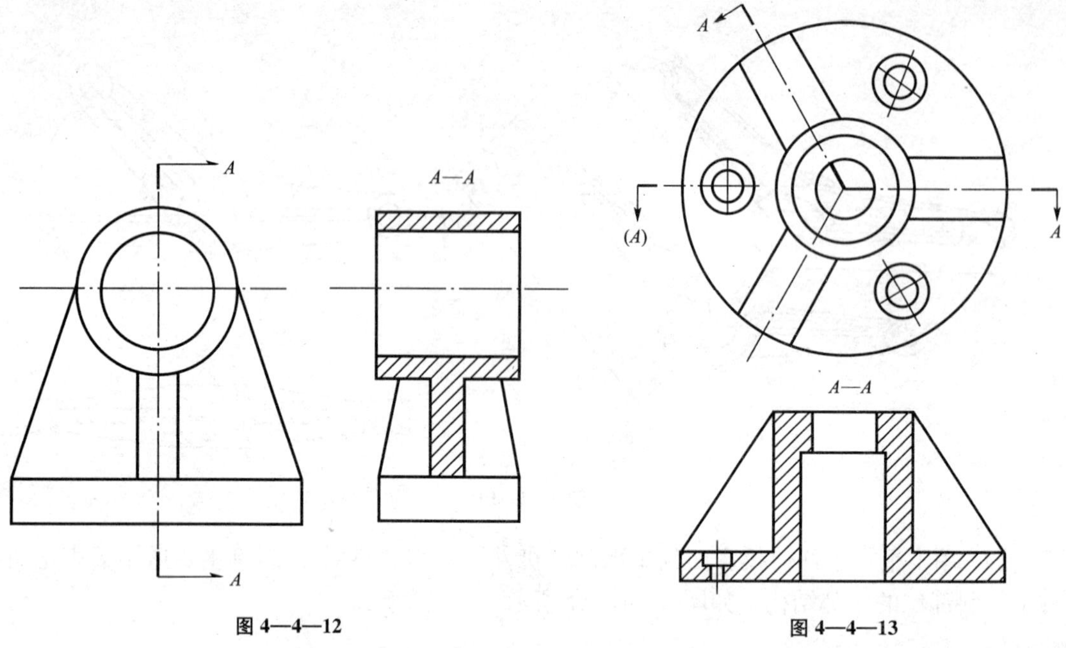

图 4—4—12　　图 4—4—13

第五节　断面图

假想用剖切平面将机件的某处切断，仅画出断面的图形，这样的图形称为断面图，如图 4—5—1 所示。

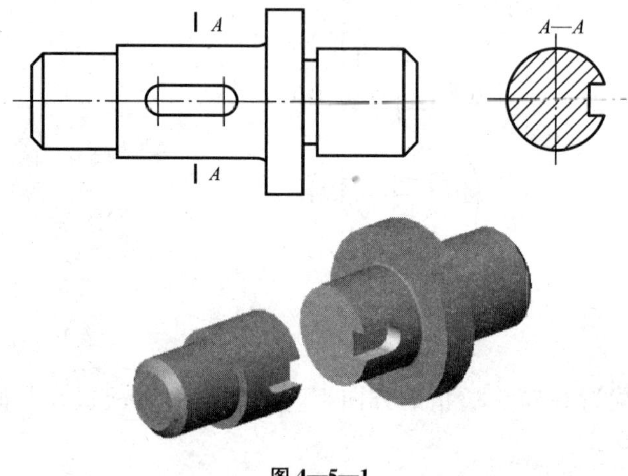

图 4—5—1

一、断面图的画法

断面图根据其不同的配置位置，可分为移出断面和重合断面两种。

(1) 移出断面一般用剖切符号表示剖切的起止位置，用箭头表示投影方向，并注上大写拉丁字母，在断面图的上方用同样的字母标出相应的名称“×—×”，如图 4—5—1 中的 A—A。

(2) 断面图配置在剖切平面迹线处，并与原视图重合，称为重合断面。重合断面图的轮廓线用细实线绘制，当视图中的轮廓线与重合断面的图形重叠时，视图中的轮廓线仍需完整、连续地画出，不可间断，如图 4—5—2 所示。

配置在剖切符号上的不对称重合断面，应用箭头表示投影方向，如图 4—5—2（a）所示。对称的重合断面图不必标注，如图 4—5—2（b）所示。

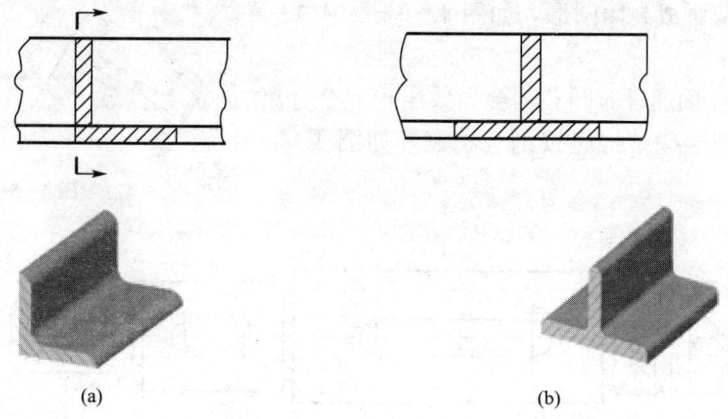

图 4—5—2

移出断面的标注方法见表 4—5—1。

表 4—5—1

<table>
<tr><th></th><th colspan="2">对称移出断面</th><th>不对称移出断面</th></tr>
<tr><td>在剖切符号的延长线上</td><td colspan="2">省略剖切符号、箭头、字母</td><td>省略字母</td></tr>
<tr><td rowspan="2">不在剖切符号的延长线上</td><td rowspan="2">A A—A A
省略箭头</td><td>按投影关系配置</td><td>A A—A A
省略箭头</td></tr>
<tr><td>不按投影关系配置</td><td>A A—A A
标注剖切符号、箭头、字母</td></tr>
</table>

(3) 作断面图应注意以下几点：

1）由两个或多个相交的剖切平面剖切得出的移出断面，中间一般应断开，如图 4—5—3 所示。

2）当剖切平面通过由回转面形成的孔或凹坑的轴线时，断面图形应画成封闭图形，如图 4—5—4 中 A—A、B—B。

3）当剖切平面通过非圆孔，会导致出现完全分离的两个断面时，则这些结构应按剖视绘制，如图 4—5—4 所示。

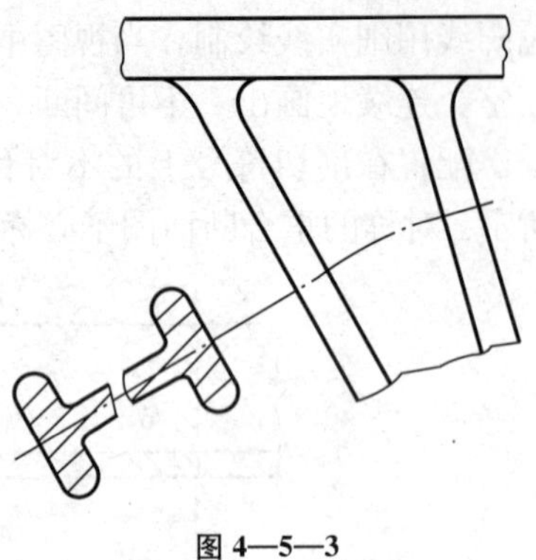

图 4—5—3

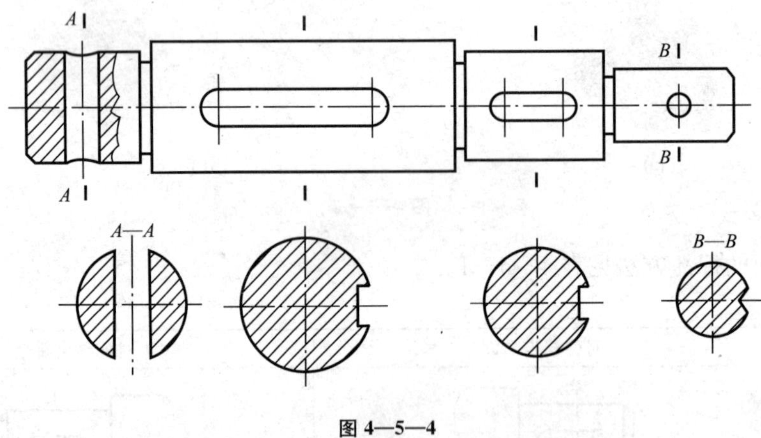

图 4—5—4

4）移出断面的简化画法。零件图中的移出断面，在不致引起误解的前提下，允许省略剖面符号，如图 4—5—5 所示。

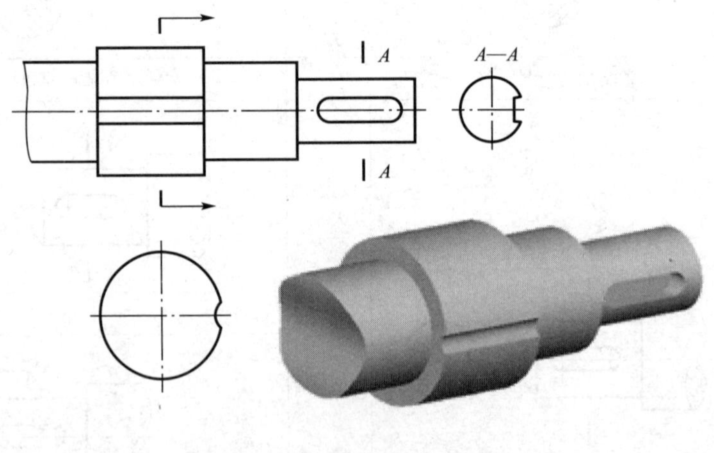

图 4—5—5

二、CAD 空间实体的移出断面

通过移出断面可以清楚地表达机件特定位置的几何形状以及几何要素，移出断面已经成为机械工程图中机件表达的重要手段，如图 4—5—6 所示。

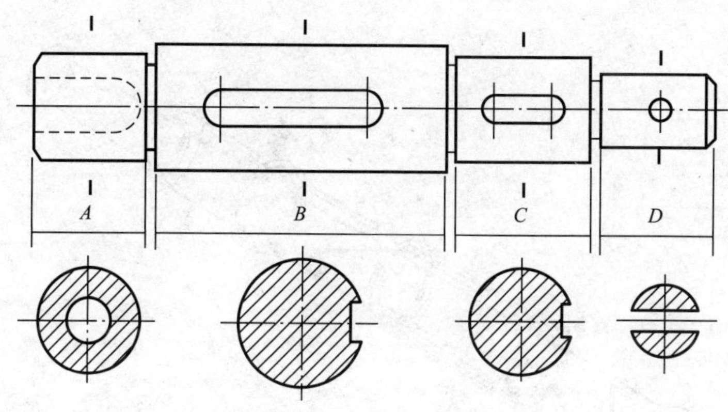

图 4—5—6

移出断面同样获取机件在不同位置的几何形状以及几何要素等信息，更是现代工业生产中所依赖的重要因素。如图 4—5—6 所示的零件，我们要确切地知道它的几何结构，可以通过各区段（*A*—*B*—*C*—*D*）的几何尺寸以及在各区段内断面的几何形状加以确定。

如果我们把一个机件假设为由很多个断面堆积而成，如图 4—5—7 所示，就可以通过读取断面的数据来确定机件实体。

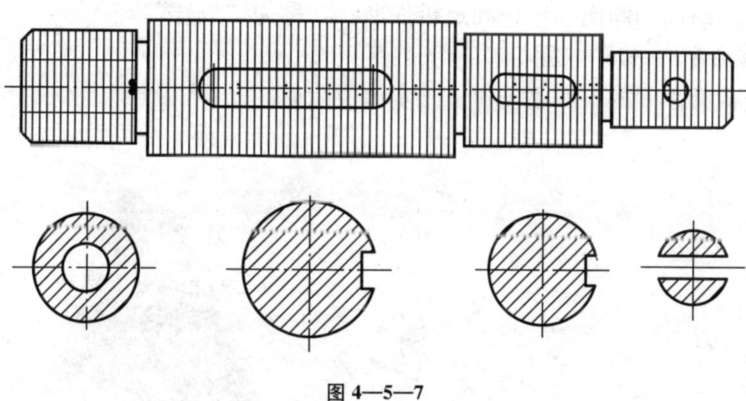

图 4—5—7

计算机使得实现这一方法成为可能，MTM 生产工艺就是在这一基础上实现的，将来的机械加工生产也必然会使这一方法得到广泛应用。因此，在 CAD 中的“断面移出”显得格外重要。

（1）在 CAD 制图中，根据机件不同部位的特点可以放置数个剖切平面，来获得机件不同部位的断面图。

（2）断面图是反映机械零件某一部分几何体截断面几何特性的图形，应该具备拉拔体基面的特点，如图 4—5—8 所示。

（3）在 CAD 制图过程中，可以根据断面的拉拔来获取完整的几何体，也可以根据几何体来截取断面。

为了表达机件的形状，可以在不同位置提取断面图；反之亦可以通过不同位置的断面几何形状来确定一个机件。

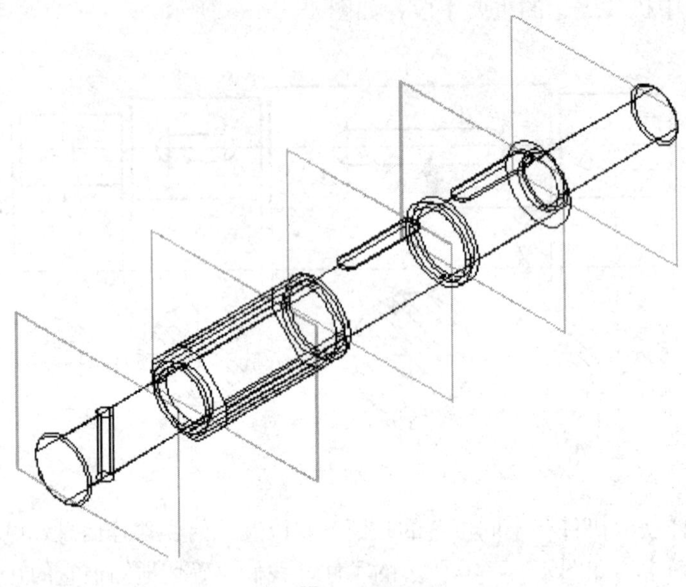

图 4—5—8

三、用断面图放样

通过机件的断面和断面的顺序确定机件形状，称为“放样”。

CAD 放样命令——loft（图标：）

在数个横截面之间的空间中创建三维实体或曲面。

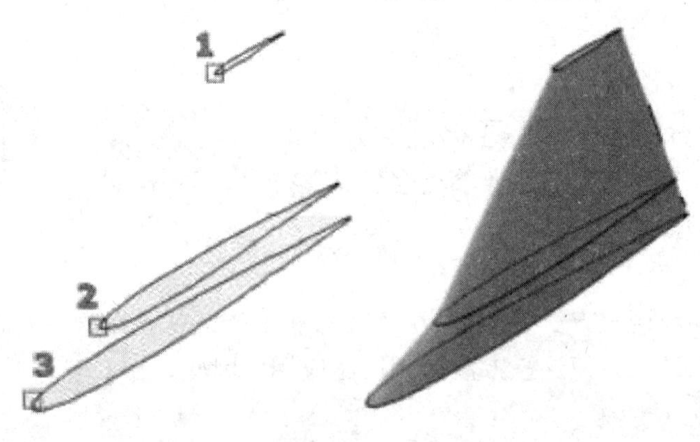

图 4—5—9

横截面可以为打开或闭合的二维对象，例如圆、圆弧或样条曲线。

只有闭合的二维对象其放样结果为三维实体。

例：如图 4—4—9 所示是一个常见的力学结构零件，零件的外形尺寸在各个部位上都有较大的变化，表达这种零件机构需要多个断面和多条轮廓曲线。左图是零件主视图和多个断面图组成，右图是钩口部分的尺寸。

创建挂钩的三维实体，步骤如下：

（1）截除尺寸图中的多余线条部分，获取钩口部分的轮廓曲线作为放样的路径依据，如图 4—5—10 所示。

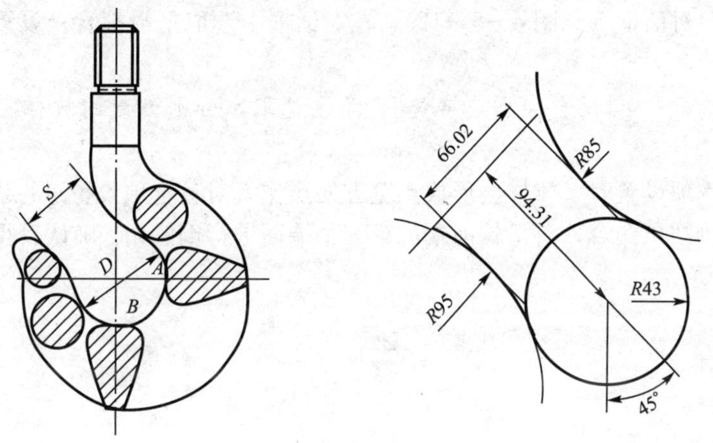

图 4—5—10

（2）创建各部位断面图形。各部位的断面必须是封闭的二维实体对象，对象沿钩口轮廓排列。第一个和最后一个是端面，如图 4—5—11（a）所示。

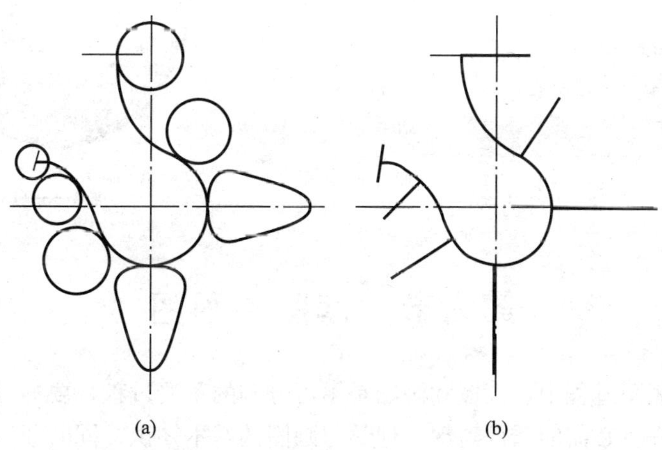

图 4—5—11

（3）将所有断面以及端面进行三维旋转，使之垂直于钩口的轮廓线，如图 4—5—11（b）所示。

放样的精度取决于断面的位置、数量及合理性。一般情况下每段圆弧（根据三点确定一个圆弧的理论）范围内从起点到终点，放置的截面不得少于三个；并且两相邻截面所在的法线间夹角不得大于 90°。只有在要求精度不高的情况下允许省略。

（4）执行放样命令。点取放样命令，命令栏提示：

```
按放样次序选取断面：
```

根据提示依次选取断面，将 7 个断面全部选取之后，回车确认。

命令栏提示：

输入选项［导向（G）/路径（P）/仅横断面（C）］＜仅横断面＞：

由于事先已经把各断面按路径排列好，就不必选取其他选项，直接按回车键确认；弹出“放样设置”对话框（见图4—5—12），在对话框中选取平滑拟合；设置完成后按“确定”按钮确认。

注意：复选框“□闭合曲面或实体”，不要选取，否则创建的放样实体首尾会形成闭合。

再度画框选项设置时，放样会形成预览方便操作者对各选项设置进行理解。

（5）点取倒圆角命令，将吊钩前端的第一个端面进行倒圆角。确认后得到放样实体如图4—5—13所示。

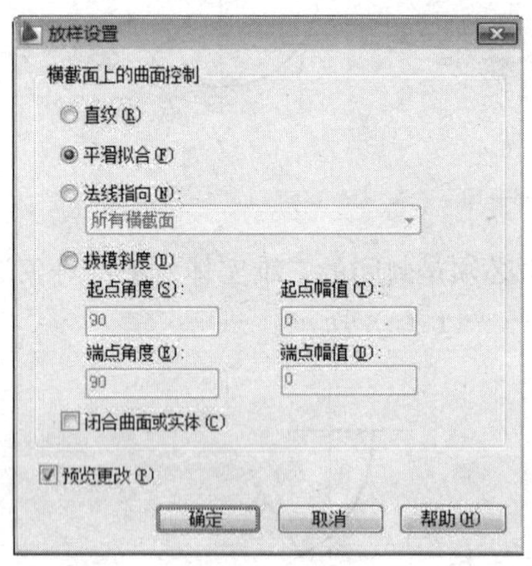

图4—5—12

图4—5—13

第六节　读图和画图

在机械工程制图过程中，读图和画图是不可分割的重要过程，要通过读图的过程来分析完整地表达机件所必需的条件，深入地学习画图的基本知识。同时通过画图来进一步理解机件的表达和图形的结构要素。

一、读图

如图4—6—1所示，是一个机件的投影视图。

1. 理解视图所表达的图形

根据图4—6—1所示的机件的视图理解所表达的模型实体（见图4—6—2）；实体剖切如图4—6—3所示。

2. 解析图形主体轮廓

（1）确定几何图形的基准点。

（2）确定轮廓线几何要素与基准点的关系。

（3）在正视图中分析机件的外形轮廓以及轮廓线的基本几何要素。

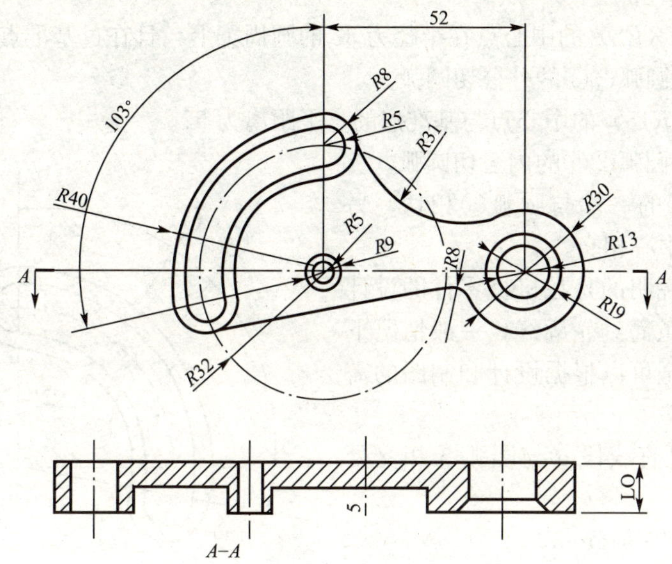

图 4—6—1

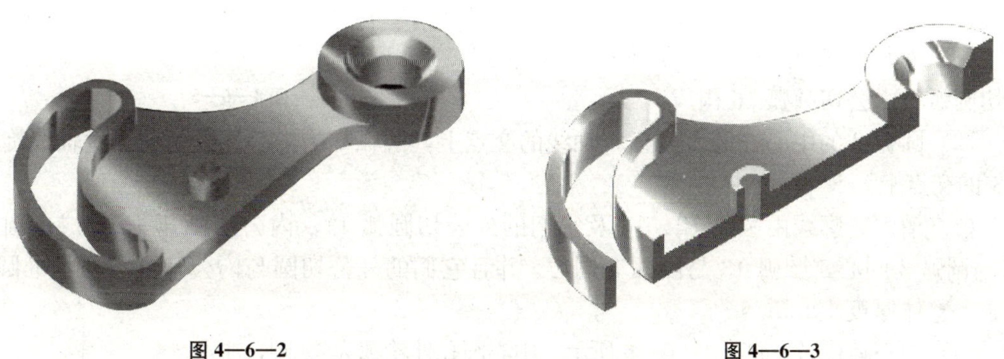

图 4—6—2　　　　图 4—6—3

（4）读出各几何要素的几何尺寸，如图 4—6—4 所示。

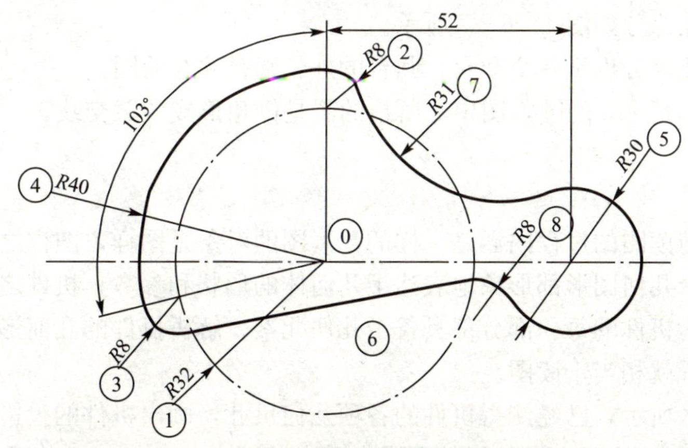

图 4—6—4

1）确定图形基准点“0”点。

2）圆弧②③（$R8$）的中心点在半径为32的圆周①上，且在过基准点的中心轴线上。

3）圆弧④是圆弧②③的外公切圆弧。

4）圆弧⑤（$R15$）的中心点与基准点的水平距离为52。

5）圆弧⑦是圆弧②⑤的内公切圆弧。

6）直线段⑥的一端与圆弧③相切，另一端与圆弧⑤的中心相交。

这里要特别说明的是在机械零件的设计中直线段⑥是一条简约轮廓线，一般情况下不注明参数，完全可以根据设计和制图的需要确定。

7）圆弧⑧是直线段⑥与圆弧⑤相交处的倒角。

8）主体部分厚度5mm。

3. 解析组合体其他部分

如图4—6—5所示是机件圆弧形槽孔部分：

(1) 外轮廓线由圆弧2、3及它们的外公切圆弧4内公切圆弧16构成。

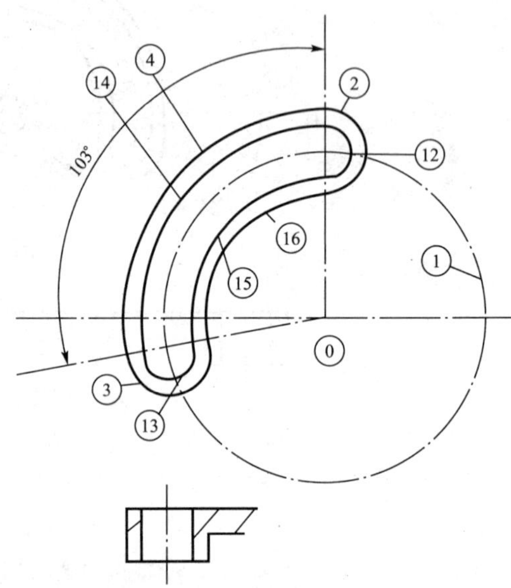

图4—6—5

(2) 圆弧2的中心在圆1与正垂轴线的交点上，圆弧3的中心在圆1与正垂轴线旋转103°的交点上。

(3) 槽内轮廓线由圆弧12、13及它们的外公切圆弧14、内公切圆弧15构成；圆弧12与圆弧2同心，圆弧13与圆弧3同心。并且它们的外公切圆与内公切圆均与基准圆1同心。整体厚度10mm。

(4) 中心圆孔部分如图4—6—6所示，中心圆孔外轮廓为$\phi9$圆，中心圆孔内轮廓为$\phi5$圆；两圆的中心均在基准点上。整体厚度为10mm。

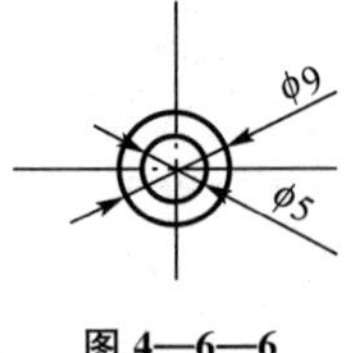

图4—6—6

4. 解析有倒角的圆孔部分

有倒角的圆孔部分如图4—6—7所示。

(1) 这个圆孔部分也是一个凸台，凸台的外轮廓是$\phi30$的圆；

(2) 内孔轮廓是$\phi13$的圆，图中⑨所指的圆是倒角形成的截交线。

二、画图

画图的过程与读图的过程内涵是一样的，读图的对象是图样，图样之所以能够读，是因为图样中每一个几何图形都形象地表达了几何体的形状和参数；机件之所以可以用图形来表达，就是因为机件的每一部分都具备了几何元素。解析机件的几何形状，测量机件的几何要素，其过程就相当于读图。

如图4—6—8所示，已经测得机件的各项几何尺寸，画出机件的投影视图：

(1) 打开AutoCAD，在设置好的图层中画出基准点的两轴线，将垂直轴线向右阵列（取列偏移52）画出第二点的中心轴线。

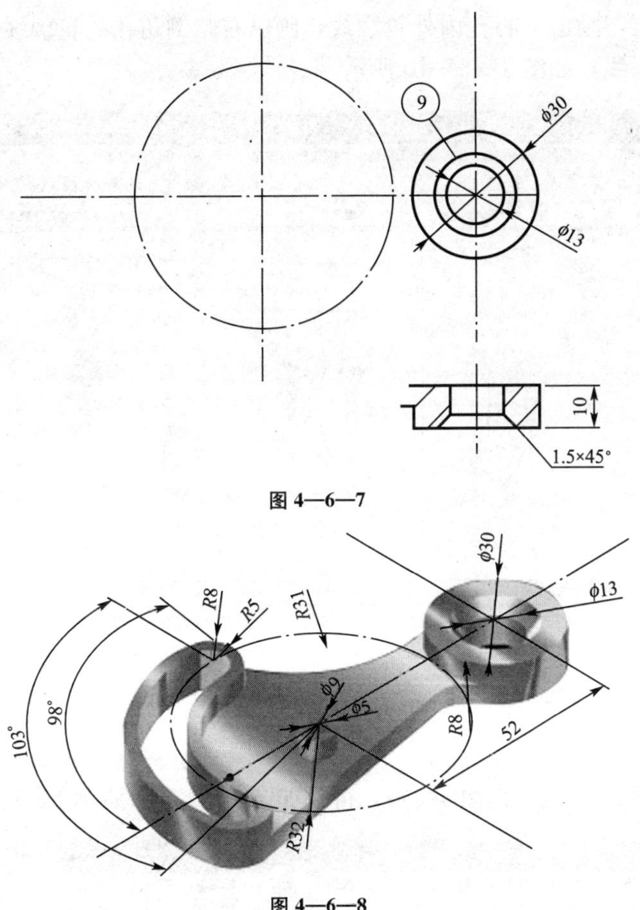

图 4—6—7

图 4—6—8

(2) 以基准点为圆心，32 为半径画出基准圆；基准圆与垂直轴线相交于 A，将垂直轴线旋转 103°与基准圆相交于 B。A、B 就是槽形孔两端圆弧中心，如图 4—6—9 所示。

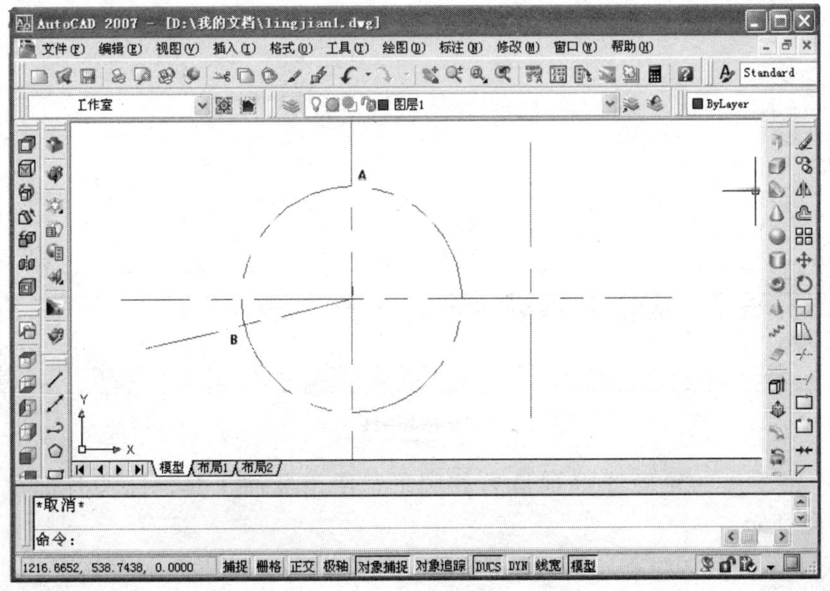

图 4—6—9

(3) 更换图层，画出中心孔内外轮廓线，画出右侧倒角孔的轮廓线，以 A、B 点为中心画出槽形孔的弧线，如图 4—6—10 所示。

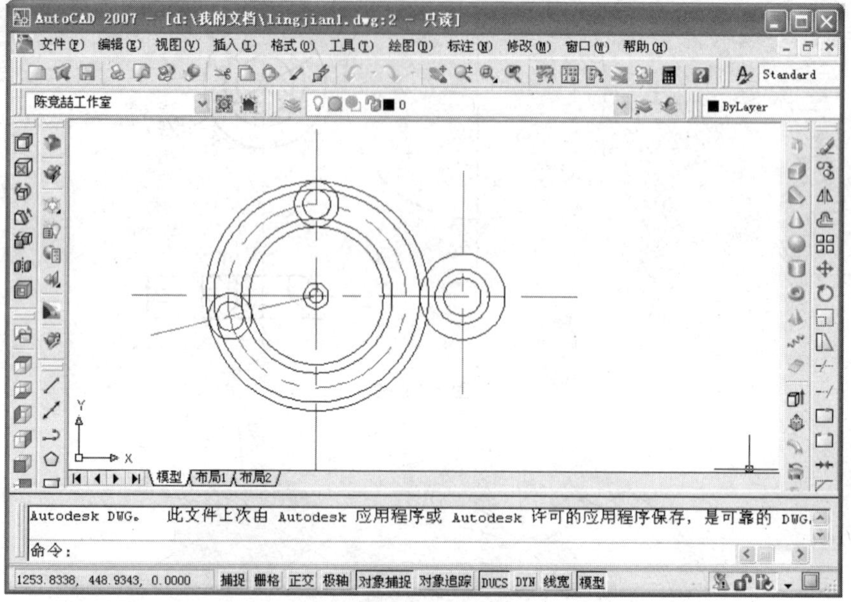

图 4—6—10

(4) 使用剪切命令剪去多余的线条，得到如图 4—6—11 所示的图形。

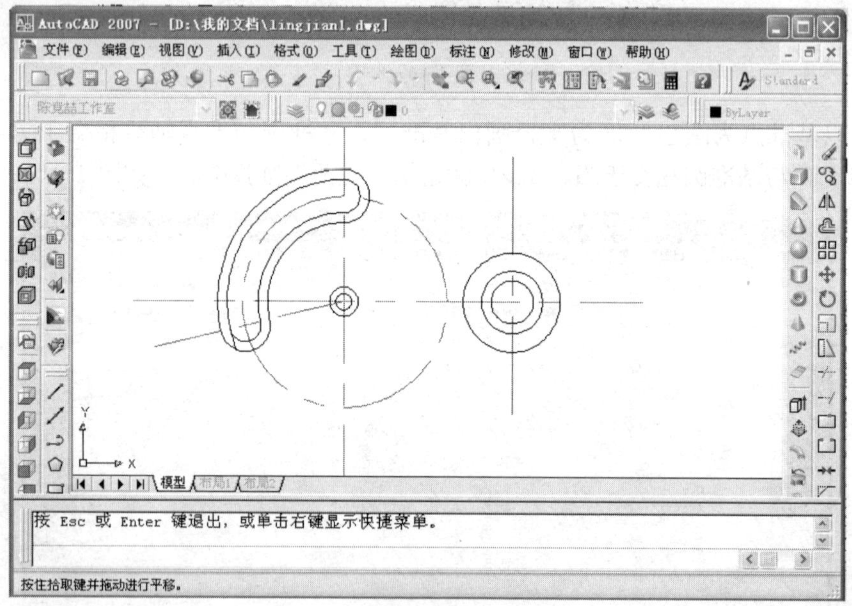

图 4—6—11

(5) 连接主体的轮廓线得到最后的图形：使用标注工具，标注各部位尺寸，如图 4—6—12 所示。

要显示出轮廓线的线宽，需要将窗口最下方状态栏的“线宽”按钮按下。

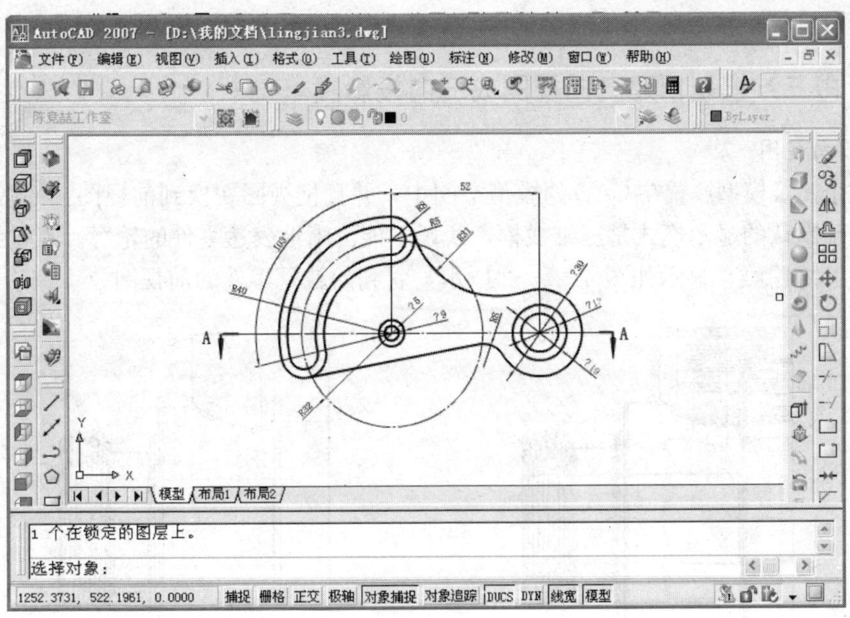

图 4—6—12

（6）根据实体剖切位置画出剖切的剖面图，如图 4—6—13 所示。

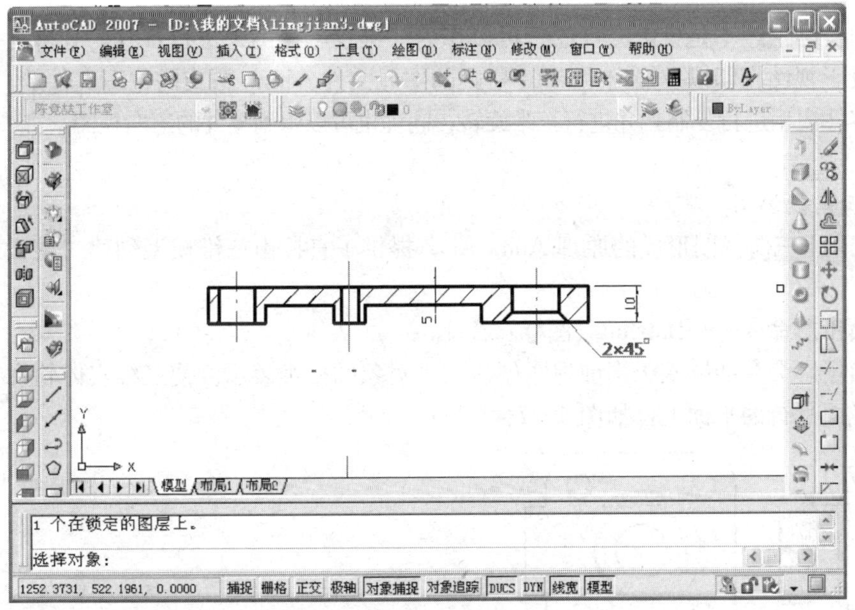

图 4—6—13

第七节 从三维模型创建二维视图

CAD 制图技术的发展使得机械制图的方法越来越灵活、越来越方便，三维模型的建立也变得很容易，三维模型可以直观地表达机械零件的结构几何形状，帮助我们更好地理解零部件的各部位结构，同时也可以由三维模型的各向投影视图创建工程图。使用计算机制图，通过计算机指令可以由三维模型直接创建模型的各向视图以及剖视图、断面图。

一、由三维模型创建三向视图或三向投影图

1. 三向视图

把一个三维模型放置在CAD的模型空间中，并且把视图切换到前视图，如图4—7—1所示。由于默认的显示模式是三维线框，所以不能清晰地表达零件的轮廓。点击视图>视觉样式>三维隐藏，显示如图4—7—2所示，看到的就是零件的前视图。

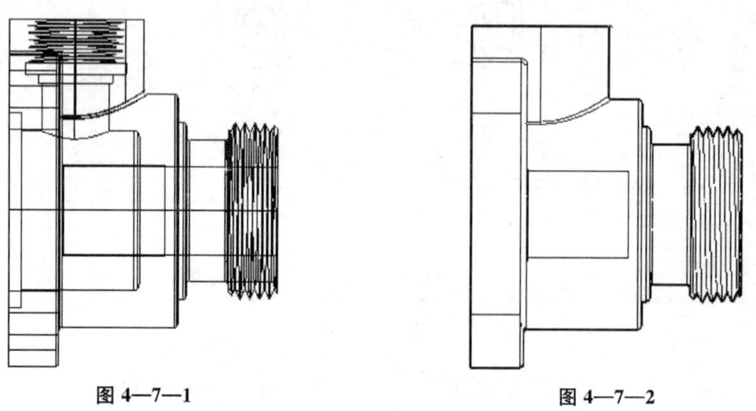

图4—7—1　　图4—7—2

视图实际上还不是投影图，尽管可以作为二维投影视图来进行观察、分析，也可以作为二维投影视图打印以及输出为wmf格式的图元文件、bmp格式的位图文件等。

将零件模型进行复制，并进行三维旋转，同理也可以得到零件的三向视图，如图4—7—3所示。

2. 三向投影图

根据以上三向视图形成的原理AutoCAD，提供了直接由三维模型创建二维投影视图的工具。

平面投影命令——flatshot（图标：）。

平面投影命令能够基于当前视图创建三维对象的二维表示，使三维实体轮廓被投影到与观察平面平行的平面上，如图4—7—4所示。

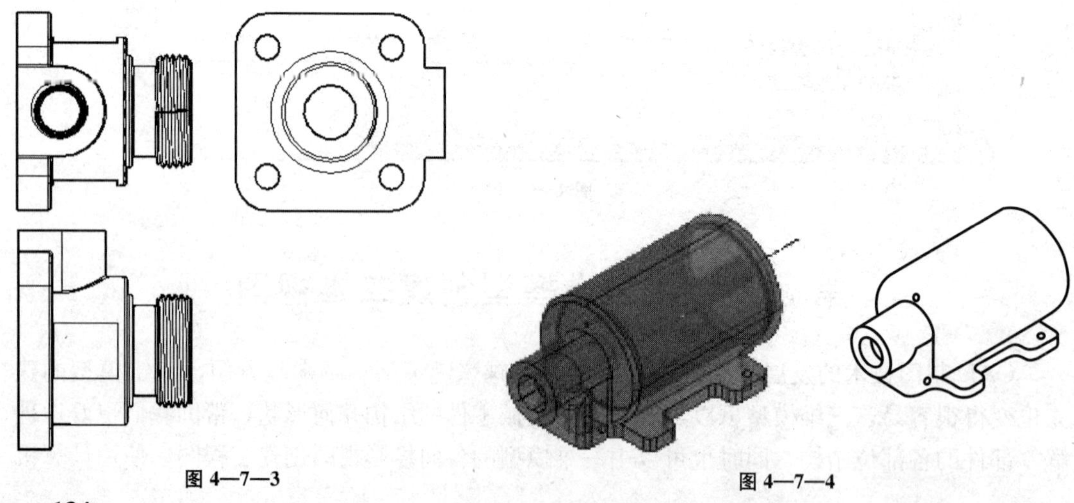

图4—7—3　　图4—7—4

点击平面投影命令图标或在命令栏键入 FLATSHOT↓，弹出平面摄影对话框，如图 4—7—5 所示。

(1) 在目标选项下，有三个单选项：

○ 插入为新块（I）；

○ 替换现有块（R）；

○ 输出到文件（E）。

可任选其一。

选取插入为新块，生成的投影视图见插入当前图形窗口，系统会提示插入点、插入比例以及旋转角度。这和插入块的命令一样。

(2) 在前景线（当前视图可见轮廓线）选项下，设置线型颜色；应设置为标准的粗实线。

(3) 在“暗显直线”选项下，设置不可见轮廓线线型颜色。*

▢ 显示：该选项如果不选，将不会显示不可见轮廓线；

▢ 包括相切的边：该选项中“相切的边”指的是面与面相交的交线。

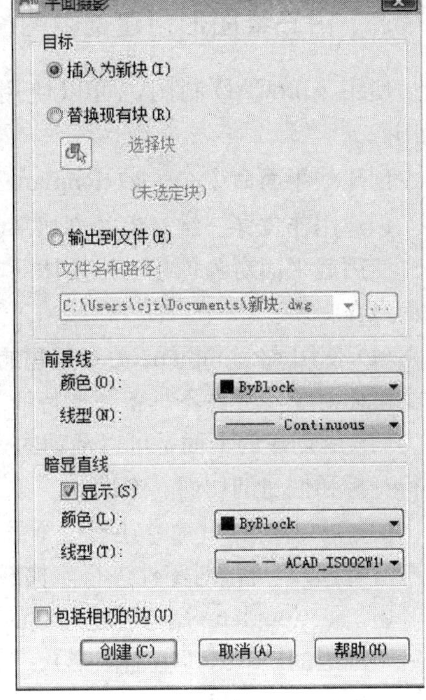

图 4—7—5

设置完毕按下“创建”按钮。

3. 使用 flatshot 命令的注意事项

(1) flatshot 命令的执行对象是当前视图中的所有三维对象，所以在这个命令下没有选择对象的选项。

(2) flatshot 命令执行的结果是二维的图形：“块”，需要进行编辑时需要执行“块”编辑命令。

(3) 创建的二维图形块具有基点属性，其基点是（0，0）。

(4) 在主视图、俯视图及左视图等正投影空间获得的投影视图均为对应的投影平面投影视图；而在角视图空间获得的投影视图仅为前视图投影平面上的投影视图，如图 4—7—6 所示。

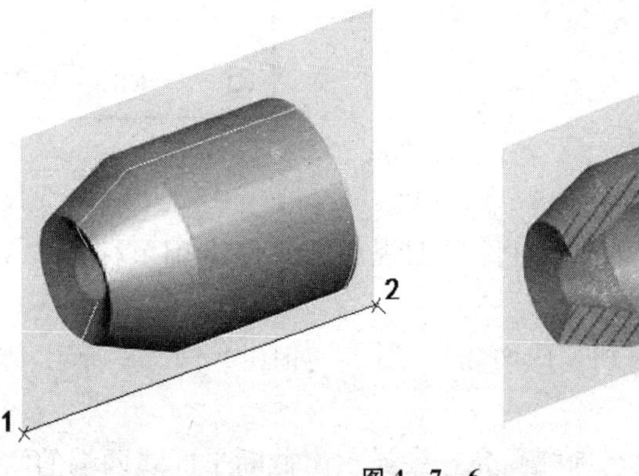

图 4—7—6

* AutoCAD 2010 版本中此选项的名称“暗显直线”属于翻译错误，实际上应为“不可见轮廓线”。

二、由三维图形创建剖视图

使用 AutoCAD 制图，可以使用截平面命令轻而易举地从三维图形直接创建剖视图。

创建截平面命令——sectionplane（图标：）

创建用作贯穿三维对象的剖切平面的截面对象。

使用截平面对象创建三维实体的截面，使用带有截面对象的活动截面分析模型，并将截面另存为块。

（1）使用 sectionplane 命令创建的对象是平面对象，这个平面对象可以用来创建截面，这个平面对象本身并不具备图形特征。

（2）所创建的平面是可以活动的，可以移动位置、旋转角度，以便对零件的任意位置进行分析和创建剖切面、断面。

（3）sectionplane 命令还有一个派生命令 sectionplanejog，可以在创建平面对象时添加折弯（阶梯），可以对零件进行阶梯剖，如图 4—7—7 所示。

（4）sectionplane 命令创建的截面可以用来创建三维模型的截面，所创建的截面可以是一个二维的块（二维截面图形），也可以是一个三维的块（三维模型剖切视图）。在创建以前由用户自行设置。

（5）所创建的对象显示的线型和颜色在创建以前由用户自行设置。

（6）创建的块可以以任何角度及任何比例插入当前视图，也可以另存为文件，如图 4—7—8 所示。

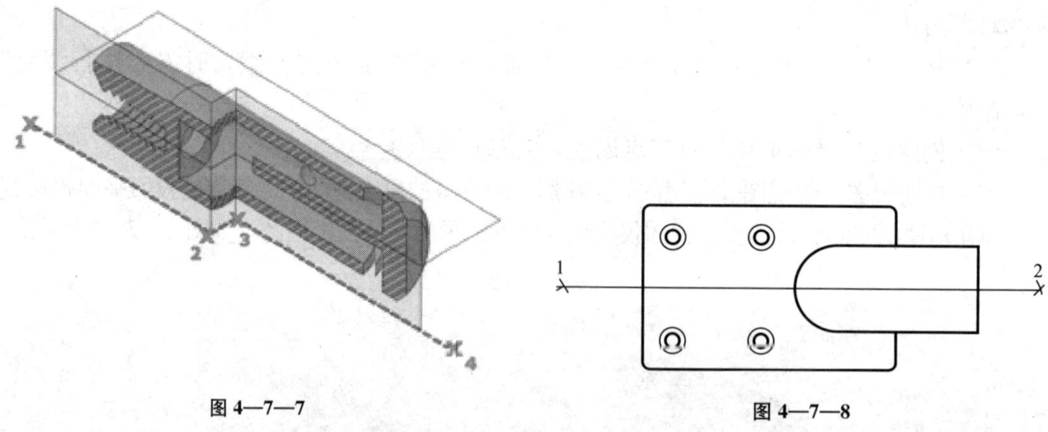

图 4—7—7　　图 4—7—8

点击 sectionplane 命令，在三维机件模型视图的平面上用鼠标指定 1、2 两点创建一个垂直于当前投影面的截平面。

这时我们如果把视图切换到“西南角”视图，如图 4—7—8 所示，就可以看到截断平面。

点取截断平面线，使截断平面线高亮，会显示出截断平面线两端的两个夹点和一个方向箭头。

靠近方向箭头的夹点是截断平面的基点，拾取这个夹点可以平行地移动截断平面。另一个夹点为截断平面的终点，拾取终点可以拉伸或缩短截断平面，平行移动终点可以使截断平面绕基点转动，竖直移动终点可以改变截断平面形状。

方向箭头指示剖切方向，点击方向箭头可以改变剖切方向。

在图 4—7—9 的状态下点击创建块命令（sectionplanetoblock），如图 4—7—10 所示，打开对话框，如图 4—7—11 所示。

在对话框中选取三维截面，按下“创建”按钮。

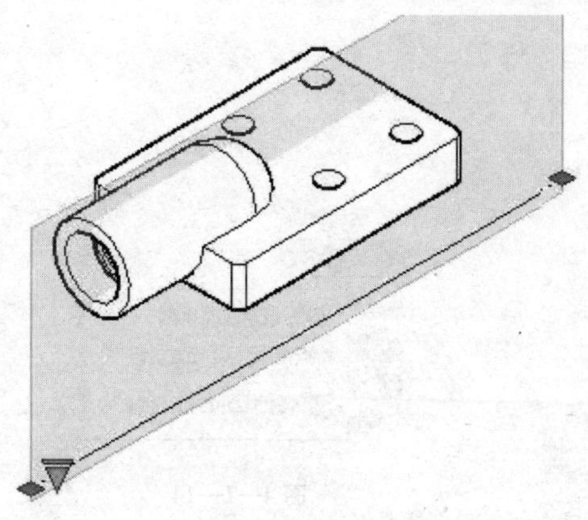

图 4—7—9

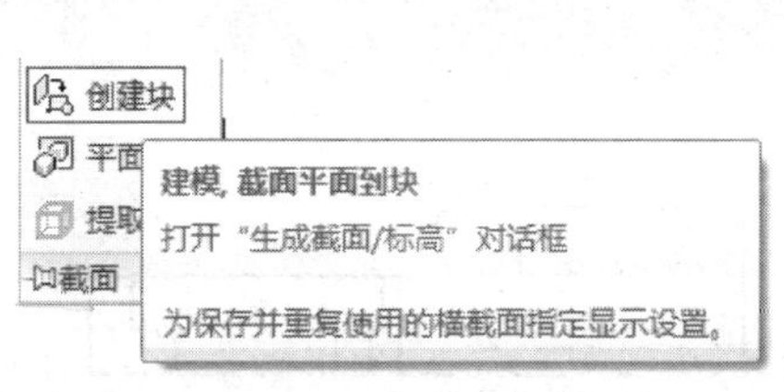

图 4—7—10

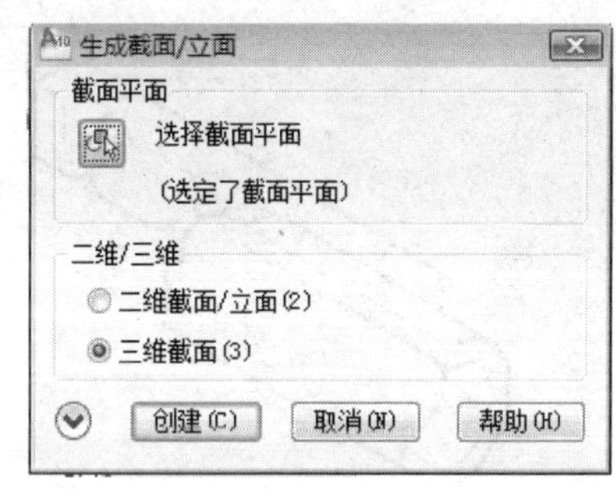

图 4—7—11

创建出机件的剖切视图，并且提示执行插入命令，如图 4—7—12 所示。

切换到前视图，并执行 flatshot 平面投影命令就可以得到二维的剖面视图，如图 4—7—13 所示。

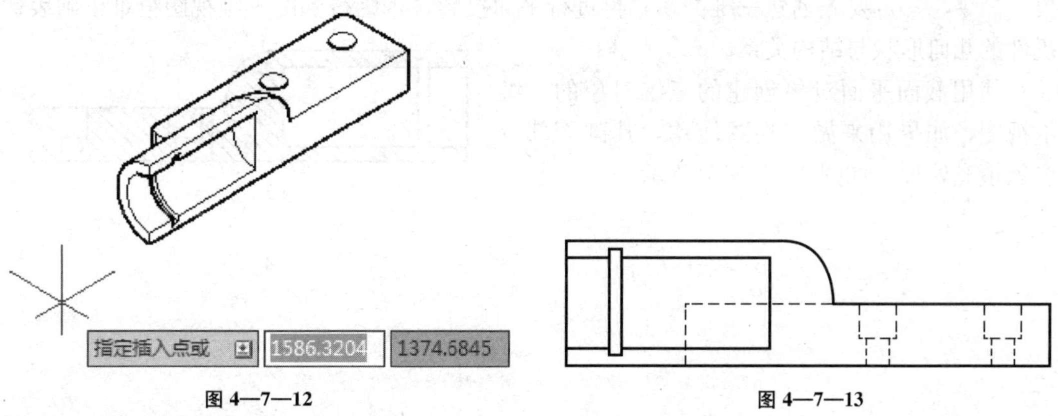

图 4—7—12　　图 4—7—13

如图 4—7—14 所示，点取命令组中的添加折弯命令（sectionplanejog），按照提示选择截断面线需要折弯的点（提示：需要将状态栏的“捕捉”开关打开，否则很难准确地选择到需要的点），并适当调整截断面的位置，如图 4—7—15 所示。

执行创建块命令（sectionplanetoblock），将创建的剖切视图插入当前视图，如图 4—7—16（a）所示。

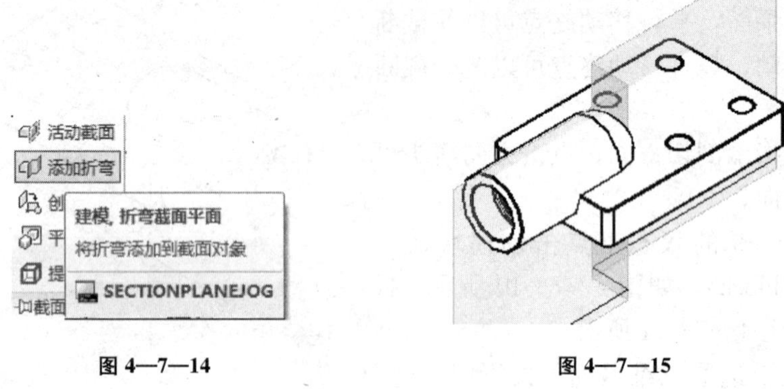

图 4—7—14　　图 4—7—15

执行 flatshot 平面投影命令，得到新的二维阶梯剖剖视图，如图 4—7—16（b）所示。

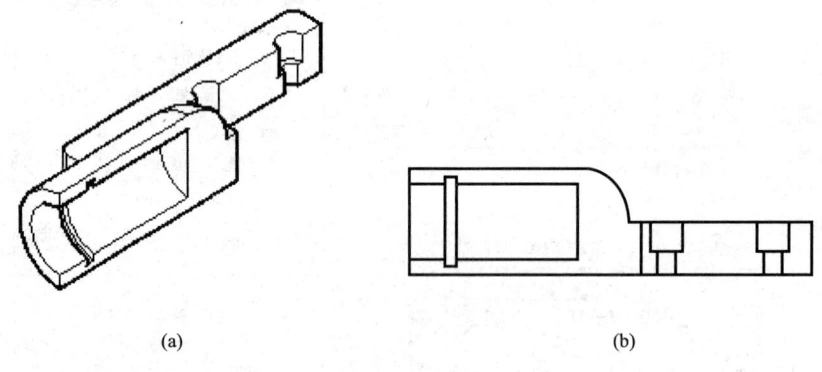

(a)　　(b)

图 4—7—16

在使用截面平面对象创建三维对象的二维剖视图时，注意不要直接使用 flatshot 平面投影命令，一定要先创建三维剖切，再进行平面投影，否则得到的二维视图很难正确表达机件的几何形状与结构关系。

使用截面平面对象创建的三维对象的二维剖视图，如果用来做工程图使用，其剖面部分要做填充处理，如图 4—7—17 所示。

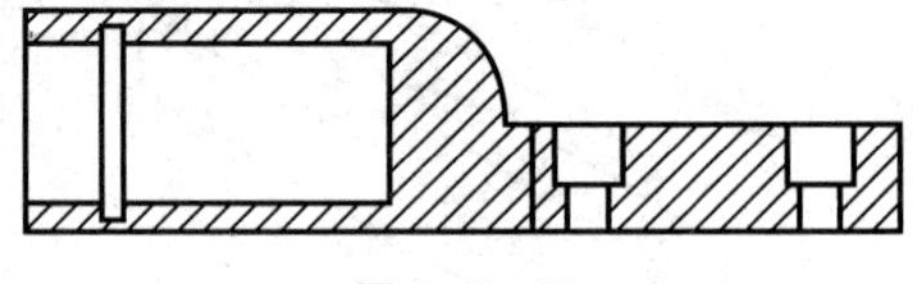

图 4—7—17

第五章　零　件　图

第一节　零件图的内容

零件是组成机器或部件的基本单位，如图 5—1—1 所示。零件图是用来表示零件结构形状、大小及技术要求的图样，是直接指导制造和检验零件的重要技术文件。

图 5—1—1

在机械设计、生产以及应用维修过程中机械零件成为机器或部件中的基本单元，除标准件外，其余零件，一般均应绘制零件图。

一、零件图的内容

零件图作为信息交流的独立文件，或者作为零件档案保管，应包含以下内容：

1. 图形

用一组视图（包括视图、剖视图、断面图等），完整、清晰和简便地表达一个零件的结构形状。

图 5—1—2 是一个在车床上用于固定加工件的“顶尖”，要完整地表达它的几何形状，可以使用图 5—1—3 的视图进行表达。

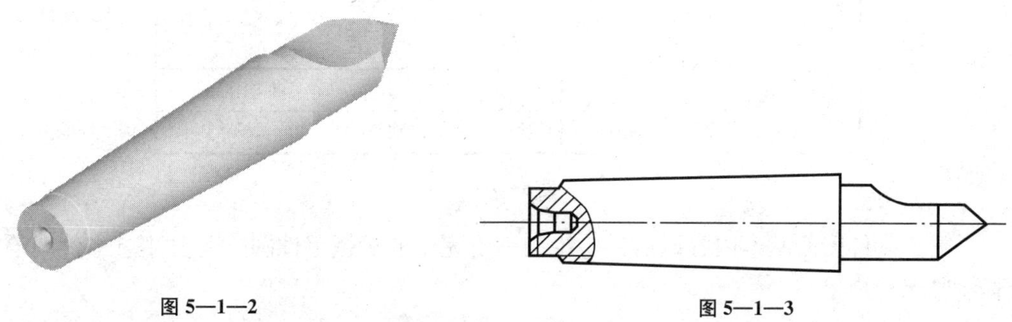

图 5—1—2　　　　图 5—1—3

2. 尺寸

在零件图中不单要表达零件的几何形状，还要表达出零件的几何尺寸；用一组尺寸，完整、清晰和合理地标注出零件的结构形状及其相互位置，如图 5—1—4 所示。

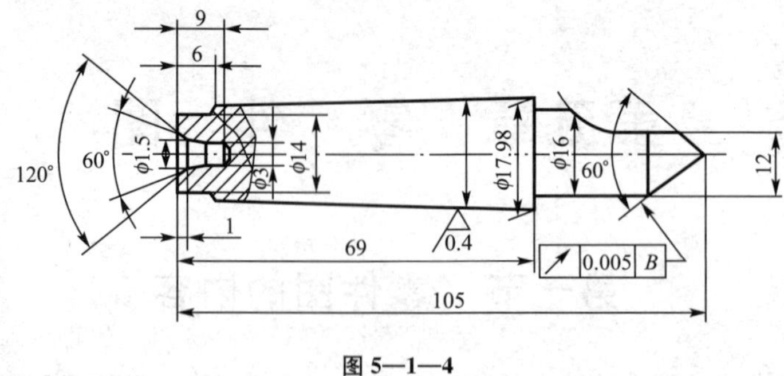

图 5—1—4

3. 技术要求

用一些规定的符号和文字，简明地给出零件在制造、检验和使用时应达到的技术要求。

4. 标题栏内容

用标题栏填写出零件的名称、材料、图样的比例、制图人与校核人的姓名和日期等，如图 5—1—5 所示。

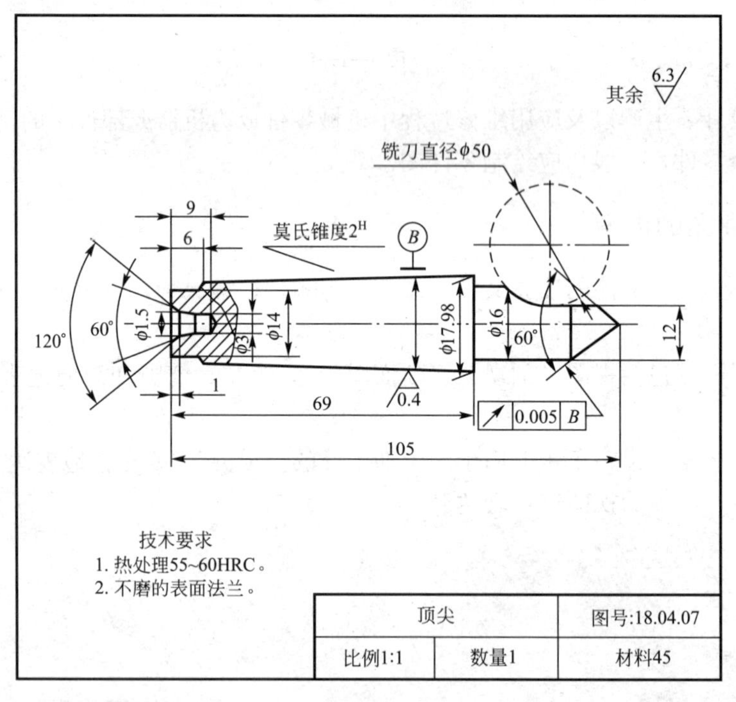

图 5—1—5

了解了零件图的基本内容以后，要绘制一份完整的机械零件图，还要注意零件图绘制的其他要求和规定。

二、零件图中的主视图

主视图是零件视图中最重要的视图，正确地选择零件的主视图关乎能否清楚表达零件图内容；选择零件图的主视图时，一般应从零件主视图的投射方向和零件的摆放位置两方面来考虑，如图 5—1—6 所示。

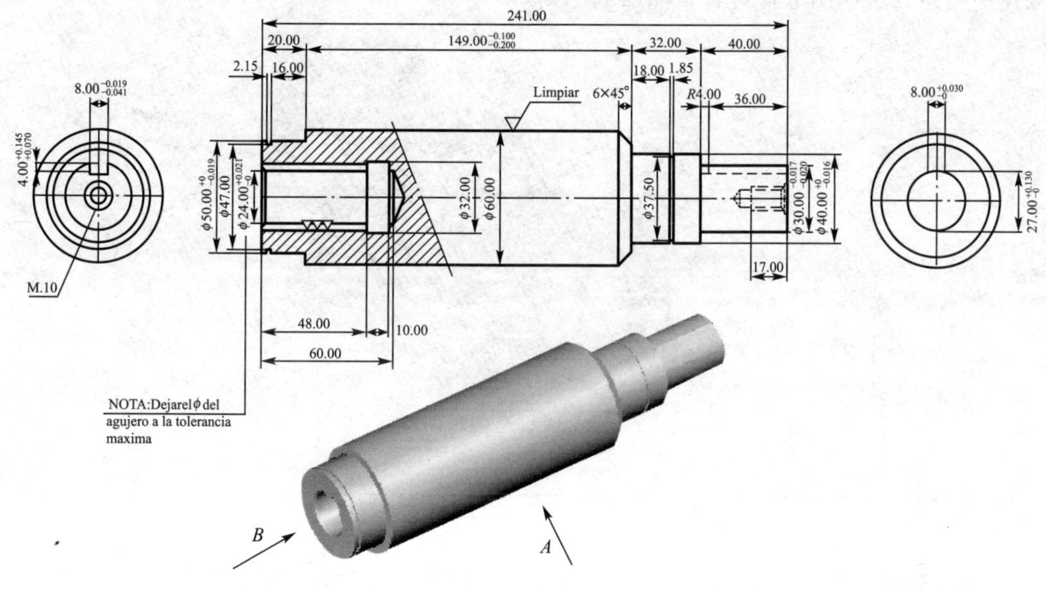

图 5—1—6

1. 选择主视图的投影方向

在选择主视图的投影方向时应遵循形体特征原则：所选择的投射方向所得到的主视图应最能直接反映零件的形状特征。

如图 5—1—6 所示，一般情况下应选择 A 向投影为主视图。

2. 选择主视图的位置

当零件主视图的投射方向确定以后，还需确定主视图的位置。所谓主视图的位置，即是零件的摆放位置。一般分别从以下几个原则来考虑：

(1) 工作位置原则。所选择的主视图的位置，应尽可能与零件在机械或部件中的工作位置相一致，如图 5—1—7 所示。

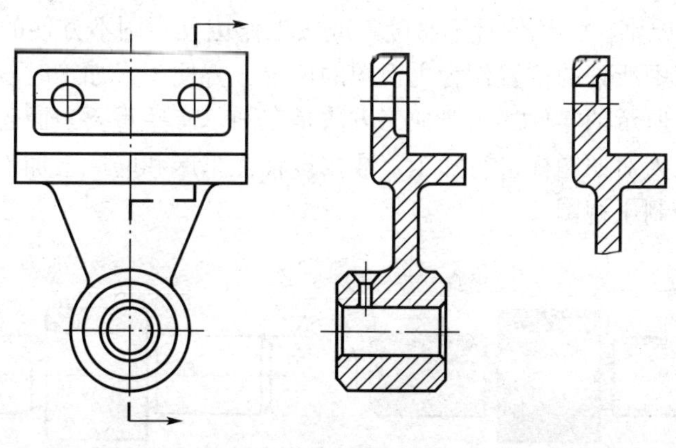

图 5—1—7

（2）自然摆放稳定原则。如果零件为运动件，工作位置不固定，或零件的加工工序较多，其加工位置多变，则可按其自然摆放平稳的位置作为画主视图的位置。图 5—1—8 中减速器箱体的主视图选择符合自然摆放原则。

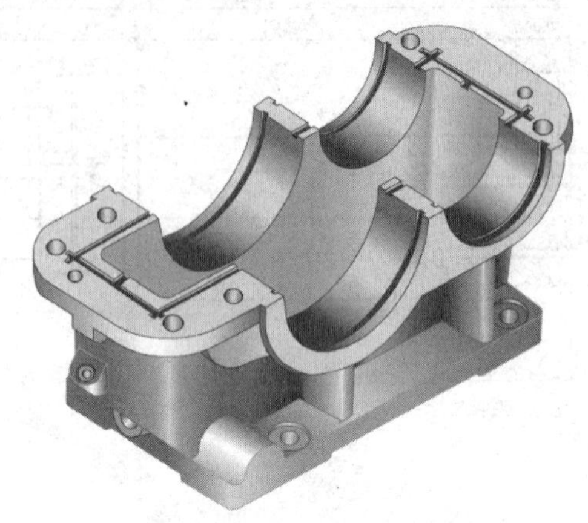

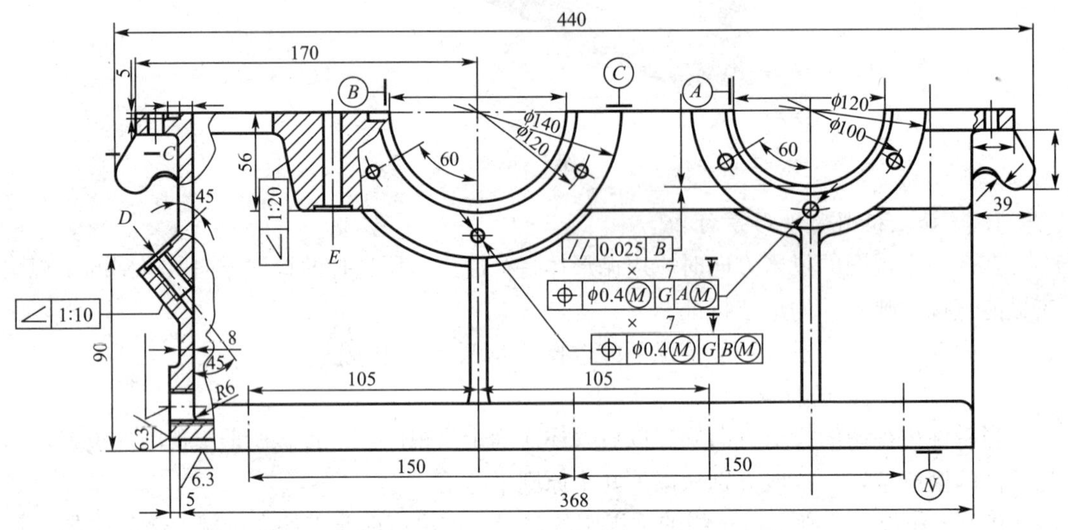

图 5—1—8

（3）加工位置原则。工作位置不易确定或按工作位置画图不方便的零件，主视图一般按零件在机械加工中所处的位置作为主视图的位置，方便工人加工时看图。

如图 5—1—9 所示的零件的主要加工方法是车削，有些重要表面还要在磨床上进一步加工。为了便于工人对照图样进行加工，故按该轴在车床和磨床上加工时所处的位置（轴线侧垂放置）来绘制主视图。

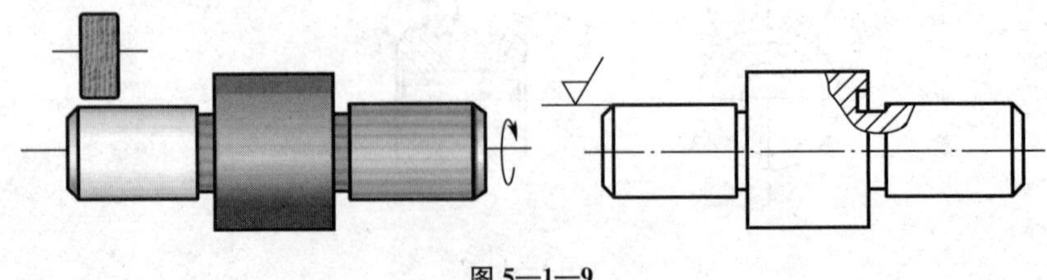

图 5—1—9

三、零件图其他视图的选择

对于简单的轴、套、球类零件，一般只用一个视图，再加所注的尺寸，就能把其结构形状表达清楚，如图 5—1—10 所示。

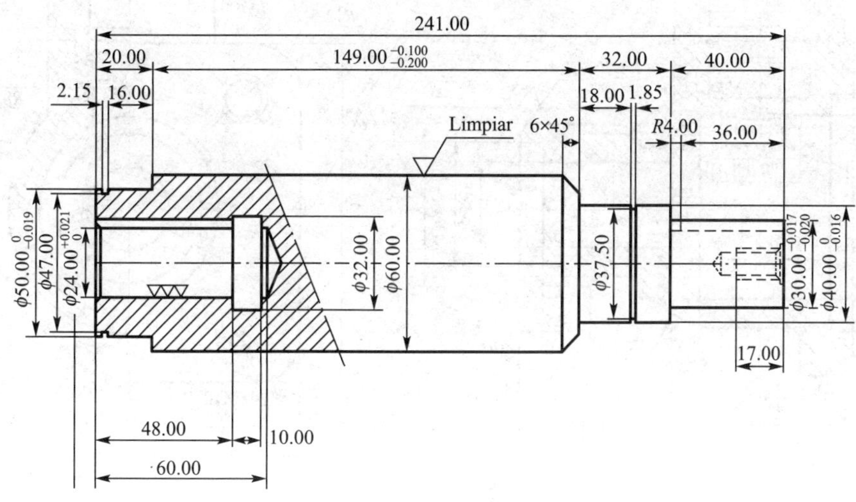

图 5—1—10

对于一些较复杂的零件，一个主视图是很难把整个零件的结构形状表达完全的。一般在选择好主视图后，还应选择适当数量的其他视图与之配合，才能将零件的结构形状表达清楚。一般应优先选用左、俯视图，然后再选用其他视图。必要时也可选用斜视图如图 5—1—11。

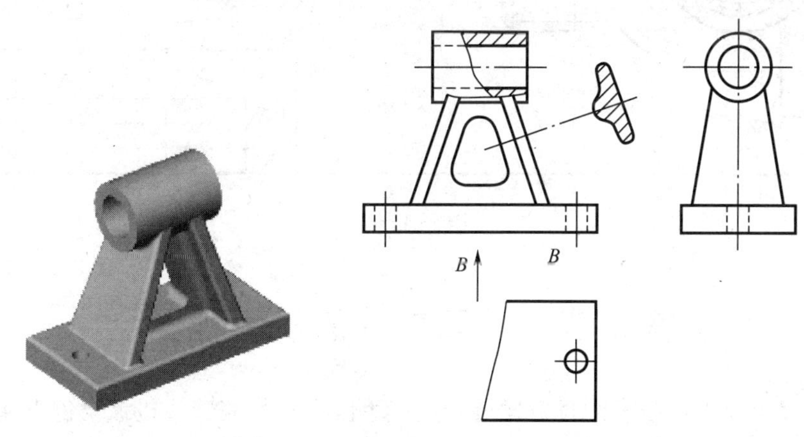

图 5—1—11

一个零件需要多少视图才能表达清楚，只能根据零件的具体情况分析确定。考虑的一般原则是：在保证充分表达零件结构形状的前提下，尽可能使零件的视图数目为最少。应使每一个视图都有其表达的重点内容，具有独立存在的意义。图 5—1—12 所示为一个完整的零件图。

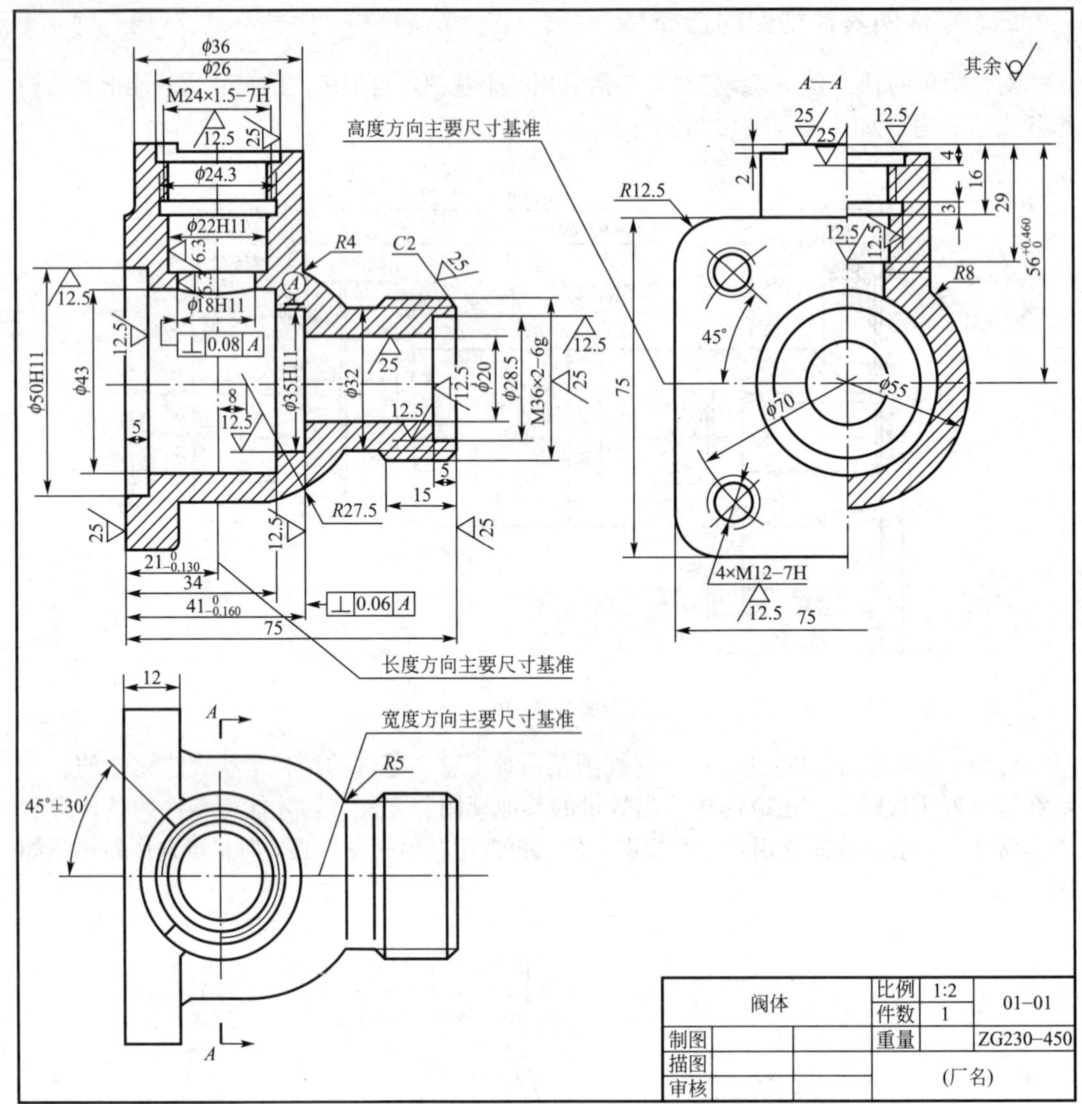

图 5—1—12

第二节　常见零件的投影视图

随着现代工业生产技术的日益发展，生产手段也日趋完善，机械设备也随着性能的提高变得更为复杂。为了便于分析掌握，在机械工程制图中根据零件的外部特征以及加工工艺特征，把一些常见的零件分成五种类型：轴套类、轮盘类、叉架类和箱壳类。

一、轴套类零件

轴套类零件包括各种轴、丝杆、套筒、衬套等，如图 5—2—1 所示。

图 5—2—1

轴套类零件一般主要在车床和磨床上加工，为便于操作人员对照图样进行加工，通常：选择垂直于轴线的方向作为主视图的投射方向。按加工位置原则选择主视图的位置，即将轴类零件的轴线侧垂放置。

一般只用一个完整的基本视图（即主视图）即可把零件上各回转体的相对位置和主要形状表示清楚，如图 5—2—2 所示。

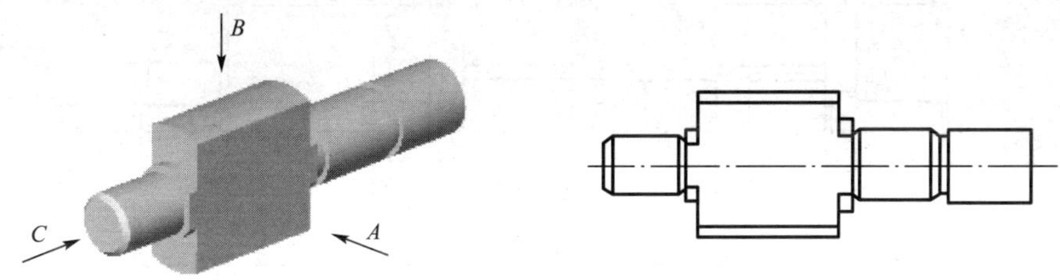

图 5—2—2

常用局部视图、局部剖视、断面、局部放大图等补充表达主视图中尚未表达清楚的部分，如图 5—2—3 和图 5—2—4 所示。

图 5—2—3

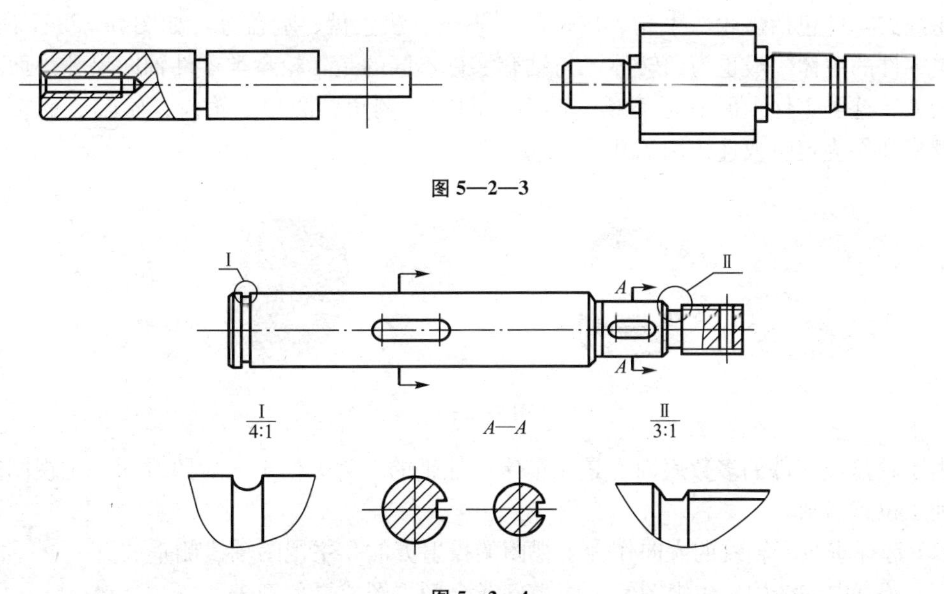

图 5—2—4

空心套类零件中由于多存在内部结构，一般采用全剖、半剖或局部剖绘制，如图 5—2—5 所示。

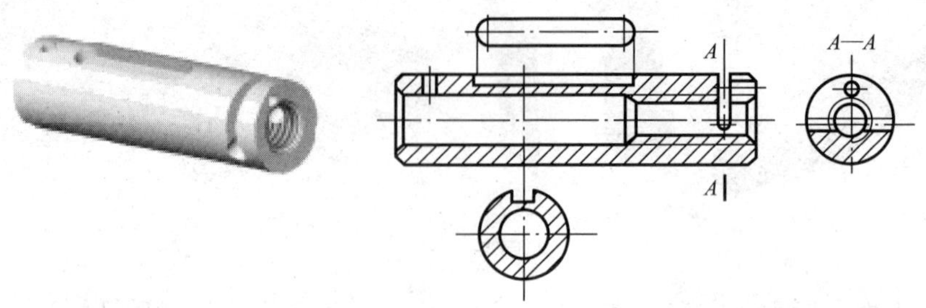

图 5—2—5

对于形状简单而轴向尺寸较长的部分常断开后缩短绘制，如图 5—2—6 所示。

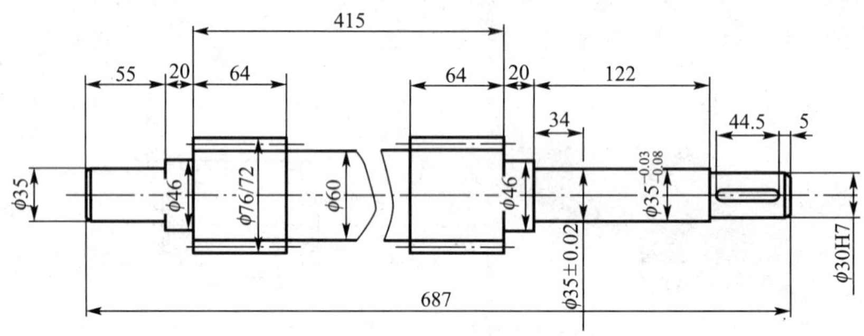

图 5—2—6

二、轮盘类零件

轮盘类零件包括齿轮、手轮、皮带轮、飞轮、法兰盘、端盖等，如图 5—2—7 所示。轮盘类零件的主体一般也为回转体，与轴套零件不同的是，轮盘类零件轴向尺寸小而径向尺寸较大。这类零件上常有退刀槽、凸台、凹坑、倒角、圆角、轮齿、轮辐、筋板、螺孔、键槽和作为定位或连接用的孔等结构。

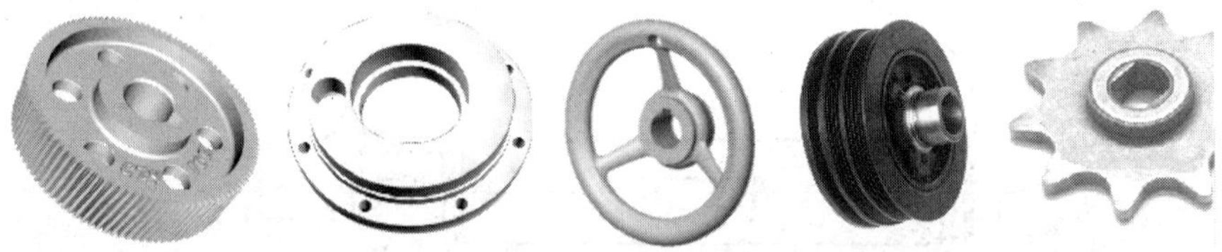

图 5—2—7

由于轮盘类零件的多数表面也是在车床上加工的，为方便工人对照看图，主视图往往也按加工位置摆放。

(1) 选择垂直于轴线的方向作为主视图的投射方向，主视图轴线侧垂放置。

(2) 若有内部结构，主视图常采用半剖或全剖视图或局部剖表达。

(3) 一般还需用左视图或右视图表达轮盘上连接孔或轮辐、筋板等的数目和分布情况。

(4) 还未表达清楚的局部结构，常用局部视图、局部剖视图、断面图和局部放大图等补充表达。

图 5—2—8 是车床上的手轮，选择主、左两个基本视图；主视图使用了简化剖切视图（筋板部分不剖），并用一个移出断面来表示；对轮缘部分使用一个 2∶1 的局部放大图补充表达轮辐的断面形状和轮辐与轮缘的连接情况。

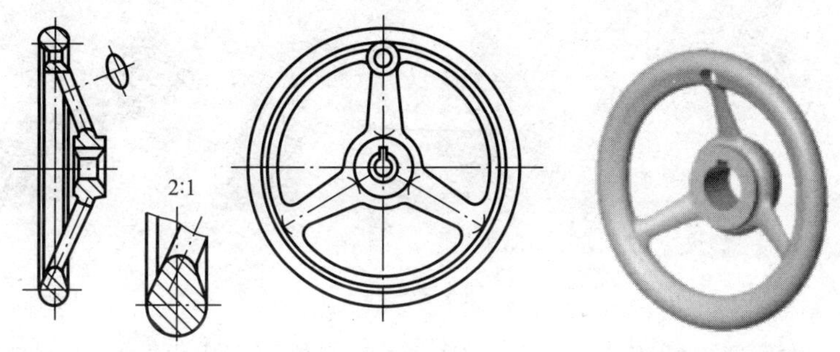

图 5—2—8

在 CAD 环境下绘制较复杂的轮盘类的二维图形时，要注意将零件图形、尺寸标注以及技术要求等分图层绘制。

分层绘制可以减少单一图层中的图元数量，避免编辑时选取对象的困难。

在分析零件图形时也可以通过图层管理器来关闭一些图层，隐藏一些和图形无关的线条，从而更加清晰地分析零件，也不必画更多的视图。

如图 5—2—9 所示，使用图层管理器关闭了所有尺寸标注。

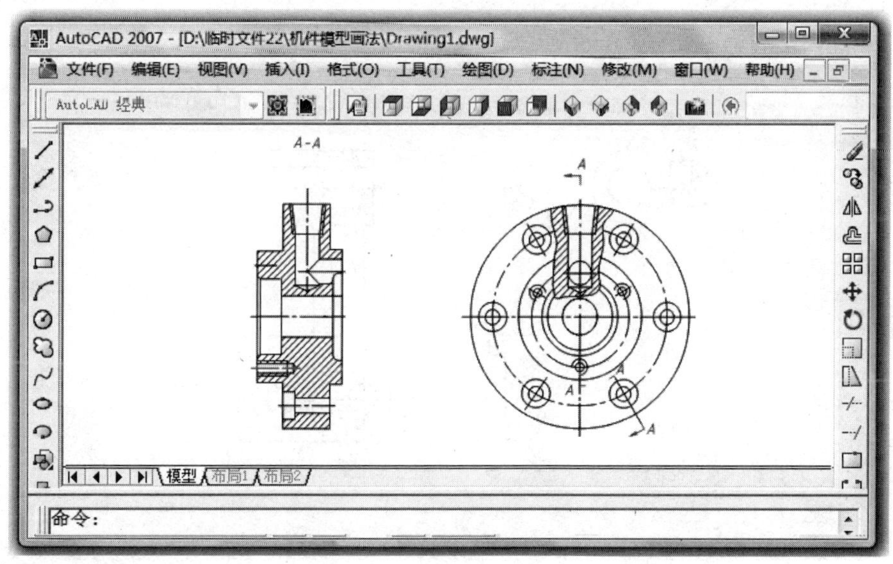

图 5—2—9

三、叉架类零件

叉架类零件结构形状大都比较复杂，且相同的结构不多。这类零件多数由铸造或模锻制成毛坯后，经必要的机械加工而成，如图 5—2—10 所示。这类零件上的结构，一般可分为工作部分和联系部分。工作部分指该零件与其他零件配合或连接的套筒、叉口、支承板、底板等。联系部分指将该零件各工作部分联系起来的薄板、筋板、杆体等。零件上常具有铸造或锻造圆角、拔模斜度、凸台、凹坑或螺栓过孔、销孔等结构。

图 5—2—10

这类零件工作位置有的固定，有的不固定，加工位置变化也较大，一般采用下列表达方法：

（1）将最能反映零件形状特征的方向作为主视图的投射方向。将自然摆放位置或便于画图的位置作为零件的摆放位置。

（2）除主视图外，一般还需 1～2 个基本视图才能将零件的主要结构表达清楚。

（3）常用局部视图或局部剖视图表达零件上的凹坑、凸台等结构。

（4）筋板、杆体等连接结构常用断面图表示其断面形状。

（5）一般用斜视图表达零件上的倾斜结构。

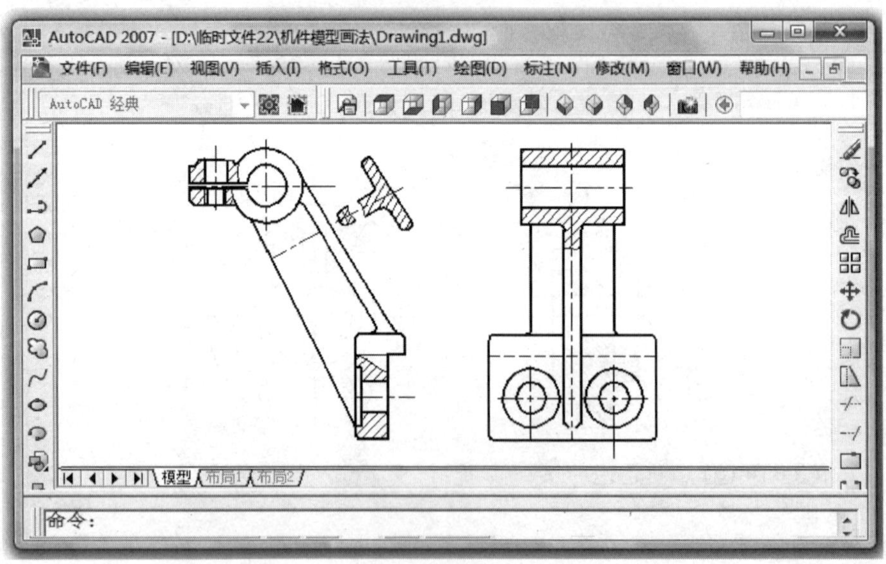

图 5—2—11

四、箱壳类零件

箱壳类零件包括箱体、外壳、座体等，如图 5—2—12 所示。箱壳类零件是机器或部件上的主体零件之一，其结构形状往往比较复杂。

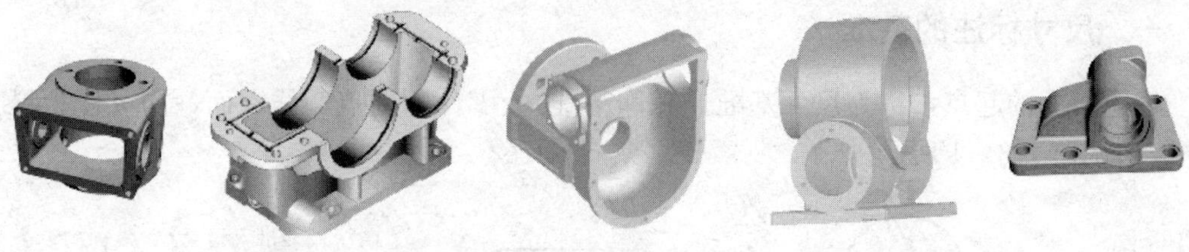

图 5—2—12

选用视图来表达这一类零件时应注意：

(1) 通常以最能反映其形状特征及结构间相对位置的一面作为主视图的投射方向。以自然安放位置或工作位置作为主视图的摆放位置（即零件的摆放位置）。

(2) 一般需要两个或两个以上的基本视图才能将其主要结构形状表示清楚。

(3) 一般要根据具体零件选择视图、剖视图、断面图来表达其复杂的内外结构。

(4) 往往还需局部视图或局部剖视或局部放大图来表达尚未表达清楚的局部结构。

如图 5—2—13 所示为减速箱箱体的视图。

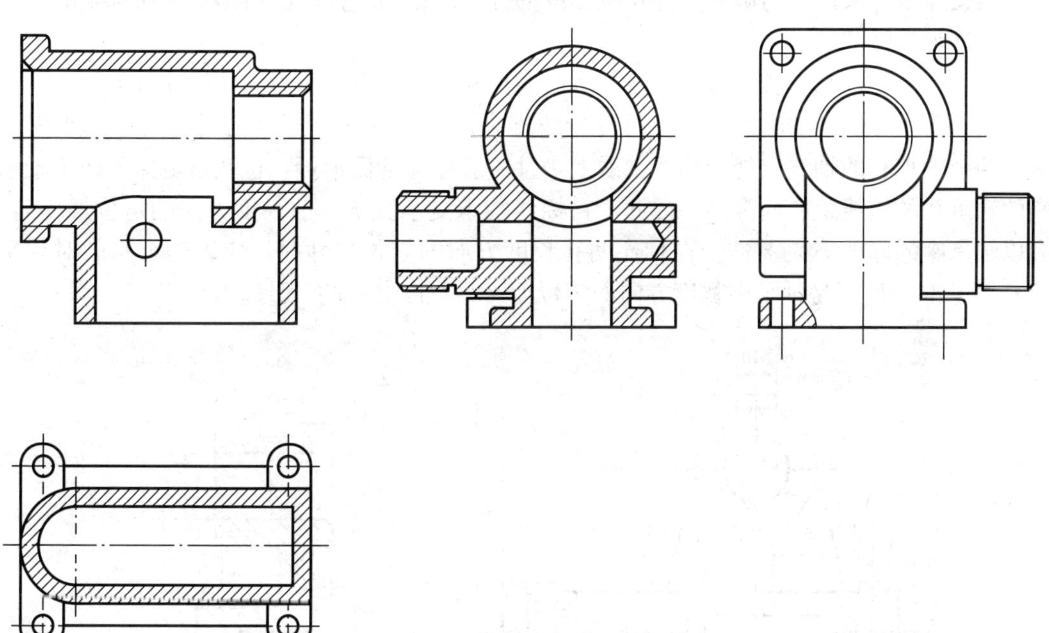

图 5—2—13

第三节　零件图的尺寸标注

尺寸标注的准确性直接影响到零件的生产加工。对于通过图形来清楚表达零件尺寸，还必须做到尺寸标注的合理性，就是要求图样上所标注的尺寸既要符合零件的设计要求，又要符合生产实际，便于加工和测量，并有利于装配。

一、尺寸标注的基准

标注尺寸的起点，称为尺寸基准（简称基准）。零件上的点、线、面，均可作为尺寸基准，如图 5—3—1 所示。

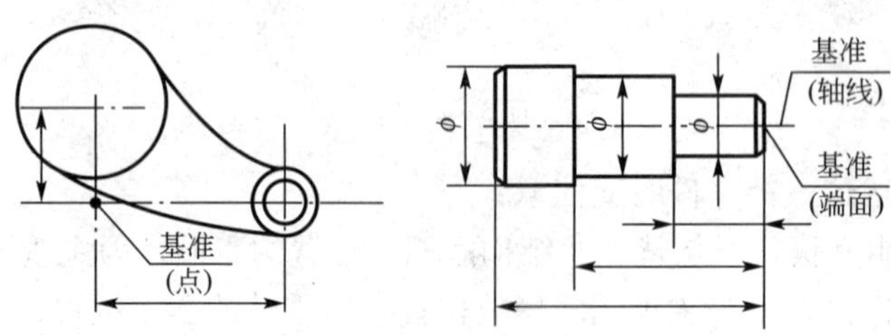

图 5—3—1

从设计和工艺角度可把基准分成设计基准和工艺基准两类。

1. 设计基准

从设计角度考虑，为满足零件在机器或部件中对结构、性能的特定要求而选定的一些基准，称为设计基准。

任何一个零件都有长、宽、高三个方向的尺寸，也应有三个方向的尺寸基准。

图 5—3—2 所示的轴承座，从设计的角度来研究，一根轴通常需要有两个轴承来支承，两个轴承孔的轴线应处于同一轴线上，且一般应与基面平行，也就是要保证两个轴承座的轴承孔的轴线距底面等高。因此，在标注轴承支承孔 $\phi16$ 的高度方向的定位尺寸时，应以轴承座的底面 B 为基准。在标注两孔长度方向的定位尺寸时，应以轴承座的对称平面 C 为基准。D 面是轴承座宽度方向的定位面，是宽度方向的设计基准。

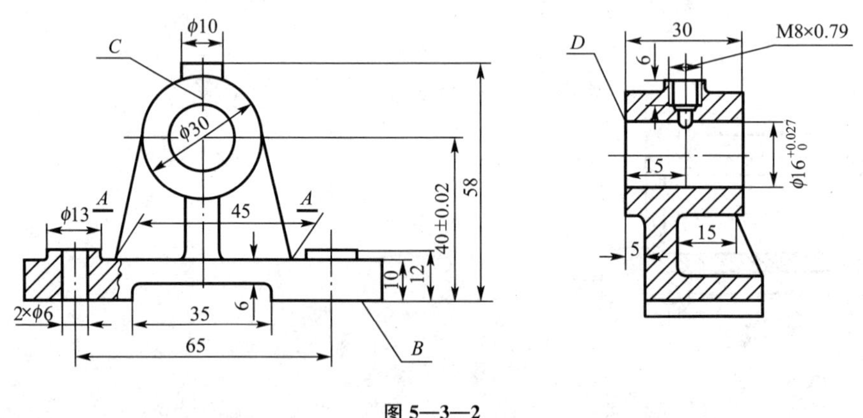

图 5—3—2

2. 工艺基准

从加工工艺的角度考虑，为便于零件的加工、测量和装配而选定的一些基准，称为工艺基准。

图 5—3—3 所示为法兰盘，在车床上加工时是以法盘左端面 A 为定位面的，故端面 A 是该法兰盘的轴向工艺基准。

其尺寸标注应当以 A 面为基准，标注如图 5—3—4 所示。

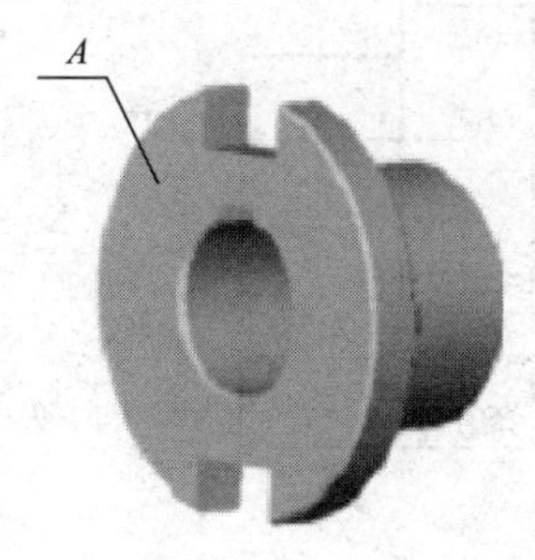

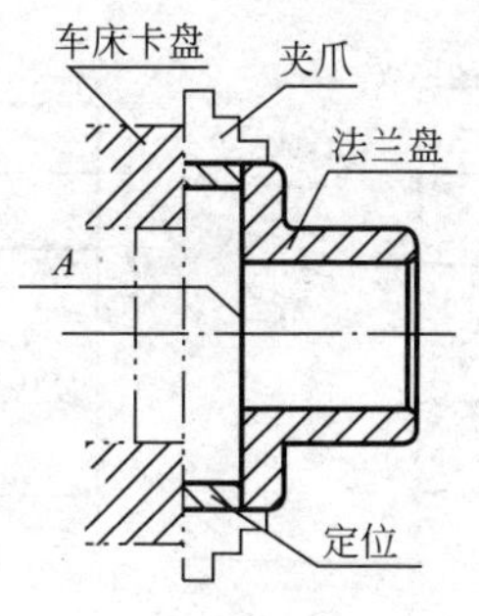

图 5—3—3

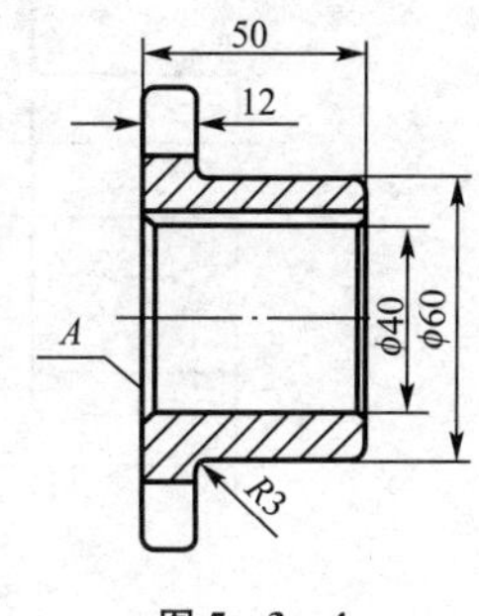

图 5—3—4

3. 尺寸基准

从设计基准标注尺寸时，可以满足设计要求，能保证零件的功能要求，而从工艺基准标注尺寸，则便于加工和测量。实际上有不少尺寸，从设计基准标注与工艺要求并无矛盾，即有些基准既是设计基准也是工艺基准。在考虑选择零件的尺寸基准时，应尽量使设计基准与工艺基准重合，以减少尺寸误差，保证产品质量。图 5—3—2 所示轴承座底面 B，既是设计基准也是工艺基准。

为了满足设计和制造要求，零件上某一方向的尺寸，往往不能都从一个基准注出。如图 5—3—2 所示轴承座高度方向的尺寸，主要以底面 B 为基准注出，而顶部的螺孔深度尺寸 6，为了加工和测量方便，则是以顶面 E 为基准标注的。可见零件的某个方向可能会出现两个或两个以上的基准。在同方向的多个基准中，一般只有一个是主要基准，其他为辅助基准。辅助基准与主要基准之间应有联系尺寸。

零件上凡是影响产品性能、工作精度和互换性的尺寸都是重要尺寸。为保证产品质量，重要尺寸必须从设计基准直接注出，如图 5—3—2 所示。

二、尺寸标注

1. 尺寸标注要注意不能标注为封闭尺寸链

一组首尾相连的链状尺寸称为尺寸链，图 5—3—5 中的 A、B、C、D 尺寸就组成一个尺寸链。组成尺寸链的每一个尺寸称为尺寸链的环。如果尺寸链中所有各环都注上尺寸，如图 5—3—5 所示，这样的尺寸链称封闭尺寸链。

从加工的角度来看，在一个尺寸链中，总有一个尺寸是其他尺寸都加工完后自然得到的。例如在图 5—3—5 中加工完尺寸 A、B 和 D 后，尺寸 C 就自然得到了。这个自然得到的尺寸称为尺寸链的封闭环。

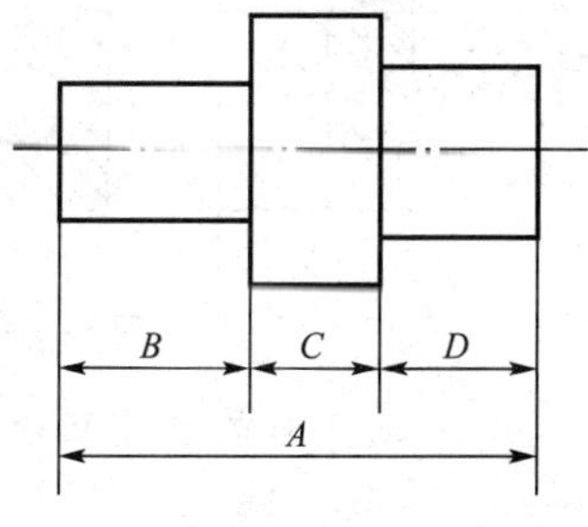

图 5—3—5

在标注尺寸时，应避免形成封闭尺寸链。通常是将尺寸链中最不重要的那个尺寸作为封闭环，不注写尺寸，如图 5—3—6 所示。这样，使该尺寸链中其他尺寸的制造误差都集中到这个封闭环上来，从而保证主要尺寸的精度。

2. 参考尺寸

在零件图上，有时为了使工人在加工时不必计算而直接给出毛坯或零件轮廓大小的参考值，常以“参考尺寸”的形式注出，如图 5—3—7 中所标注的 (50)。

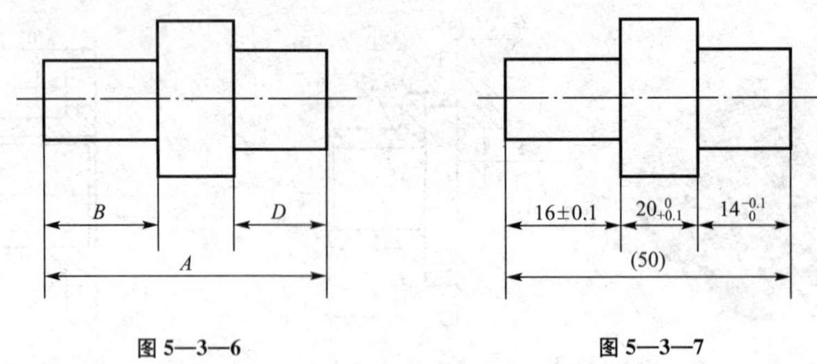

图 5—3—6　　图 5—3—7

3. 按工艺要求标注尺寸

零件上除主要尺寸应从设计基准直接注出外，其他尺寸则应适当考虑按加工顺序从工艺基准标注尺寸，以便工人看图、加工和测量，减少差错。

此外，标注尺寸时还应考虑到所注尺寸，在实际生产过程中测量的方便；同时还要考虑相关的零件所标尺寸是否一致，在绘制成套图纸时这一点尤为重要。

4. 铸造件的尺寸标注

在铸造或锻造零件上标注尺寸时，应注意同一方向的加工表面只应有一个以非加工面作基准标注的尺寸，如图 5—3—8 所示壳体。

5. 零件的外部结构尺寸和内部尺寸宜分开标注（见图 5—3—9）

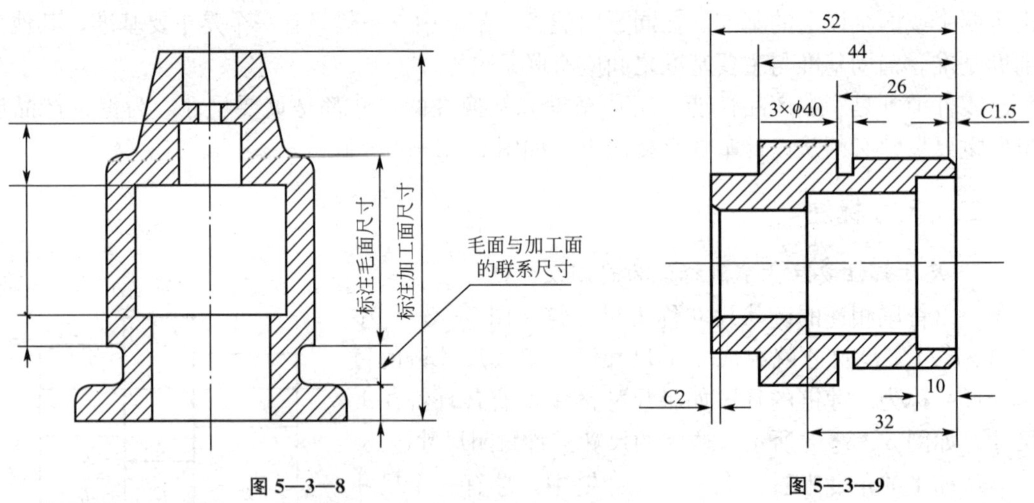

图 5—3—8　　图 5—3—9

6. 不同工种的尺寸宜分开标注（见图 5—3—10）

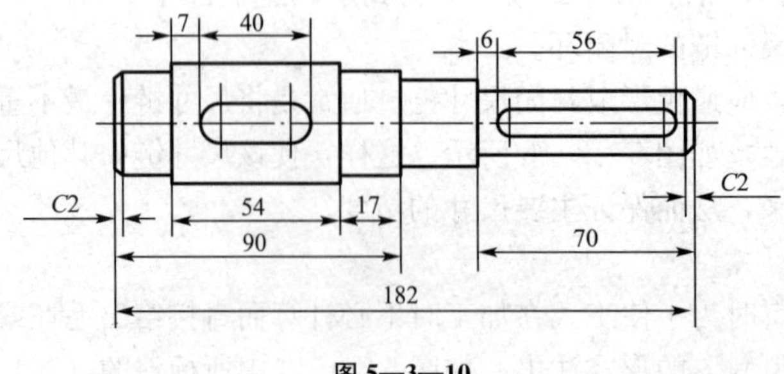

图 5—3—10

第四节 零件图上的技术要求

在零件图上，除了用视图表达出零件的结构形状和用尺寸标明零件的各组成部分的大小及位置关系外，通常还标注有相关的技术要求。

零件图上的技术要求一般有以下几个方面的内容：零件的极限与配合要求；零件的形状和位置公差；零件上各表面的粗糙度；对零件材料的要求和说明；零件的热处理、表面处理和表面修饰的说明；零件的特殊加工、检查、试验及其他必要的说明；零件上某些结构的统一要求，如圆角、倒角尺寸等。

技术要求中，凡已有规定代、符号的，用代、符号直接标注在图上，无规定代、符号的，则可用文字或数字说明书写在零件图的右下角标题栏的上方或左方适当空白处。

一、极限偏差的标注

零件图上，一些重要的尺寸，一般应标注出极限偏差或公差带代号。

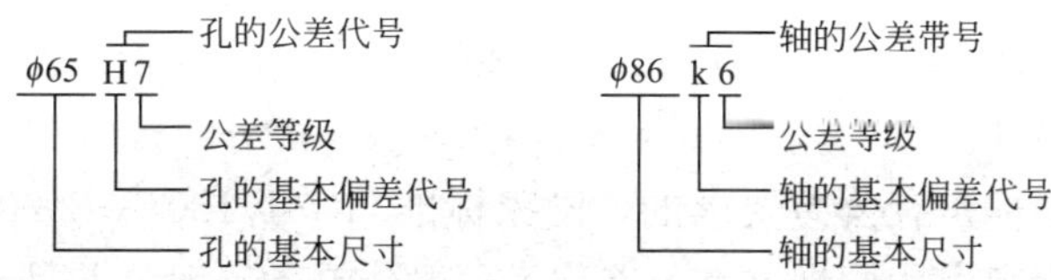

用于中小批量生产的零件图，一般可只标注极限偏差，如图 5—4—1 所示。

用于大批量生产的零件图，可只标注公差带代号。公差带代号的注写形式如图 5—4—2 所示。

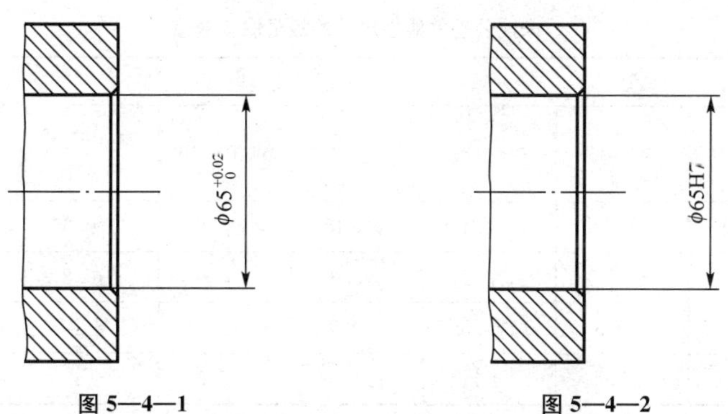

图 5—4—1　　图 5—4—2

标注极限偏差的规则为：

(1) 如要求同时标注公差带代号及相应的极限偏差时，其极限偏差应加上圆括号，如图 5—4—3 所示。

(2) 标注时应注意，上下偏差绝对值不同时，偏差数字用比基本尺寸数字小一号的字体书写，下偏差应与基本尺寸注在同一底线上。

(3) 如图 5—4—4 所示：

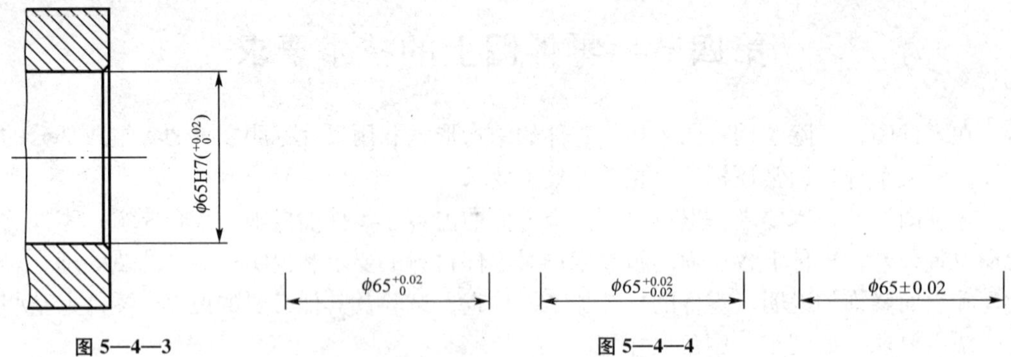

图 5—4—3　　　　图 5—4—4

1）若某一偏差为零时，数字“0”不能省略，必须标出，并与另一偏差的整数个位对齐；

2）下偏差与基本尺寸注在同一底线上；

3）若上下偏差绝对值相同符号相反时，则偏差数字只写一个，并与基本尺寸数字字号相同。

二、一般公差线性尺寸的未注公差

在零件图上只标注基本尺寸而不标注极限偏差的尺寸称为未注公差尺寸，这类尺寸主要用于某些非配合尺寸。

未注公差尺寸同样是有公差要求的，国家标准 GB/T 1804—2000 对这类尺寸的极限偏差作了较简明的规定，我们把这类公差称为一般公差。一般公差是普通工艺条件下的经济加工精度。

一般公差线性尺寸的未注公差按表 5—4—1 所示未注公差的线性尺寸的极限偏差数值和表 5—4—2 所示未注公差的倒圆半径与倒角高度尺寸的极限偏差数值处理。

表 5—4—1　　未注公差的线性尺寸的极限偏差数值

公差等级	尺寸分段							
	0.5～3	>3～6	>6～30	>30～120	>120～400	≫400～1000	>1 000～2 000	>2 000～4 000
精密级	±0.05	±0.05	±0.1	±0.15	±0.2	±0.3	±0.5	—
中等级	±0.1	±0.1	±0.2	±0.3	±0.5	±0.8	±1.2	±2
粗糙级	±0.2	±0.3	±0.5	±0.8	±1.2	±2	±3	±4
最粗级	—	±0.5	±1	±1.5	±2.5	±4	±6	±8

注：表中精密级代号 f，中等级代号 m，粗糙级代号 o，最粗级代号 v。

表 5—4—2　　未注公差的倒圆半径与倒角高度尺寸的极限偏差数值

<table>
<tr><td rowspan="2">公差等级</td><td colspan="4">尺寸分段</td></tr>
<tr><td>0.5～3</td><td>>3～6</td><td>>6～30</td><td>>30</td></tr>
<tr><td>精密级</td><td rowspan="2">±0.2</td><td rowspan="2">±0.5</td><td rowspan="2">±1</td><td rowspan="2">±2</td></tr>
<tr><td>中等级</td></tr>
</table>

（续前表）

<table>
<tr><th rowspan="2">公差等级</th><th colspan="4">尺 寸 分 段</th></tr>
<tr><th>0.5～3</th><th>>3～6</th><th>>6～30</th><th>>30</th></tr>
<tr><td>粗糙级</td><td rowspan="2">±0.4</td><td rowspan="2">±1</td><td rowspan="2">±2</td><td rowspan="2">±4</td></tr>
<tr><td>最粗级</td></tr>
</table>

注：表中精密级代号 f，中等级代号 m，粗糙级代号 o，最粗级代号 v。倒圆半径与倒角高度的含义见 GB/T 6403.4（零件倒圆与倒角）。

未注公差尺寸在图形上不注明公差，目的是为了突出标注公差的重要尺寸，以保证图样的清晰，但在技术要求中应进行说明。例如：某零件上线性尺寸未注公差选用“中等级”时，应在零件图的技术要求中作如下说明：“线性尺寸的未注公差为 GB/T 1804—m”。

三、形状与位置公差

零件在加工后形成的各种误差是客观存在的，除了我们在极限与配合中讨论过的尺寸误差外，还存在着形状误差和位置误差。我们把零件上的实际几何要素的形状与理想几何要素的形状之间的误差称为形状误差，把零件上各几何要素之间实际相对位置与理想相对位置之间的误差称为位置误差。形状误差与位置误差简称形位误差。形位误差的允许变动量称为形位公差。GB/T 1182—1996 对形位公差作了经济合理的规定。

1. 形位公差特征项目及符号

国家标准规定，将形位公差分为形状公差和位置公差两大类和 14 个特征项目。各特征项目的名称及符号见表 5—4—3。

表 5—4—3　　形位公差特征项目及符号

<table>
<tr><th colspan="2">公差</th><th>特征项目</th><th>符号</th><th>有或无基准要求</th></tr>
<tr><td rowspan="4">形状</td><td rowspan="4">形状</td><td>直线度</td><td>—</td><td>无</td></tr>
<tr><td>平面度</td><td>▱</td><td>无</td></tr>
<tr><td>圆度</td><td>○</td><td>无</td></tr>
<tr><td>圆柱度</td><td>⌭</td><td>无</td></tr>
<tr><td rowspan="2">形状或位置</td><td rowspan="2">轮廓</td><td>线轮廓度</td><td>⌒</td><td>有或无</td></tr>
<tr><td>面轮廓度</td><td>⌓</td><td>有或无</td></tr>
<tr><td rowspan="8">位置</td><td rowspan="3">定向</td><td>平行度</td><td>//</td><td>有</td></tr>
<tr><td>垂直度</td><td>⊥</td><td>有</td></tr>
<tr><td>倾斜度</td><td>∠</td><td>有</td></tr>
<tr><td rowspan="3">定位</td><td>位置度</td><td>⌖</td><td>有或无</td></tr>
<tr><td>同轴（同心）度</td><td>◎</td><td>有</td></tr>
<tr><td>对称度</td><td>⌯</td><td>有</td></tr>
<tr><td rowspan="2">跳动</td><td>圆跳动</td><td>↗</td><td>有</td></tr>
<tr><td>全跳动</td><td>⌰</td><td>有</td></tr>
</table>

2. 形位公差带的形状

公差带的形状由被测要素的几何特征和设计要求决定，也即由所选形位公差特征项目决定。常用的公差带形状的主要形式有 9 种，见表 5—4—4。

表 5—4—4　　形位公差带形状

序号	公差带区域	公差带形状	特征项目应用实例
1	圆内的区域	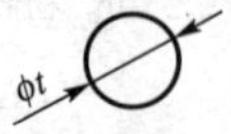 φt	平面内的点的位置度
2	球面内的区域	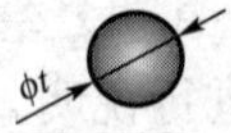 φt	空间内的点的位置度
3	两平行直线间的区域	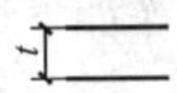 t	给定平面上的直线度
4	两平行平面间的区域	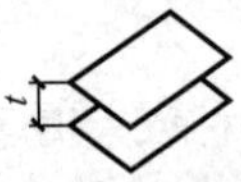 t	平面度
5	圆柱面内的区域	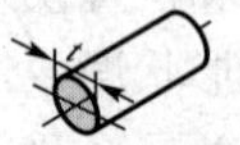 t	任一方向上的直线度
6	两等距曲线间的区域	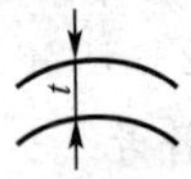 t	线轮廓度
7	两等距曲面间的区域	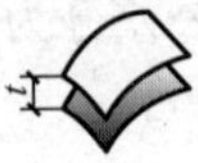 t	面轮廓度
8	两同心圆之间的区域	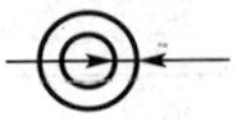 t	圆度
9	两同轴圆柱面之间的区域	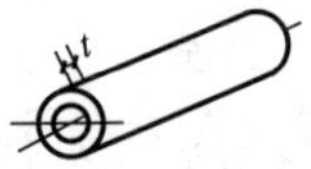 t	圆柱度

3. 形位公差的标注

国家标准规定，在图样中形位公差一般要用框格代号标注。形位公差框格中，不仅要表达形位公差的特征项目、基准代号和其他符号，还要正确给出公差带的大小、形状等内容。

(1) 形位公差框格。

如图 5—4—5 所示，形位公差框格由两格或多格组成，框格中的主要内容从左到右按以下次序填写：公差特征项目符号、公差值及有关附加符号、基准符号及有关附加符号。

框格的高度应是框格内所书写字体高度的两倍。框格的宽度应是：第一格等于框格的高度；第二格应与标注内容的长度相适应；第三格以后各格须与有关字母的宽度相适应。

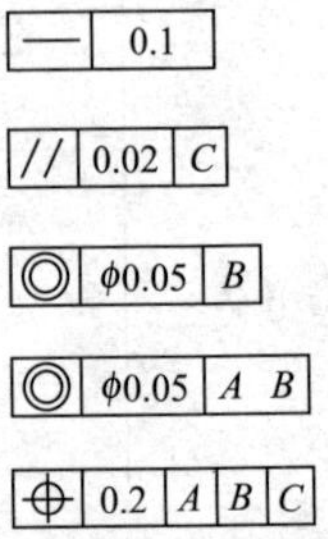

—	0.1			
//	0.02	C		
◎	φ0.05	B		
◎	φ0.05	A	B	
⊕	0.2	A	B	C

图 5—4—5

(2) 被测要素的标注。

被测要素是指图样上给出了形位公差要求的要素，它是被检测的对象。被测要素的箭头指引线将形位公差框格与被测要素相连，按以下方式标注：

1）形位公差的被测要素的标注。

形位公差的被测要素为轮廓要素，是指构成零件外形能直接为人们所感觉到的点、线、面等要素。

① 当公差仅涉及轮廓线或表面时，将指引线箭头置于被测要素的轮廓线或轮廓线的延长线上，但必须与尺寸线明显地错开，即不得与尺寸线重合，如图 5—4—6 所示。

② 当指向实际表面时，箭头可置于带点的参考线上，点指在实际表面上，如图 5—4—7 所示。

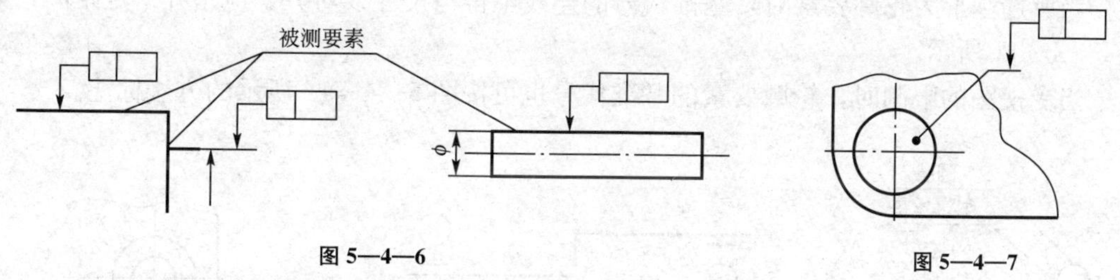

图 5—4—6

图 5—4—7

2）被测要素为中心要素的标注。

中心要素是指由轮廓要素导出的一种要素，如球心、轴线、对称中心线、对称中心面等。当公差涉及轴线、中心平面时，则带箭头的指引线应与尺寸线的延长线重合，如图 5—4—8 (a)所示。这时指引线的箭头可以代替尺寸线箭头，如图 5—4—8 (b)、(c) 所示。

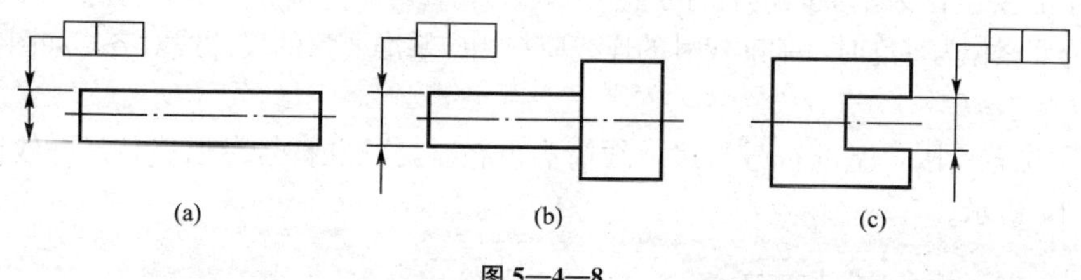

(a) (b) (c)

图 5—4—8

当被测要素为圆锥面的轴线时，指引线箭头应与该锥面的任一直径尺寸线对齐，如图 5—4—9 (a) 所示。在不致引起误解时，也可与锥体大径（或小径）的尺寸线对齐，如图 5—4—9 (b) 所示。

当被测要素为中心孔的角度时，框格指引线应与角度尺寸线对齐，如图 5—4—10 所示。

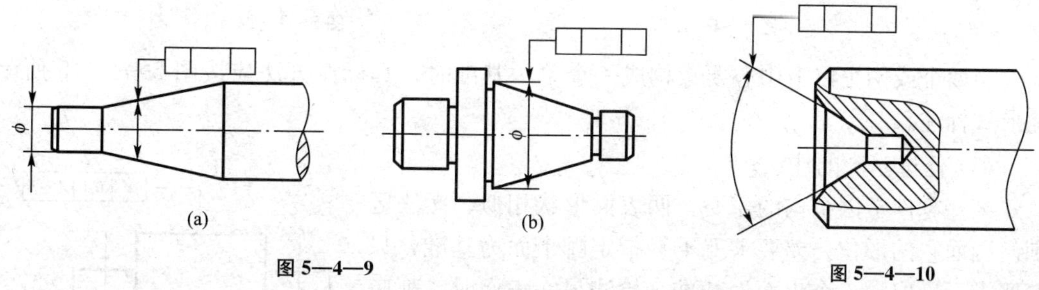

(a) (b)

图 5—4—9

图 5—4—10

4. 基准要素的标注

基准要素是指用来确定被测要素方向或位置的要素。在图样上一般用基准符号标出。

(1) 基准代号。

相对于被测要素的基准用基准代号表示。基准代号由基准符号（用约为 2d 粗线绘制，长度约等于圆圈直）、圆圈（用约为 1/10 字高的细实线绘制，直径为工程字高）、连线（与圆圈同线型）和代表基准的字母（大写）组成，如图 5—4—11 所示。基准符号应靠近基准要素的可见轮廓线或轮廓线的延长线（相距约为 1mm）。连线方向应是圆圈的径向。为不致引起误解，字母 E、I、J、M、O、P、L、R、F 不用作基准字母。

（2）轮廓要素作为基准时的标注。

当所选基准为轮廓要素时，基准代号的连线不得与尺寸线对齐，应错开一定距离，如图 5—4—11 所示。

当受视图的限制时，轮廓要素的基准代号也可按图 5—4—12 所示的方法标注。

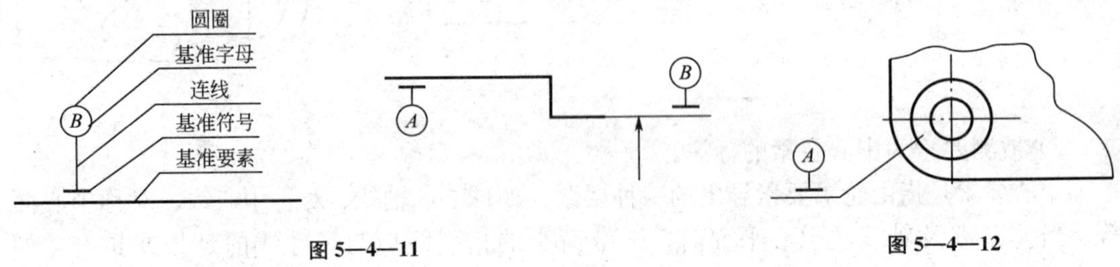

图 5—4—11　　图 5—4—12

（3）中心要素作为基准时的标注。

当中心要素作为基准时，基准代号的连线应与相应基准要素的尺寸线对齐，如图 5—4—13 所示。

当由于位置受限，基准符号与尺寸线箭头重叠时，基准符号可以代替尺寸线箭头，如图 5　4—14 所示。

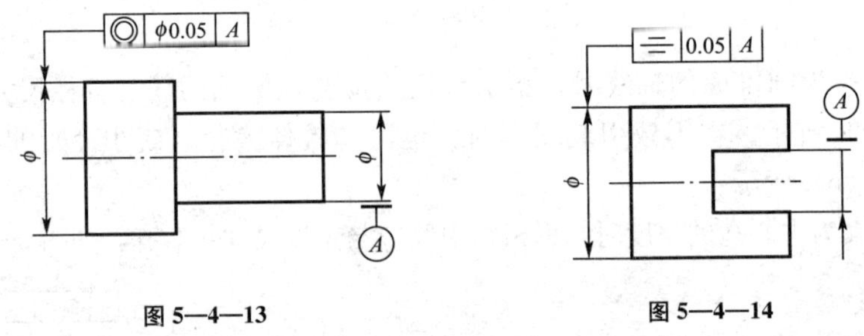

图 5—4—13　　图 5—4—14

当两个或两个以上中心要素构成一个单一基准时，其标注方法应按图 5—4—15 所示的形式标注。

（4）任选基准的注法。

某些零件常因结构的需要，两表面形状相似、无法区别。因而它的形位公差要求就不易指定哪个面为基准，只好要求无论取哪一个表面为基准来检测另一表面时，都应满足形位公差要求，这种情况称为任选基准。

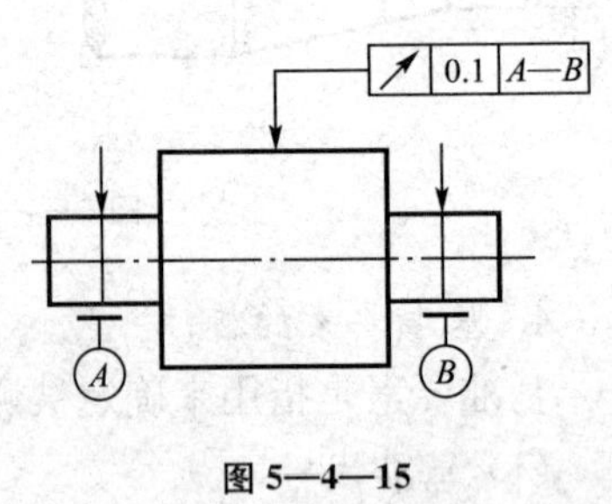

图 5—4—15

5. 限制范围的标注方法

对同一被测要素的全部或要素内任一部分都有形位公

差要求时，可按图5—4—16（a)所示的形式标注。图 5—4—16（b）所示的含义为：在被测要素的全长上直线度误差值不得大于 0.1；同时，在该要素任意局部长度 200mm 上的直线度误差值不得大于 0.05mm，图中分母代表被测长度，分子代表允许的最大误差值。

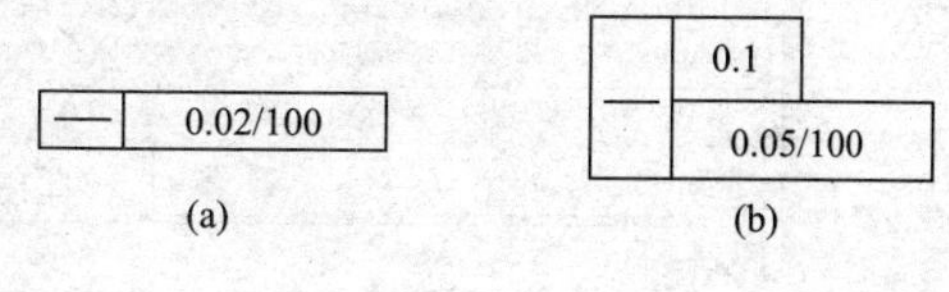

图 5—4—16

当仅仅是对部分被测要素而不是对整个要素有公差要求时，可用图 5—4—17 的形式标注。图中的点划线为粗点划线。

图 5—4—17 所示为公差框格所控制的对象仅为整个表面上直径为 ϕd 的一个小圆面，其平面度误差值不得大于 0.1mm。ϕd 圆周用粗点划线绘制。

若仅要求要素的某一部分作为基准，则该部分应用粗点划线表示并加注尺寸、标注方法，如图 5—4—18 所示。

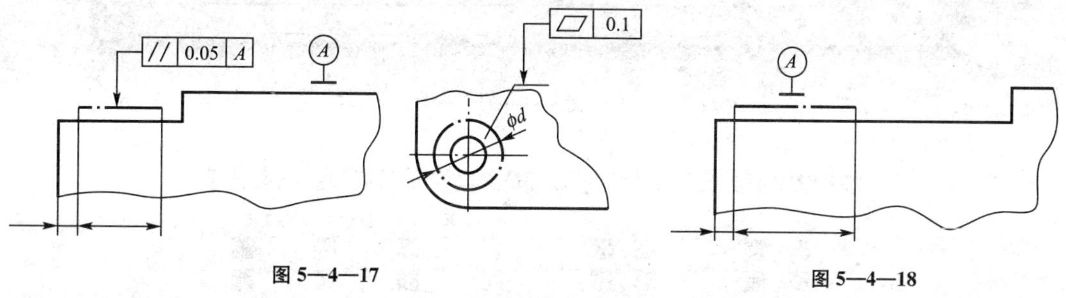

图 5—4—17　　图 5—4—18

6. 其他规定注法

如果对几个不共面的表面，有同一数值的公差带要求时，其标注方法可按图 5—4—19 的形式进行标注。A 为被测表面代号，短横线用粗实线画出。

如果用同一公差带控制几个共面或共线的被测要素时，应在公差框格上方注明“共面”或“共线”字样。标注方法如图 5—4—20 所示。

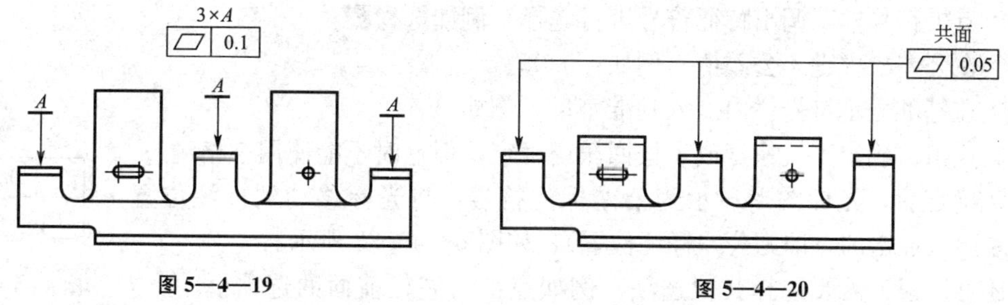

图 5—4—19　　图 5—4—20

例如在图 5—4—21 中，所注的形位公差的含义是：

(1) 螺纹 M8×1 的轴线对 ϕ16f7 的轴线的同轴度公差为 ϕ0.1mm；

(2) ϕ16f7 圆柱面的圆柱度公差为 0.005mm；

(3) 球面 *SR*750 对 ϕ16f7 的轴线的径向圆跳动公差为 0.03mm；

(4) 右端面对 ϕ16f7 的轴线的端面圆跳动公差为 0.01mm。

在 AutoCAD 中提供了形位公差标注工具 ▣。点击形位公差标注命令，弹出对话框，如图 5—4—22 所示。

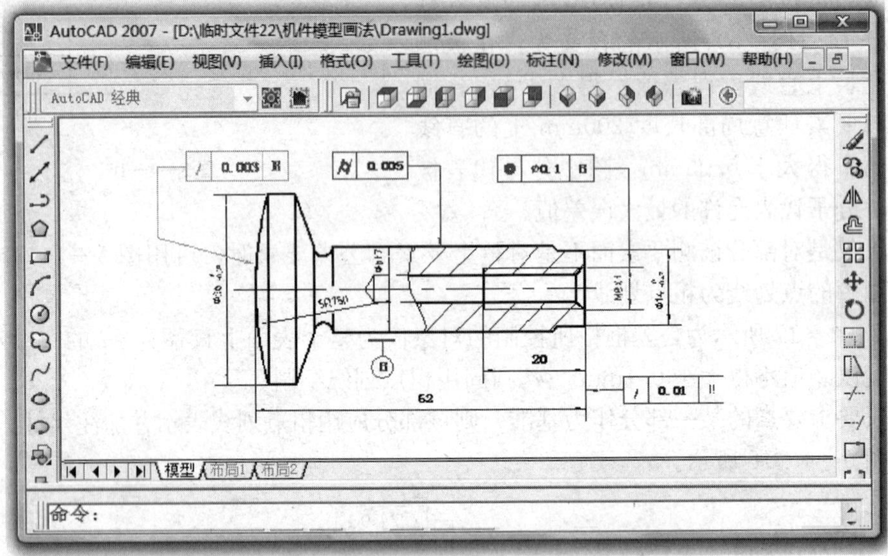

图 5—4—21

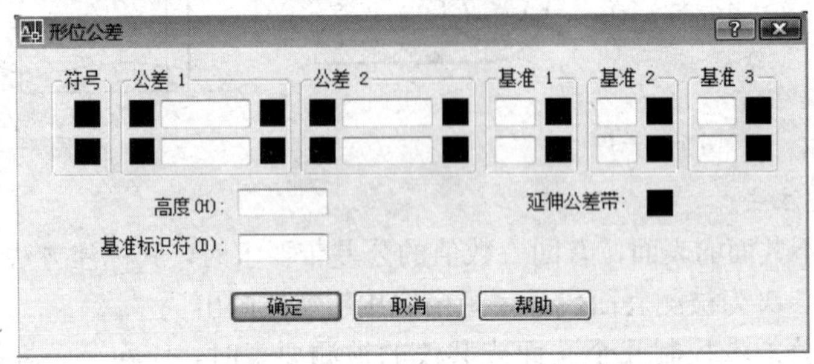

图 5—4—22

◇ 点击符号框，调出特征符号进行选择，例如选择//；

◇ 在公差栏内键入公差值，例如：0.05；

◇ 在基准表示符号栏内键入基准字母，例如 A；

◇ 点击“确定”按钮（或者按回车键确定，但这时不能使用空格键）；

◇ 确定后，光标图形显示为公差标注符号，将光标移动到标注位置，点击左键（点击的点即为公差标注位置），如图 5—4—23 所示。

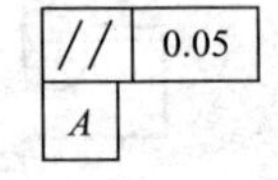

图 5—4—23

还可以根据需要选择其他选项。例如点击公差栏前面的选项框，公差数值就被标记为“ϕ”。重点击一次就被取消。

四、表面粗糙度

1. *表面粗糙度的评定参数*

国家标准（GB/T 1031—1995）规定了三项高度参数，即轮廓算术平均偏差 Ra、微观不平度十点高度 Rz 和轮廓最大高度 Ry。这里只介绍最常用的轮廓算术平均偏差 Ra。

参数 Ra 数值规定列于表 5—4—5 及表 5—4—6，应优先选用表 5—4—5 中的数值。

表 5—4—5

Ra	0.012	0.2	3.2	50
	0.025	0.4	6.3	100
	0.05	0.8	12.5	
	0.1	1.6	25	

表 5—4—6

Ra	0.008	0.125	20	32
	0.010	0.160	25	40
	0.016	0.25	40	63
	0.020	0.32	50	80
	0.032	0.50	80	
	0.040	0.63	100	
	0.063	100	160	
	0.080	1.25	20	

表面粗糙度在图样上的标注可参见 GB/T 131—1993，零件的每一个表面都应该有粗糙度要求，并且应在图样上用代（符）号标注出来。

2. 表面粗糙度的符号、代号及标注

(1) 表面粗糙度的符号。

表面粗糙度的基本符号如图 5—4—24 所示。

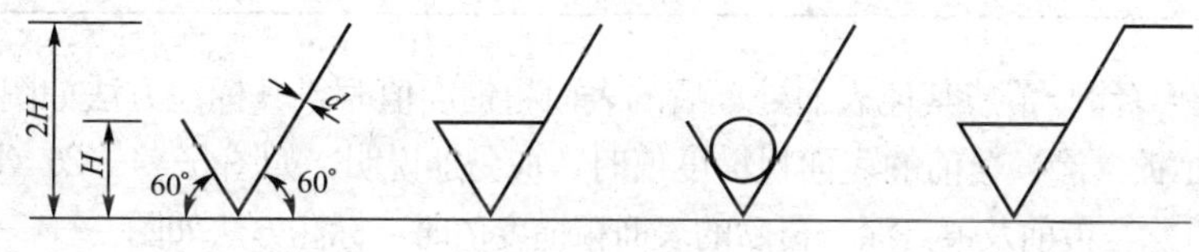

图 5—4—24

(2) 表面粗糙度符号的规定画法：当文本文字高度为 A 时，线宽 $d=A/10$；$H=1.4A$。

(3) 表面粗糙度的符号变化以及意义见表 5—4—7。

表 5—4—7

	基本符号，表示表面可用任何方法获得。不加注粗糙度参数值时，仅适用于简化代号标注
	表示表面是用去除材料的加工方法获得
	表示表面是用不去除材料的方法获得，例如：铸、锻、轧制、冲压等
	用于标注有关参数与说明
	表示所有表面具有相同的表面粗糙度要求

在使用 AutoCAD 制图时，由于 AutoCAD 没有提供现成的粗糙度符号，可以在用户原型文件的图层 12 中事先画好各种粗糙度符号，这样可以在进行零件的表面粗糙度标注时使用复制>粘贴的方法，以简化绘图过程。

（4）表面粗糙度的代号。

在表面粗糙度符号中注写上粗糙度的高度参数及其他有关参数后便组成表面粗糙度代号，如图 5—4—25 所示。

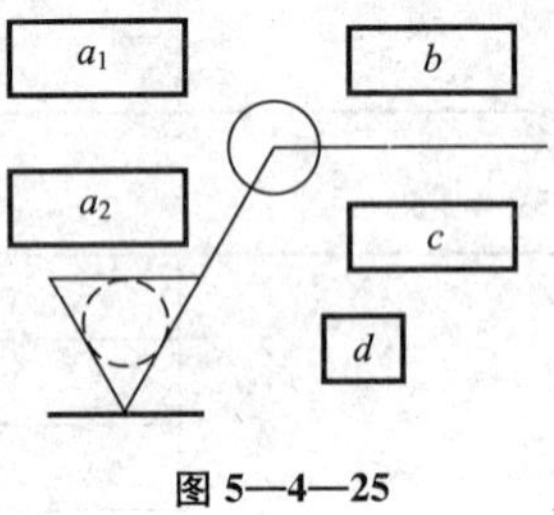

图 5—4—25

图中 a_1、a_2 为粗糙度高度参数代号及其数值；b 为加工要求、镀覆、涂覆、表面处理或其他说明；c 为取样长度或波纹度，单位为毫米；d 为加工纹理方向符号；f 为粗糙度间距参数值或轮廓支承长度率。具体使用时根据需要标注，可参见表 5—4—8。

表 5—4—8

符号	意义	符号	意义
3.2	用任何方法获得的表面粗糙度，Ra 的上限值为 3.2μm	3.2max	用任何方法获得的表面粗糙度，Ra 的最大值为 3.2μm
3.2	用去除材料方法获得的表面粗糙度，Ra 的上限值为 3.2μm	3.2max	用去除材料方法获得的表面粗糙度，Ra 的最大值为 3.2μm
3.2	用不去除材料方法获得的表面粗糙度，Ra 的上限值为 3.2μm	3.2max	用不去除材料方法获得的表面粗糙度，Ra 的最大值为 3.2μm
3.2 1.6	用去除材料方法获得的表面粗糙度，Ra 的上限值为 3.2μm，下限值为 1.6μm	3.2max 1.6min	用去除材料方法获得的表面粗糙度，Ra 的最大值为 3.2μm，最小值为 1.6μm

需要表示镀（涂）覆或其他表面处理后的表面粗糙度值时，其标注方法如图 5—4—26（a）所示。需要表示镀（涂）覆前的表面粗糙度值时，应另加说明，如图 5—4—26（b）所示。若同时要求表示镀（涂）覆前及镀（涂）覆后的表面粗糙度值时，标注方法如图 5—4—26（c）所示。

（5）标注规则。

1）表面粗糙度符号、代号一般标注在可见轮廓线、尺寸界线、引出线或它们的延长线上。符号的尖端必须从材料外指向表面，如图 5—4—27 所示。

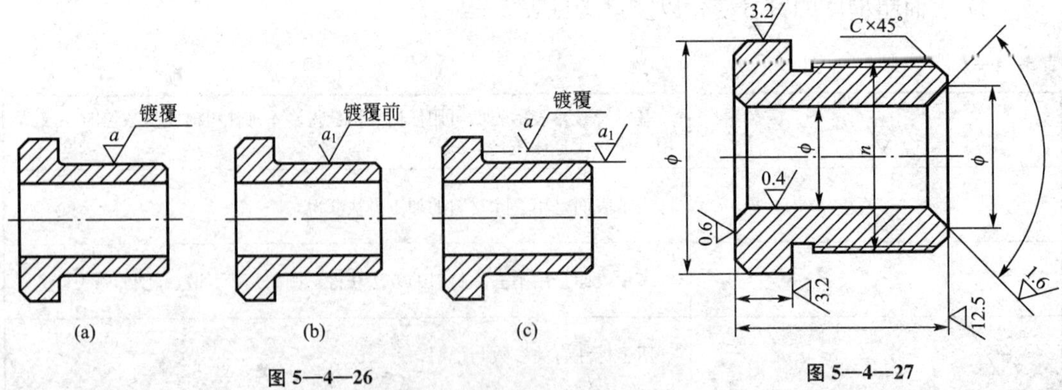

图 5—4—26

注：零件图上所标注的表面粗糙度代（符）号是指该表面完工后的要求。

图 5—4—27

2）表面粗糙度代号中数字及符号的方向必须按图 5—4—28 的规定标注。用引出线标注的表面粗糙度符号要标在引出线横线的上方，如图 5—4—28 中的引出标注。

3）在同一图样上，每一表面一般只标注一次符号、代号，并尽可能靠近有关的尺寸线。当空间狭小或不便标注时，符号、代号可以引出标注，如图 5—4—29 所示。

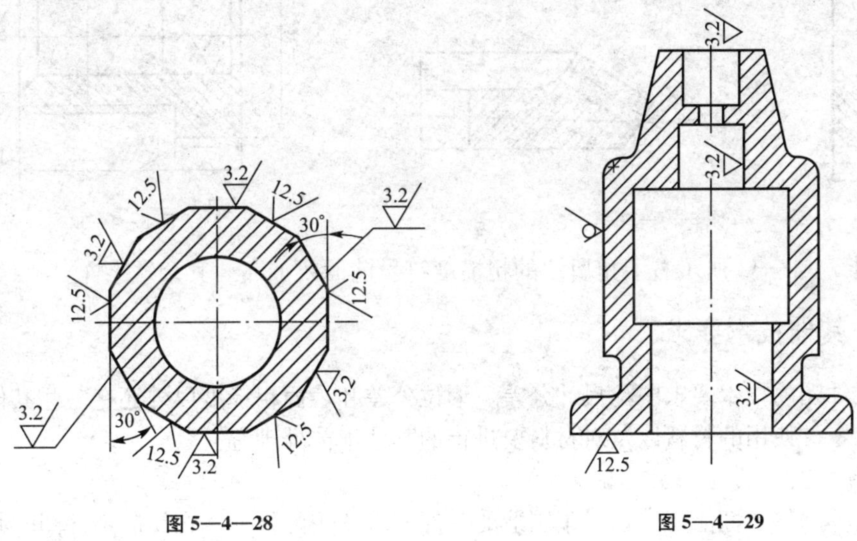

图 5—4—28　　　　图 5—4—29

4）当零件所有表面具有相同的表面粗糙度要求时，其符号、代号可在图样的右上角统一标注。

5）中心孔的工作面，键槽的工作面，倒角、圆角表面的粗糙度代号，可以简化标注，如图 5—4—30 所示。

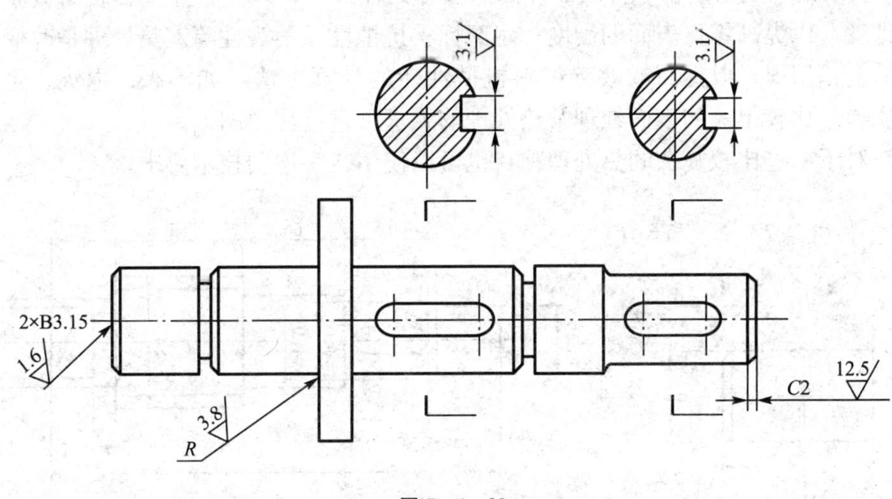

图 5—4—30

6）齿轮、渐开线花键、螺纹等工作表面没有画出齿（牙）形时，其表面粗糙度代号可按图 5—4—31 所示的方式标注。

7）标注零件的粗糙度时，对于使用的最多的符号可以统一标在图样的右上角，而且使用的字符应大于其他标注字符，一般取 1.4 倍，如图 5—4—32 所示。

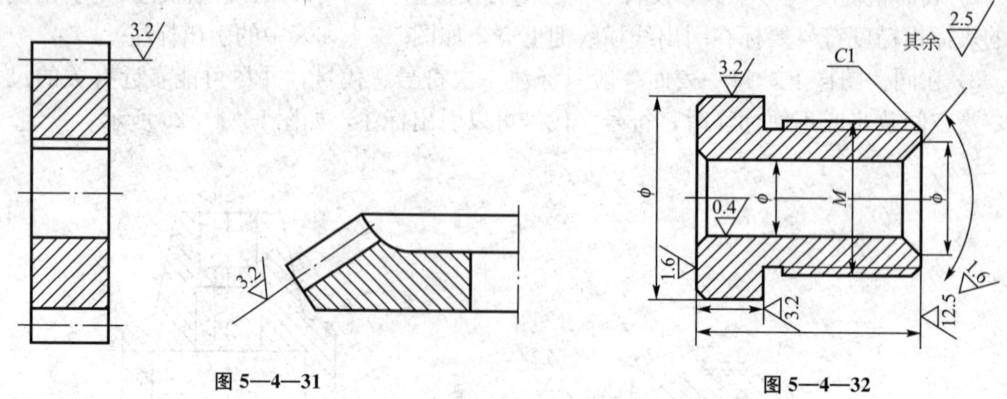

图 5—4—31　　图 5—4—32

如图 5—4—32 所示右上角所注的粗糙度符号前面要加注“其余”字样。

五、其他技术要求

在零件图的技术要求中除尺寸公差、形位公差和表面粗糙度以外还有一些其他的技术要求，如零件使用的材料以及对材料要进行的其他工艺处理等。

1. 材质

根据零部件的性能要求，对于制造的零件要求选用的材料，在绘制零件图时必须加以说明，一般要求在标题栏内注明使用的材料名称和标准牌号。

2. 工艺

为改善零件表面性能的各种处理方式，如渗碳淬火、表面镀涂等，均应以文字方式加以说明，一般附注在零件视图的下方或标题栏的左侧。

(1) 表面处理是为改善零件表面性能的各种处理方式，如渗碳淬火、表面镀涂等。通过表面处理，以提高零件表面的硬度、耐磨性、抗蚀性、美观性等。热处理是改变整个零件材料的金相组织，以提高或改善材料机械性能的处理方法，如淬火、退火、回火、正火、调质等。比较单一的表面处理及热处理的要求可直接注在图上。

(2) 对于一些比较复杂的热处理项目也可以使用文字说明技术要求。

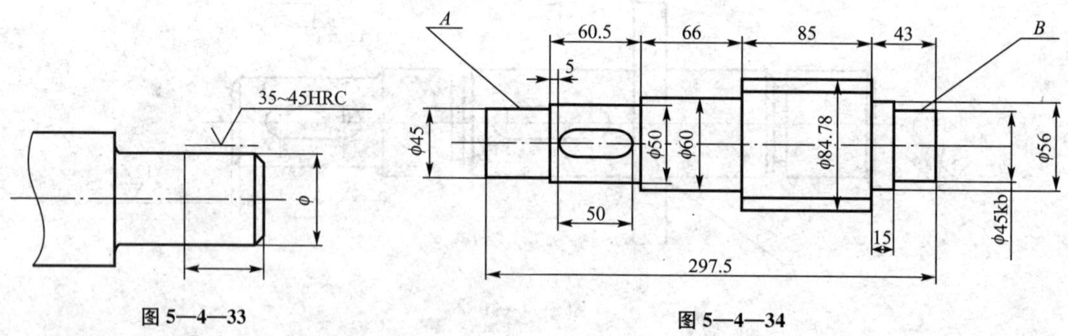

图 5—4—33　　图 5—4—34

例如，选用 45 钢的锻件毛坯，热处理技术条件如下：

技术要求：

整体调质后硬度：220～250HBS；

轴头 A，B 处硬度为 45～48HRC；

齿廓部分硬度为：48～53HRC。

第五节　零件图绘制实例

在绘制零件图前，要根据零件图绘制的原则和规定进行规划。零件图是机械零件加工制造和检验的技术依据，零件图必须是一组清晰准确表达零件的几何形状、零件的内外结构的视图；并且标注零件各部位几何尺寸以及零件的相关技术要求。完整标准的零件图还要有图框和标题栏。

例：图 5—5—1 所示是一个机器零件（机壳），根据实测尺寸绘制该零件的零件图。

打开保存在 D:/ *** CAD/目录下的“制图原型文件”（在学习第二章时保存的用户制图原型文件，其中各个图层以及线型都设置好了）。单击文件>另存为：“机壳”。

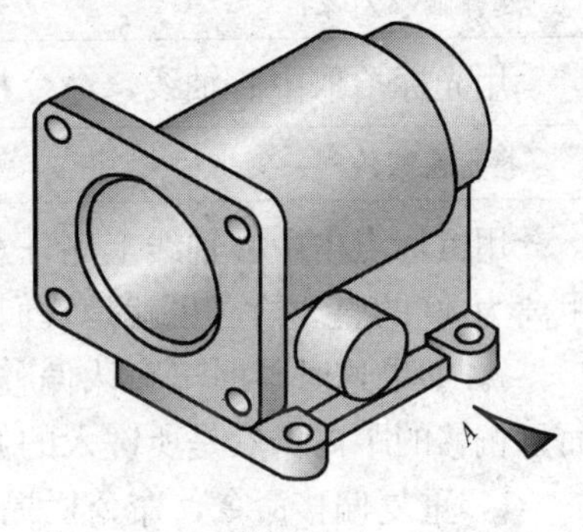

图 5—5—1

一、画主视图

1. 选择主视图方向

根据零件的工作位置、主要加工位置以及摆放位置等因素选取 A 向为零件视图的主视图方向。

2. 画基准线

根据零件工作结构及加工工艺，确定以零件底面为 Y 轴方向基准；左端面为 X 轴方向基准。

零件图是指导零件加工的重要依据，在绘制零件图时，选定基准是非常总要的。基准的确定对于加工工序的安排起着决定性的作用，同时基准的确定也便于安排制图过程中图线的绘制顺序。

实测零件长度方向最大尺寸 130；零件中心轴线到底面距离为 80。

(1) 打开图层 1。

(2) 点取直线段绘图命令。

(3) 键入第一点坐标（0，0）；键入第二点坐标（130，0）；↓，绘出零件的底面基准线。

(4) ↓，重复直线段绘图命令命令。

(5) 键入第一点坐标（0，80）；键入第二点坐标（130，80）；↓，绘出中心轴线，如图 5—5—2 所示。

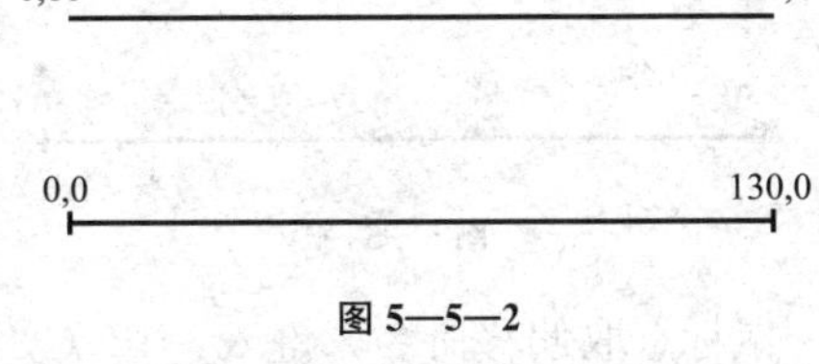

图 5—5—2

3. 以中心轴线以及左端面为基准绘出中心轴孔部分的内外轮廓

实测中心轴孔的内半径为 30，外半径为 38。

(1) 在本例中所有的平行线都可以使用 CAD 中偏移命令准确地创建。

偏移命令——offset（图标：）

创建同心圆、平行线和等距曲线；可以在指定距离或通过一个点偏移复制对象。使用偏移命令绘制与基线平行的若干图线，是非常快捷和行之有效的。

点取偏移命令，命令栏提示：

指定偏移距离：

键入：30↓，命令栏提示：

选择偏移对象：

用光标拾取中心轴线，命令栏提示：

指定偏移的那一侧上的点：

用鼠标点击中心轴线上侧任意位置，得到中心轴线上侧的一条与中心轴线平行等长且距离为 30 的直线段（也就是我们需要绘出的中心轴孔内侧轮廓线）。

↓。如果这时不回车确认偏移命令会继续执行，命令栏会继续提示：选择偏移对象，而且偏移的距离仍然是所键入的偏移值 30。

↓，重复偏移命令，命令栏提示指定偏移距离，键入：38↓。

用鼠标点击中心轴线上侧任意位置，得到中心轴线上侧的一条与中心轴线平行等长且距离为 38 的直线段即中心轴孔外测轮廓线。

↓。

↓，重复偏移命令；键入：19（中心轴尾部的螺孔内半径）。

用鼠标点击中心轴线上侧任意位置，得到中心轴线上侧的一条与中心轴线平行等长且距离为 19 的直线段即尾部螺孔内径轮廓所在直线段。

↓，结果如图 5—5—3 所示。

点取直线段命令；

键入第一点坐标：0，80（与中心轴线左端重合），↓；

加入第二点坐标：0，125（左侧连接法兰的顶点），↓↓；

结果如图 5—5—4 所示。

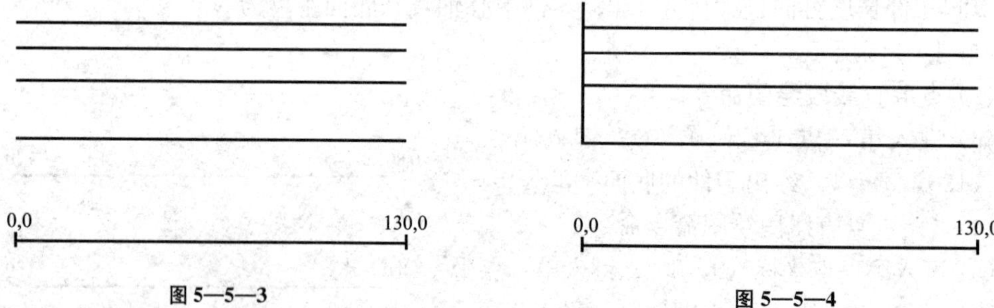

图 5—5—3　　　　图 5—5—4

鼠标点取偏移命令，键入：12（实测连接法兰的厚度），↓。

用鼠标点击端面线右侧任意位置，得到连接法兰的另一条轮廓线，↓。

↓，重复偏移命令，键入：95（中心孔深度）。

用鼠标点击端面线右侧任意位置，得到中心孔底部轮廓线，↓。

↓，重复偏移命令，键入：3（中心孔倒角深度）。

用鼠标点击端面线右侧任意位置，得到中心孔倒角轮廓线，↓。

↓，重复偏移命令，键入：130（左右端面距离）。

用鼠标点击端面线右侧任意位置，得到右端面轮廓线，↓。

↓，重复偏移命令，键入：2（右端螺孔倒角深度）。

用鼠标点击右端面线左侧任意位置，得到螺孔倒角轮廓线，↓；如图 5—5—5 所示。

点取截断线命令，单击鼠标右键，选择要截除的线段（如图 5—5—5 中所标记的部分），↓，得到图 5—5—6 所示的部分。

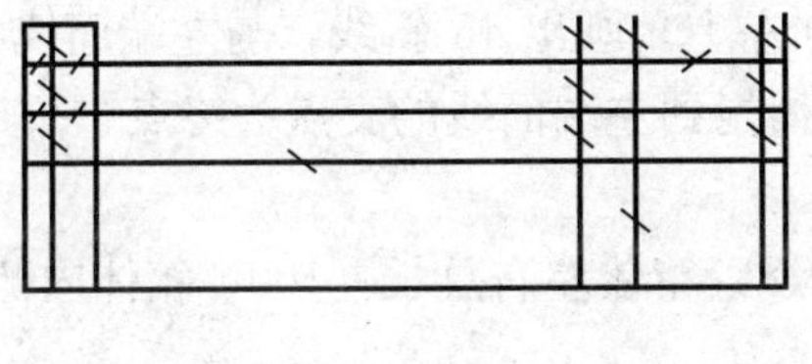
图 5—5—5

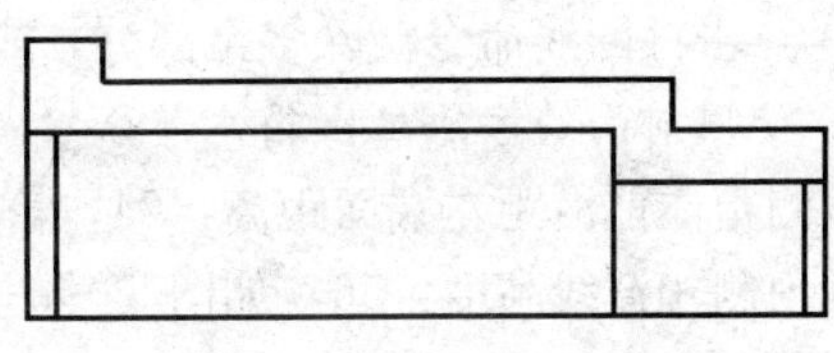
图 5—5—6

(2) 使用倒角命令。

点取倒圆角命令，命令栏提示：

选择第一个对象或［放弃（U）/多段线（P）/半径（R）/修剪（T）/多个（M）］：

注意：点取倒圆角命令以后，系统缺省了一个选项，就是设置倒圆角的半径，缺省值是上一次倒圆角使用的半径值。首次使用倒圆角命令，缺省的默认值为 0。

这里要选择提示栏内的选项"半径（R）"，键入：R↓，命令栏提示：

指定圆角半径：

输入倒角半径：3。在本实例中倒角半径为铸造圆角半径，取值为 2～3mm，制图时因为零件尺寸较小，为了明显起见，可以稍大些，最后在技术要求中说明即可。

↓，命令栏提示：

选择第一个对象或［放弃（U）/多段线（P）/半径（R）/修剪（T）/多个（M）］：

光标拾取要倒角的一个边，命令栏提示：

选取第二个对象：

光标拾取要倒角的另一个边，倒角完毕。

↓，重复倒角命令，直到完成全部倒角，如图 5—5—7 所示。

要注意执行倒角命令时会发生的一个情况，如图 5—5—8 所示，倒角命令执行完毕以后倒角部分的延长线被截除了如图 5—5—9 所示。

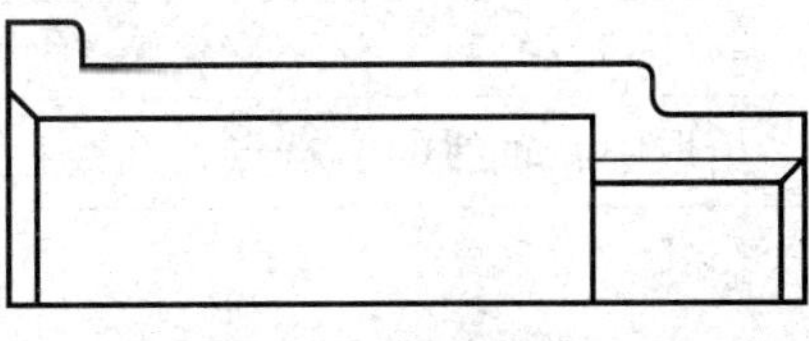
图 5—5—7

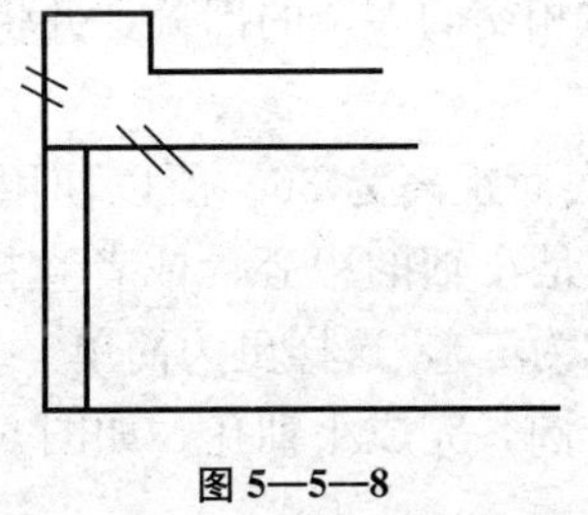
图 5—5—8

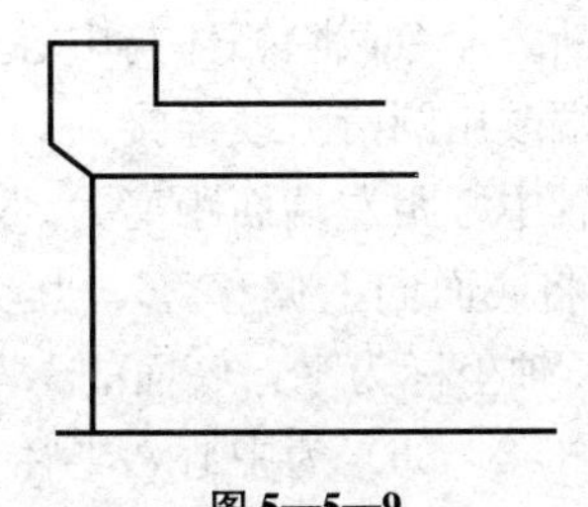
图 5—5—9

在 AutoCAD 中无论倒圆角还是倒斜角都是如此，倒角功能虽然有时候给我们带来很多的方便，但在有些情况下也会给我们带来麻烦。

(3) 如图 5—5—8 所示，在执行倒斜角的命令后，得到了斜角但却丢失了左端面的一条可见的轮廓线，如图 5—5—9 所示。所以在本实例中，我们使用直接画出斜角线的方法。

1) 点击直线段命令；

2) 以斜角轮廓线交点为起点，按住 Shift 键向左上角画出 45°斜线，与左端面线相交；

3) 点击截断线命令截除多余部分，或者直接捕捉到左端面线的交点为终点。

4. 使用前面的方法画出箱体部分

实测箱体前沿距左端面距离：24，箱体厚度：8，箱体左右总长：100，箱体内侧与中心轴孔内侧相截线高度：56，如图 5—5—10 所示。

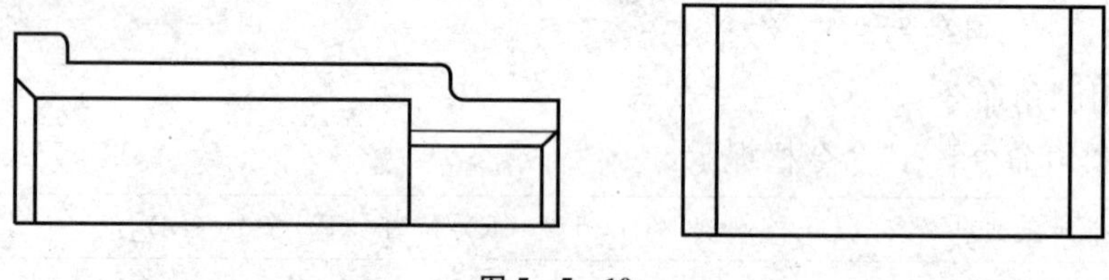

图 5—5—10

5. 使用镜像命令创建另半边

镜像复制命令——mirror（图标：⊿|⊿）

创建选定对象的镜像副本，对于轴对称图形在制图时一般都只画出一半，必要时使用镜像复制创建另一半，可达到事半功倍的效果。

点取镜像复制命令，命令栏提示：

选择对象：

用鼠标自左向右框选中心轴套部分图形，↓；命令栏提示：

指定镜像线的第一点：

拾取中心轴线的左端点（屏幕下面的状态栏中的对象捕捉按钮是按下的），命令栏提示：

指定镜像线的第一点：指定镜像线的第二点：

拾取中心轴线的右端点，命令栏提示：

要删除源对象吗？[是（Y）/否（N）] <N>：

默认的模式是不删除源对象，直接↓；结果如图 5—5—11 所示。

然后使用截断线命令截除箱体与中心轴套体相交的多余的部分，并将箱体和中心轴孔内侧截交线的前端改用圆滑弧线连接。

测得箱体小轴中心距左端面距离为 58，距底面距离为 36。所以使用偏移命令将左端面向右偏移 58，将底面向上偏移 36，其交点就是小轴的中心；或者直接输入坐标（58，36）（左端面的 X 轴坐标为零，底面的 Y 轴坐标为零），这样更为简单。

最后以坐标（58，36）为中心，半径为 8 作圆，完成小轴孔，如图 5—5—12 所示。

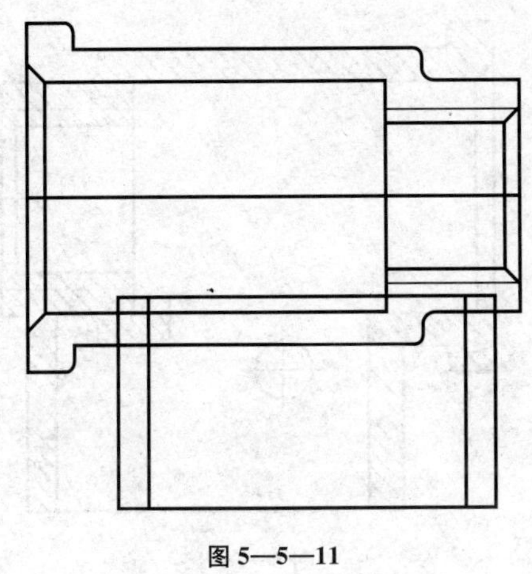

图 5—5—11

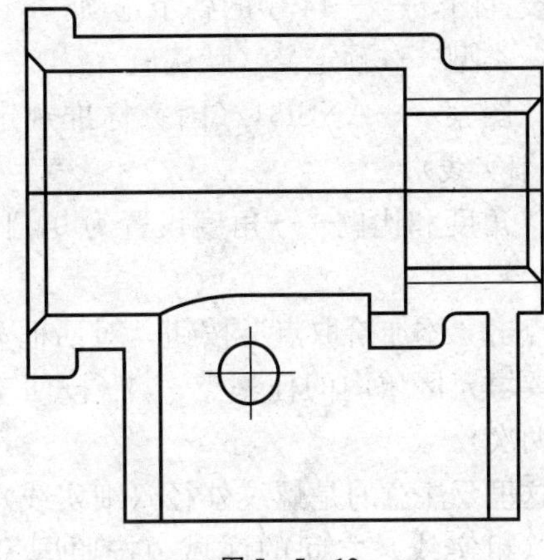

图 5—5—12

6. 通过特性匹配改变线型

(1) 打开图层 5（细点划线），点击菜单修改［M］＞选项特性匹配［M］，命令栏提示：

```
选择对象：
```

此时，光标已经变为一把小刷子形状，这把小刷子已经带有细点划线的特性，可以使用它把目标刷成细点划线。

用“小刷子”选取中心轴线和小轴孔中心线，↓，中心轴线及小轴中心线改为细点划线。

(2) 打开图层 2，用同样的方法把螺孔的外径改为细实线，如图 5—5—13 所示。

7. 填充剖面线

本实例的主视图采用的是全剖方式，按规定所有剖面都应该以剖面线表示。

在 AutoCAD 中，剖面线之所以称为“填充”而不是“画”，是因为剖面线是作为一种图案对一个封闭的图形进行填充而设置的。

点击填充命令按钮，弹出填充图案对话框，如图 5—5—14 所示。

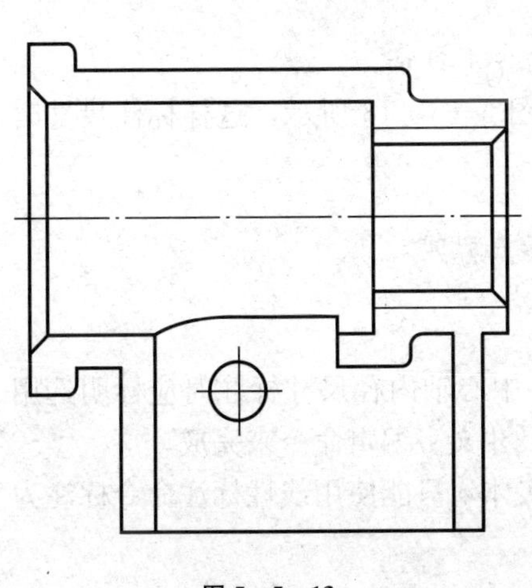

图 5—5—13

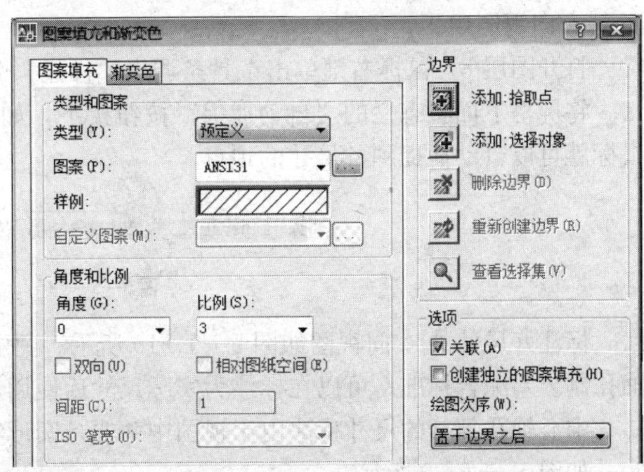

图 5—5—14

设置图 5—5—14 中的各个选项：

◇ 类型——预定义（默认值）；

◇ 图案——ANSI31（国家标准规定的倾斜 45°的细实线）；

◇ 角度和比例——角度设置为 0，比例设置为 8。

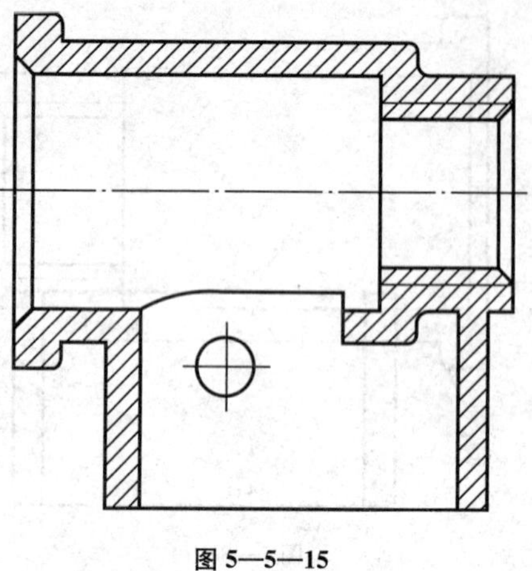

图 5—5—15

点击“添加拾取点”按钮，对话框关闭；点击需要填充区域内的任一点；↓↓（按回车键或空格键两次）。

这里要注意的是螺纹外径（细实线）与螺纹内径（粗实线）之间的区域，按照国家标准规定，也在剖面线填充范围之内。在制图时不要把这个区域画成封闭的，否则剖面线填充时可能不会填充到该区域内，如图 5—5—16 所示。

在画细实线时有意留有断开处（即使是很微小的），剖面线就可以完全填充，如图 5—5—17 所示。更有效的办法当然是在填充剖面线之后再画螺纹外径。

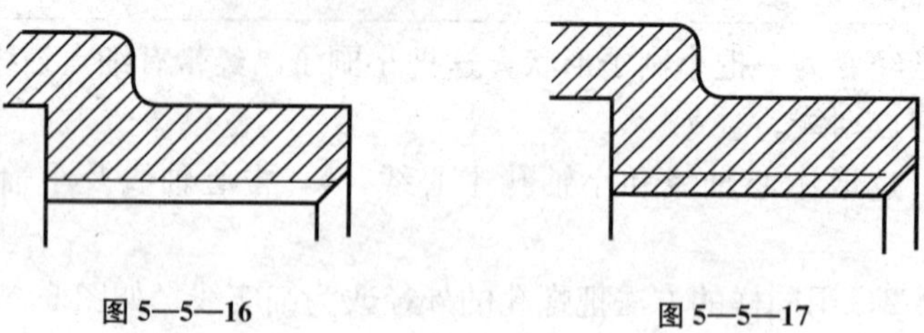

图 5—5—16　　图 5—5—17

在正投影方向，由于主视图采用全剖方式，底座部分没有能够表达出来，所以辅以俯视图来表达底座（作图方法可以参照主视图绘制方法）。

8. 标注尺寸

A 向视图（主视图）画好以后，要进行尺寸标注。尺寸标注的原则是，凡是在作 *A* 向视图时用到的尺寸，除特殊情况以外（如箱体与中心轴孔的相交截线可以不标）均应标注在 *A* 向视图中。

打开图层 8，鼠标右键单击工具条调出“标注”命令工具条。

将屏幕下面状态栏的“自动捕捉”按钮按下，如图 5—5—18 所示，这样标注尺寸时鼠标就可以自动捕捉到各尺寸的顶点。

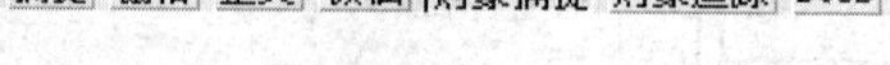

捕捉 栅格 正交 极轴 对象捕捉 对象追踪 DUCS

图 5—5—18

标注好尺寸的 *A* 向视图如图 5—5—19 所示。图中中心轴内径尺寸标注时应标明选用轴孔制公差配合标准；可以在标注为实际尺寸后使用尺寸文字编辑命令来完成。

中心轴孔部分的尺寸标注由于视图中并非是圆形实体，只能使用线性标注命令标注为 60，如图 5—5—20 所示。

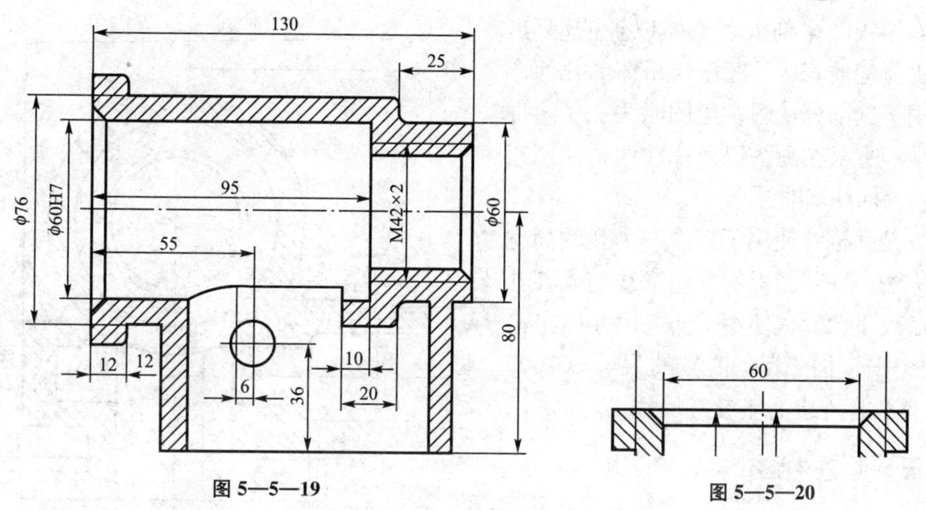

图 5—5—19

图 5—5—20

若要给尺寸数字赋予直径的符号，必须使用标注文字编辑命令。点击标注文字编辑命令，命令栏提示：

输入标注编辑类型：[默认 (H)/新建 (N)/旋转 (R)/倾斜 (O)]：

键入 n↓，选择选项“新建 (N)”，弹出如图 5—5—21 所示对话框。

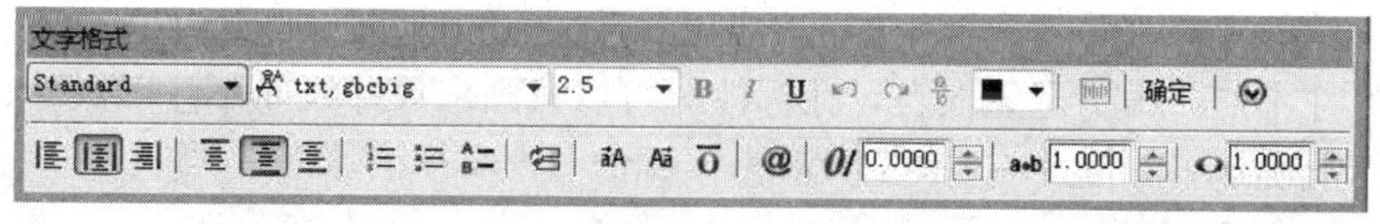

图 5—5—21

清空文字框的内容，并输入%%C60H7；点击文字格式对话框的“确定”按钮。如图 5—5—22 所示，编辑尺寸文字完成。

二、画俯视图

主视图是一个全剖视图，在主视图中没有表达出机壳底座部分的结构，所以俯视图要表达的内容主要是机壳底座部分。

俯视图画图步骤与主视图画图步骤相同，如图 5—5—23 所示。

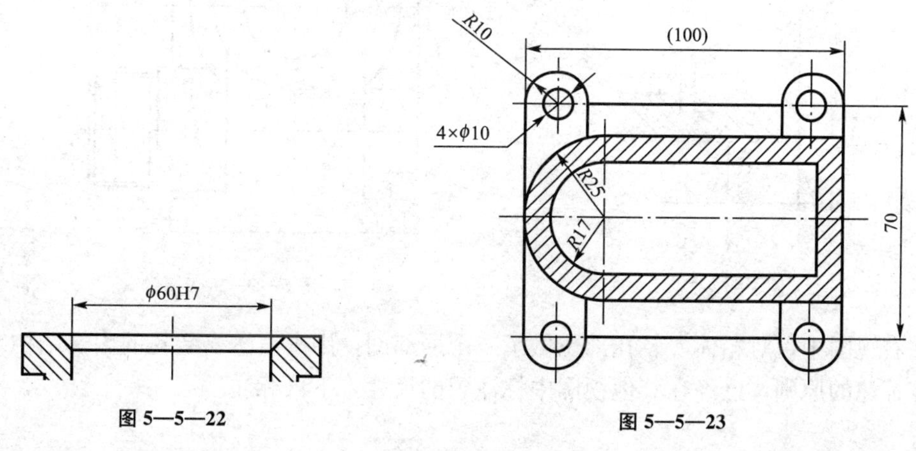

图 5—5—22

图 5—5—23

在俯视图中剖去了箱体以上的部分，这样更清楚地表达了底座与箱体的几何形状。由于这部分视图在绘图时失去了零件的基准，所以在画图以及标注时，使用对称轴作为标注基准。

安装孔标注使用了标注一个孔的简化标注方法。底部筋板的外轮廓线与安装孔的中心线重合，也使用了同一尺寸标注。

图中标注的带有括号的尺寸（100）是不加工的铸造毛坯参考尺寸。

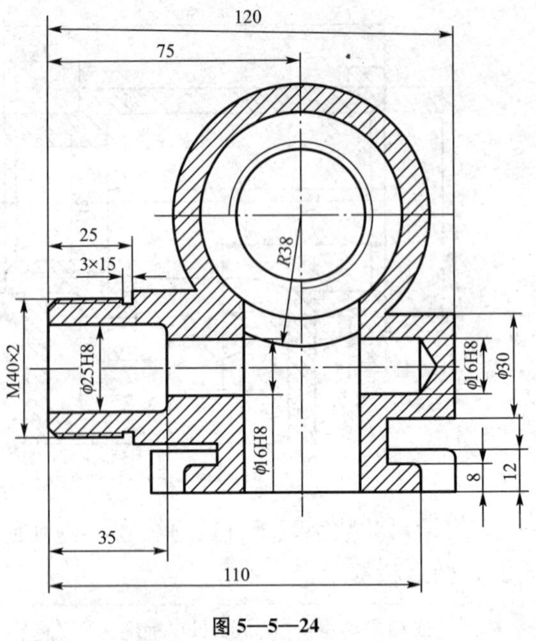

图 5—5—24

三、画左视图

如图 5—5—24 所示，左视图主要表达的是小轴孔部分的内外结构和几何形状与尺寸，因此从加工角度考虑没有使用中心轴线作为基准而是使用机壳的底面与小轴孔的左端面作为基准。在画图和标注时要注意这一点。

小轴左端的外螺纹部分考虑到加工的因素，设置了 3×1.5 的退刀槽，由于退刀槽两侧的外径尺寸不同，为了避免误解，在标注时可以只画出尺寸线而不注明尺寸，在加工时根据具体情况确定，如图 5—5—25 所示。

四、画右视图

对于在三视图中尚未表达清楚的机件几何元素，在本例中采用了右侧向视图作为辅助视图加以表达，如图 5—5—26 所示。

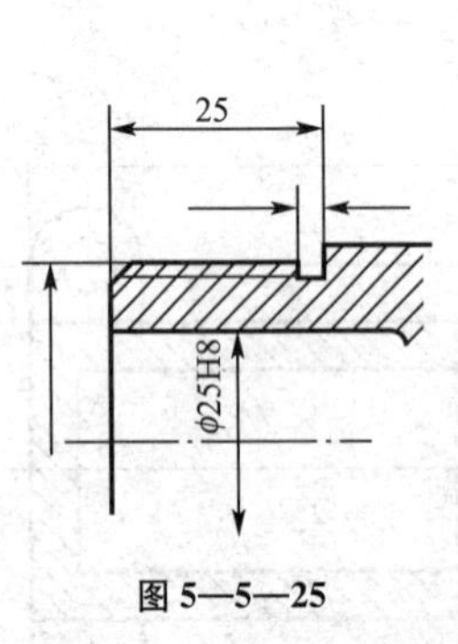

图 5—5—25

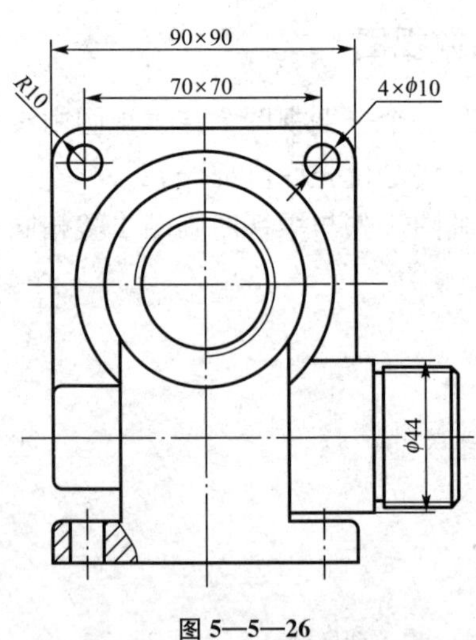

图 5—5—26

在右视图中，对箱体安装孔部位做了一个局部剖，用来表达安装孔的内部结构。根据不重复标注的原则，已经在其他视图中标注了的尺寸，不再标注。

五、视图配置

将画好的主视图、俯视图、左视图和右视图按第一角投影视图配置顺序进行配置，并遵循视图配置的三等规则进行对齐。

如果以上四个视图是分别保存在四个独立的文件中（推荐），可以使用块插入的方式配置到一个新文件中，具体步骤如下：

(1) 打开新文件。

(2) 点击菜单>插入［I］>块［B］，弹出“插入”选项对话框，如图5—5—27所示。

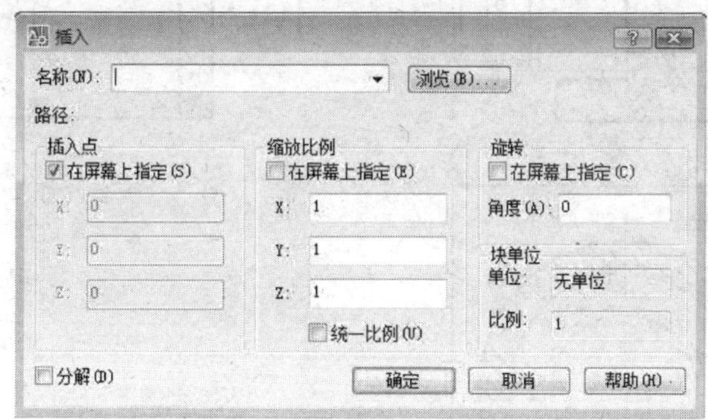

图5—5—27

(3) 在对话框中使用“浏览”按钮找到右视图文件，双击打开。

(4) 缩放比例选项使用默认的“1”。

(5) 取消选中对话框中的“插入点”栏下的“在屏幕上指定”插入点选项。

(6) 勾选“统一比例（U）”选项；点击“确定”按钮。

(7) 确认后，右视图插入到新文件中，其左侧基点就是坐标原点0，0。

(8) 重复插入块命令；

打开主视图文件；

插入点设置为$X=160$，$Y=0$；

确认后，主视图插入到基点160，0（与右视图高度对齐）。

(9) 重复插入块命令；

打开左视图文件；

插入点设置为$X=320$，$Y=0$

确认后，主视图插入到基点320，0。

(10) 重复插入块命令；

打开俯视图文件；

插入点设置为$X=184$，$Y=-150$；

确认后，主视图插入到基点184，-150。

(11) 将主视图标记为$B—B$（因为主视图是一个全剖视图，必须标记剖切方向），同时在左视图中作$B—B$的剖切位置标记；将俯视图标记为$C—C$，同时在主视图中作$C—C$的剖切位置标记；将左视图标记为$A—A$，同时在主视图中作$A—A$的剖切位置标记；将右视图标记为D，同时在主视图的右侧作右向投影标记。

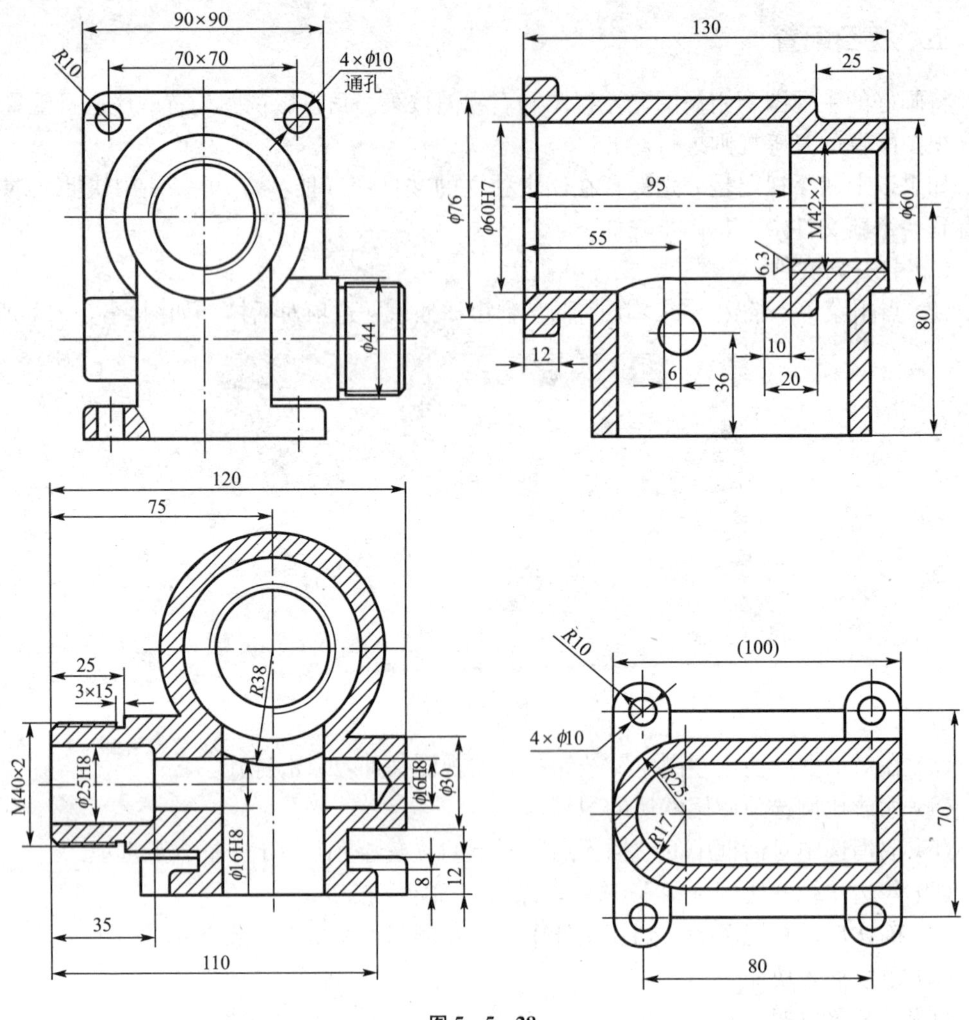

图 5—5—28

六、配置图框和标题栏

(1) 根据图面总体尺寸选择 2＃图框；

(2) 使用插入块命令，插入 2＃图框附带标题栏；

(3) 在插入块选项中勾选“插入点”栏下的“在屏幕上指定”选项，在图面左下角合适位置插入，插入结果如图 5—5—29 所示。

七、标注技术要求

(1) 根据零件加工要求在加工面上标注粗糙度符号；

(2) 在零件主要加工面标注形位公差符号；

(3) 在标题栏上方空白处用文字说明技术要求；

(4) 在出图时为了更形象地表达零件的几何形状，可以将零件的三维图形以轴测图方式附加到图面左下角合适的位置。

完成零件与绘制后，整体效果如图 5—5—30 所示。

RevNo
Revision note
Date
Signature
Checked
D
90×90
70×70
R10
4×φ10
通孔
φ44
B—B
130
25
A
φ76
φ60H7
95
55
M42×2
C2
φ60
80
12
6
36
10
20
D
C
E
B
120
75
25
3×15
R38
M40×2
φ25H8
3.2
φ16H8
φ30
φ16H8
8
12
35
110
C—C
(100)
R10
4×φ10
12.5
R25
R17
70
80
Itemref
Quantity
Title/Name,designation,materlal,dimension etc
Article NO/Reference
Designed by
×××
Checked by
×××
Approved by−date
×××−00/00/00
Flename
×××
Date
00/00/00
Scale
11

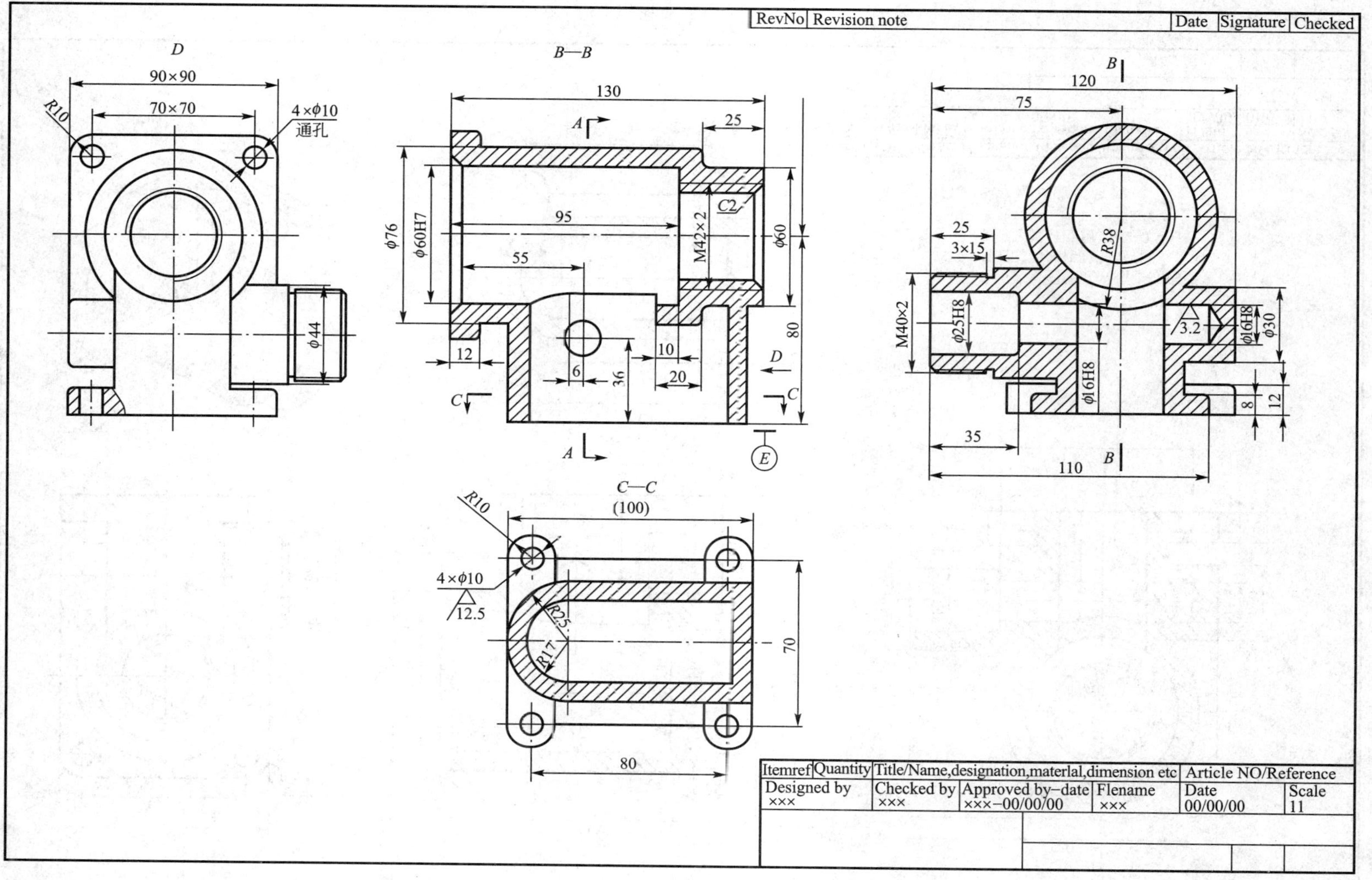

图 5—5—29

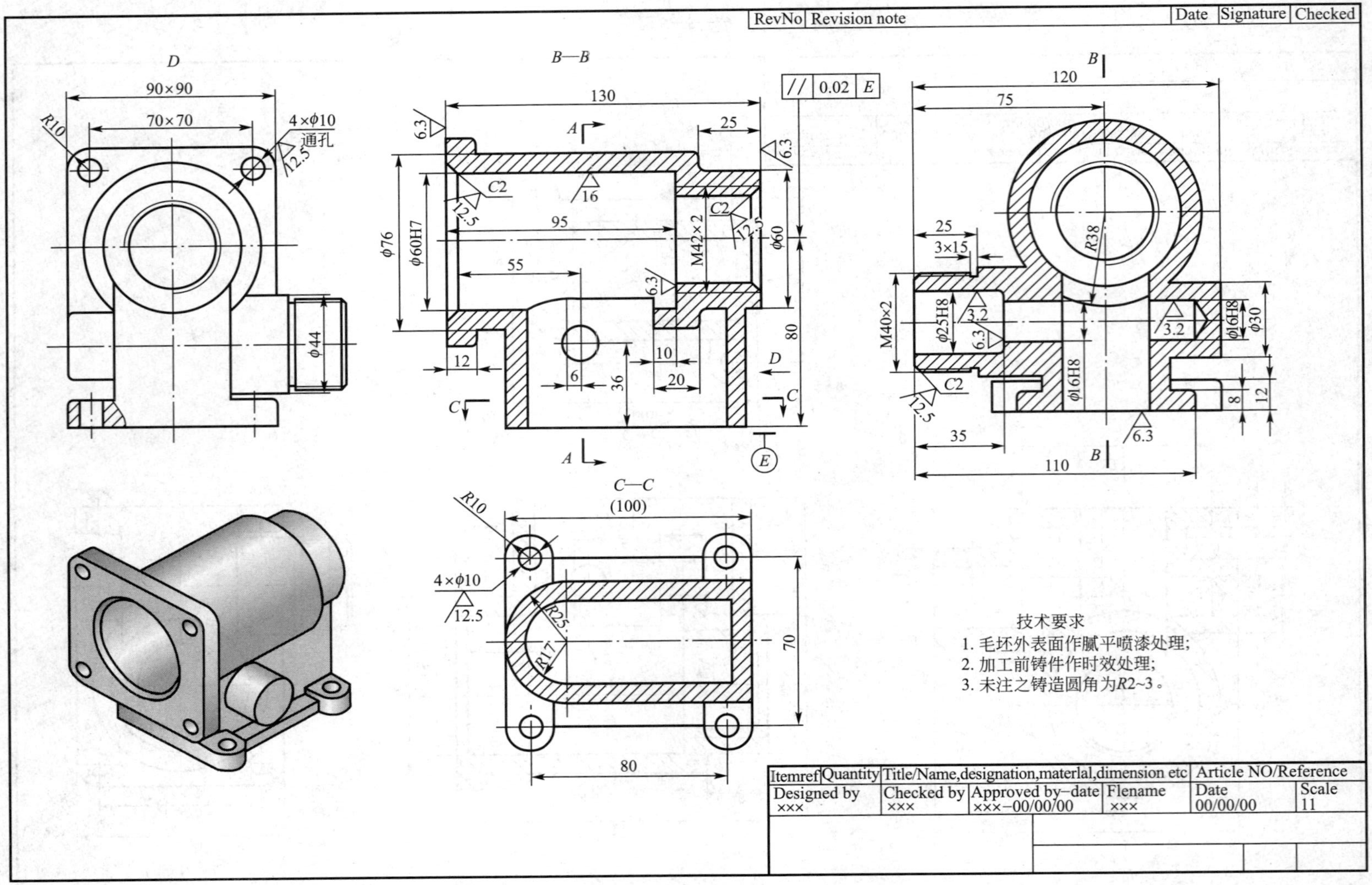

RevNo Revision note
Date Signature Checked
D
90×90
70×70
R10
4×ϕ10
通孔
ϕ44
B—B
130
25
// 0.02 E
ϕ76
ϕ60H7
95
55
M42×2
ϕ60
80
C—C
(100)
70
80
R25
R17
4×ϕ10
120
75
R38
M40×2
ϕ25H8
ϕ16H8
ϕ30
35
110
技术要求
1. 毛坯外表面作腻平喷漆处理;
2. 加工前铸件作时效处理;
3. 未注之铸造圆角为R2~3。
Itemref Quantity Title/Name,designation,materlal,dimension etc Article NO/Reference
Designed by ××× Checked by ××× Approved by–date ×××–00/00/00 Flename ××× Date 00/00/00 Scale 11

图 5—5—30

第六章　装　配　图

装配图是表达机器或部件的工作原理、装配关系、传动路线、连接方式及零件的基本结构的图样。装配图和零件图一样，是生产和科研中的重要技术文件之一。

第一节　装配图的画法

装配图在科研和生产中起着十分重要的作用。在设计产品时，通常是根据设计任务书，先画出符合设计要求的装配图，再根据装配图画出符合要求的零件图；在制造产品的过程中，要根据装配图制定装配工艺规程来进行装配、调试和检验产品；在使用产品时，要从装配图上了解产品的结构、性能、工作原理及保养、维修的方法和要求。如图 6—1—1 所示的球阀，欲了解其结构原理，先要从它的装配原理图看起。

图 6—1—1

图 6—1—1 中的球阀其结构和零件的装配原理如图 6—1—2 所示。

画装配图的任务就是用一组视图来表达产品的内部结构和各部件之间的关系原理。

图 6—1—2

一、装配图的内容

1. 一组视图

用一组视图表达机器或部件的工作原理、装配关系、传动路线、连接方式及零件的基本结构。

仍然以球阀为例，以一组视图来表达球阀主体内部结构（阀芯、阀杆、压圈及密封件）的装配关系，阀杆与扳手的装配关系，阀体的连接关系等。

（1）球阀的内部结构如图 6—1—3 所示。

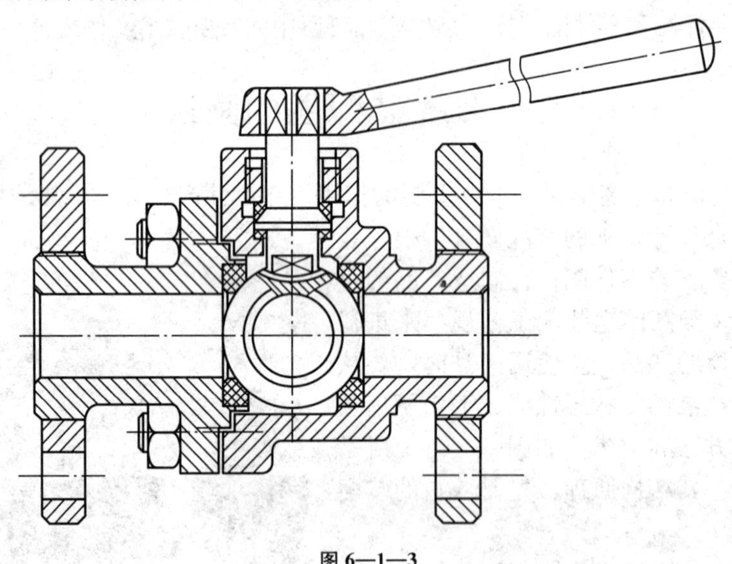

图 6—1—3

（2）为了表达阀体的连接关系以及法兰的连接关系和扳手的工作位置，辅以一个俯视图，如图 6—1—4 所示。

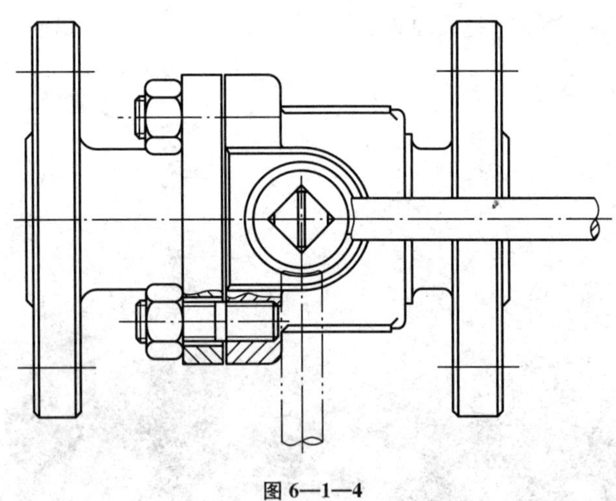

图 6—1—4

2. 必要的尺寸

用以表示机器或部件的性能、规格、外形大小及装配、检验、安装所需的尺寸。给主视图标注规格、外形大小及装配、检验、安装所需的尺寸，如图 6—1—5 所示。

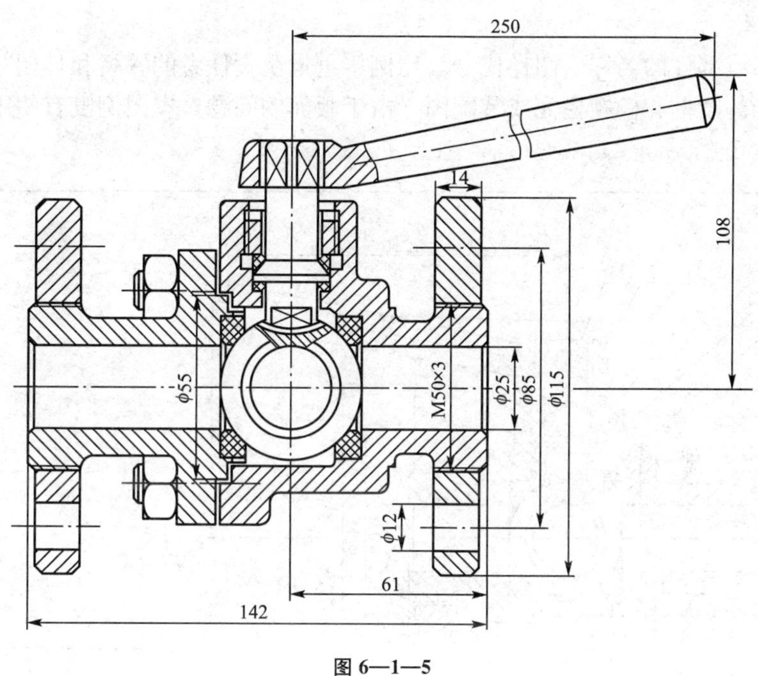

图 6—1—5

3. 技术要求

用符号或文字注写的机器或部件在装配、检验、调试和使用等方面的要求、规则和说明等。

4. 零件的序号和明细栏

组成机器或部件的每一种零件（结构形状、尺寸规格及材料完全相同的为一种零件），在装配图上，必须按一定的顺序编上序号，并编制出明细栏。明细栏中注明各种零件的序号、代号、名称、数量、材料、重量、备注等内容，以便读图、图样管理及进行生产准备、生产组织工作，如图 6—1—6 所示。

13	阀杆	1	Cr18Ni9Ti	
12	扳手	1	Q235	
11	压圈	1	45	
10	阀体	1	Cr18Ni9Ti	
9	密封环	1	聚乙烯	
8	垫圈	1	聚乙烯	
7	垫片	1	聚乙烯	
6	法兰	2	45	
5	接头	1	Cr18Ni9Ti	
4	阀芯	1	Cr18Ni9Ti	
3	密封圈	2	聚乙烯	
2	螺栓	4	M12×25	GB/T 6170—2000
1	螺母	4	M12	GB/T 6170—2000
序号	名称	数量	材料	附注

图 6—1—6

5. 标题栏

说明机器或部件的名称、图样代号、比例、重量及责任者的签名和日期等内容。给装配图配置适当的图框和标题栏完成装配图（由于版面的问题，本图例没有使用标准规格图框），如图 6—1—7 所示。

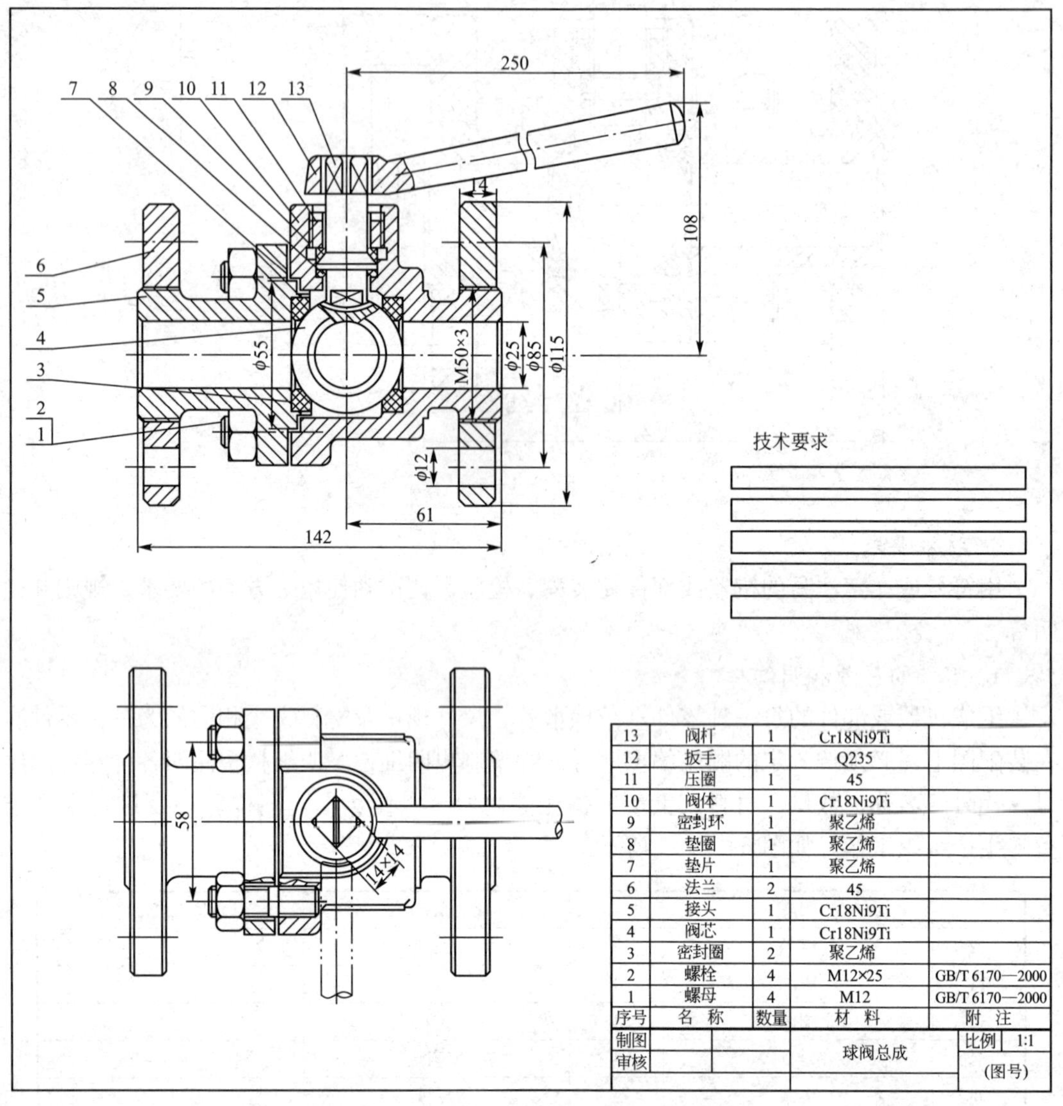

图 6—1—7

二、装配图的规定画法

画装配图不仅要包含以上所述的全部内容，具体绘制当中还要遵循一定规则。

1. 规定的一般画法

(1) 两零件的接触面和配合面只画一条线，如图 6—1—8 所示。

(2) 两基本尺寸不相同的不接触表面和非配合表面，即使其间隙很小，也必须画两条线，如图 6—1—9 所示。

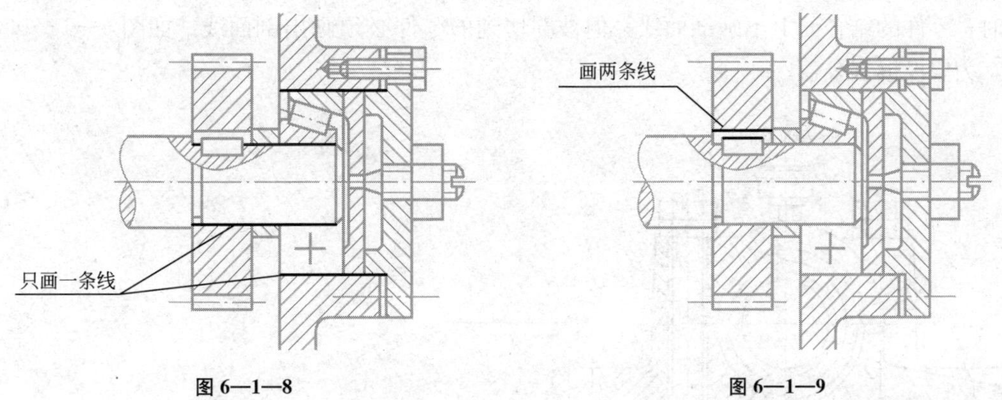

图 6—1—8　　图 6—1—9

(3) 在剖视图或断面图中，相邻两个零件的剖面线倾斜方向应相反，或方向一致而间隔不同，如图 6—1—10 所示。但在同一张图样上同一个零件在各个视图中的剖面线方向、间隔必须一致。

(4) 厚度小于或等于 2 毫米的狭小面积的剖面，可用涂黑代替剖面符号，如图 6—1—11 中箭头所指部位。

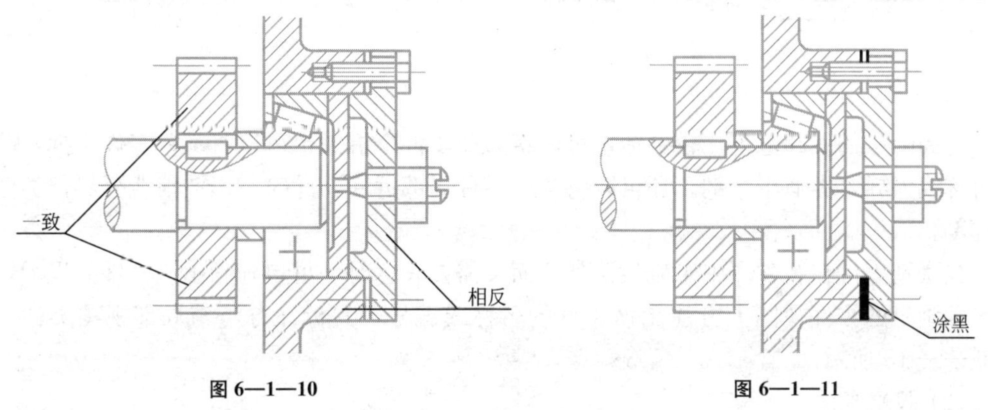

图 6—1—10　　图 6—1—11

(5) 在装配图中，对于紧固件以及轴、连杆、球、钩子、键、销等实心零件，若按纵向剖切，且剖切平面通过其对称平面或轴线时，则这些零件均按不剖绘制，如图 6—1—12 所示。当需要特别表明轴等实心零件上的凹坑、凹槽、键槽、销孔等结构时，另外采用局部剖视来表达。

2. 规定的特殊表达方法

(1) 拆卸画法。

装配体上零件间往往有重叠现象，当某些零件遮住了需要表达的结构与装配关系时，可采用拆卸画法：假想将一些零件拆去后再画出剩下部分的视图，如图 6—1—13 所示，拆去轴承盖等零件后，对轴承座进行半剖。

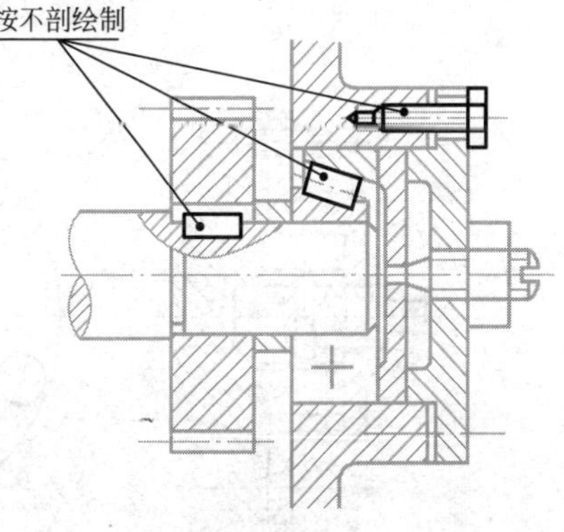

图 6—1—12

采用拆卸画法的视图需加以说明时，可标注“拆去××零件”等字样。

假想沿零件的结合面剖切，相当于把剖切面一侧的零件拆去，再画出剩下部分的视图。

此时，零件的结合面上不画剖面线，但被剖切到的零件必须画出剖面线。如图 6—1—14 所示，为假设拆去泵盖。

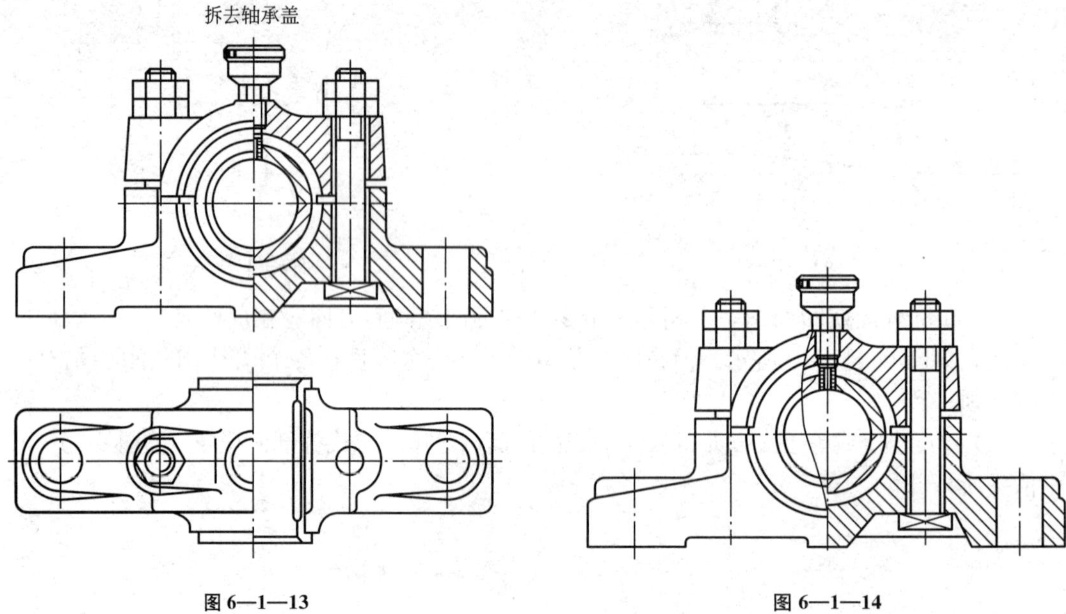

图 6—1—13　　图 6—1—14

拆卸画法的拆卸范围比较灵活，可以将某些零件全拆。也可以将某些零件半拆，此时以对称线为界，类似于半剖。还可以将某些零件局部拆卸，此时，以波浪线分界，类似于局部剖。

当个别零件在装配图中未表达清楚，而又需要表达时，可单独画出该零件的视图，并在单独画出的零件视图上方注出该零件的名称或编号，其标注方法与局部视图类似，如图 6—1—15 所示。

（2）假想画法。

1）当需要表达所画装配体与相邻零件或部件的关系时，可用双点划线假想画出相邻零件或部件的轮廓，如图 6—1—16 所示。

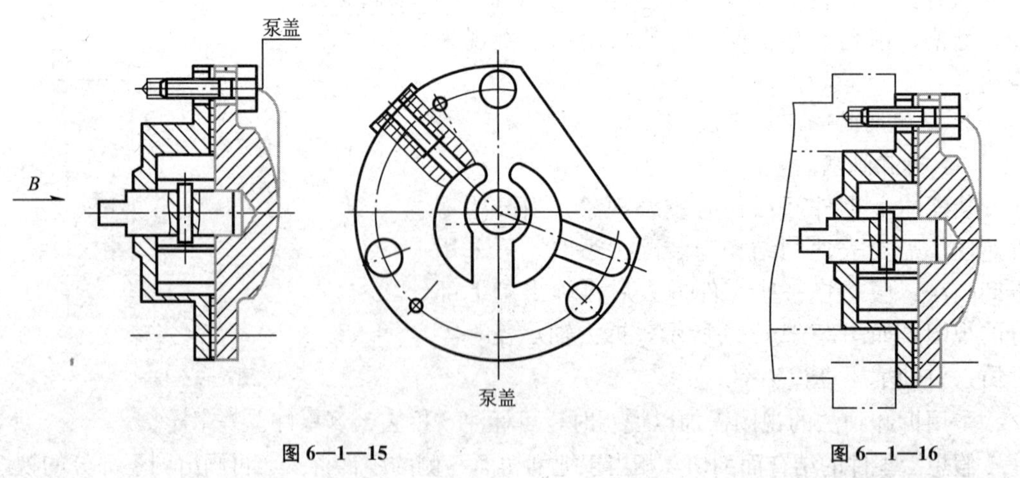

图 6—1—15　　图 6—1—16

2）当需要表达某些运动零件或部件的运动范围及极限位置时，可用双点划线画出其极限位置的外形轮廓。如图 6—1—17 所示的手柄旋转极限位置图。

3）当需要表达钻具、夹具中所夹持工件的位置情况时，可用双点划线画出所夹持件的外形轮廓，如图 6—1—18 所示。

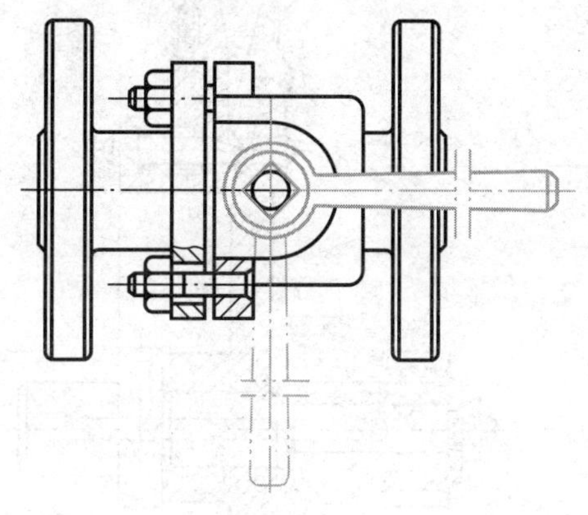

图 6—1—17

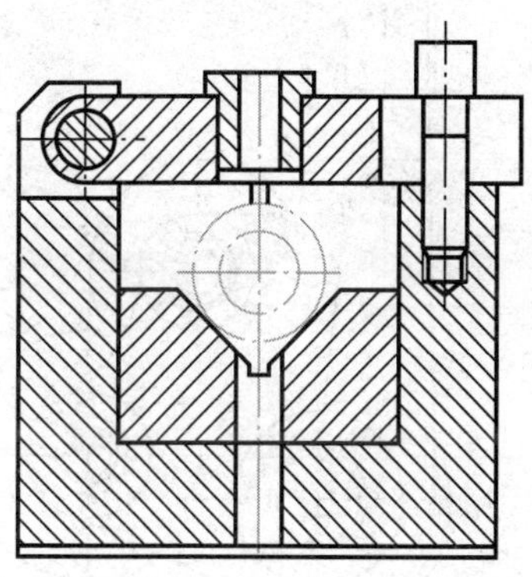

图 6—1—18

（3）夸大画法。

在装配图中，如绘制厚度很小的薄片、直径很小的孔以及很小的锥度、斜度和尺寸很小的非配合间隙时，这些结构可不按原比例而夸大画出。如图 6—1—19 中的垫片。

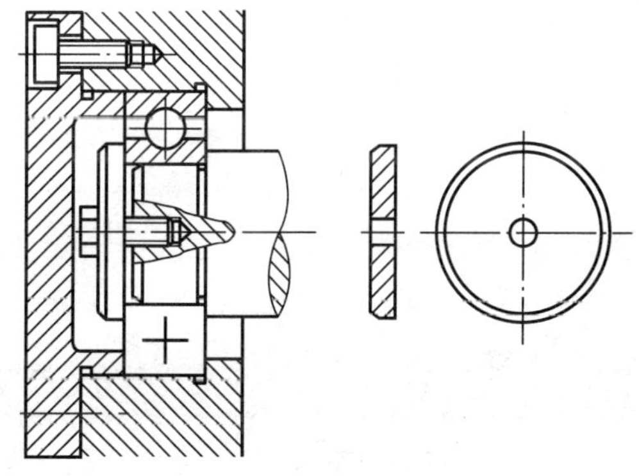

图 6—1—19

（4）展开画法。

为了表达传动机构的传动路线和装配关系，可假想按传动顺序沿轴线剖切，然后依次将各剖切平面展开在一个平面上，画出其剖视图。此时应在展开图的上方注明“×—×展开”字样。如图 6—1—20 所示。

（5）简化画法。

1）装配图中，零件的工艺结构，如小圆角、倒角、退刀槽等可不画出，如图 6—1—21 所示，1 所指部位的退刀槽、圆角及轴端倒角都未画出。

2）在装配图中，螺栓、螺母等可按简化画法画出，即螺栓上螺纹一端的倒角可不画出，螺栓头部及螺母的倒角也不画出，如图 6—1—22 中 2 所指部分。

3）对于装配图中若干相同的零件组，如螺栓、螺母、垫圈等，可只详细地画出一组或几组，其余用点划线表示出装配位置即可；装配图中的滚动轴承，也可只画出一半，另一半按规定示意画法画出，如图 6—1—23 中所指部分。

4）在装配图中，当剖切平面通过的某些组件为标准产品，或该组件已由其他图形表达清楚时，则该组件可按不剖绘制，如图 6—1—24 所示。

5）在装配图中，在不致引起误解、不影响看图的情况下，剖切平面后不需表达的部分可省略不画。如图 6—1—25 所示，*A*—*A* 视图中上部的螺纹紧固件及与其接触的夹板可见部分都被省略。

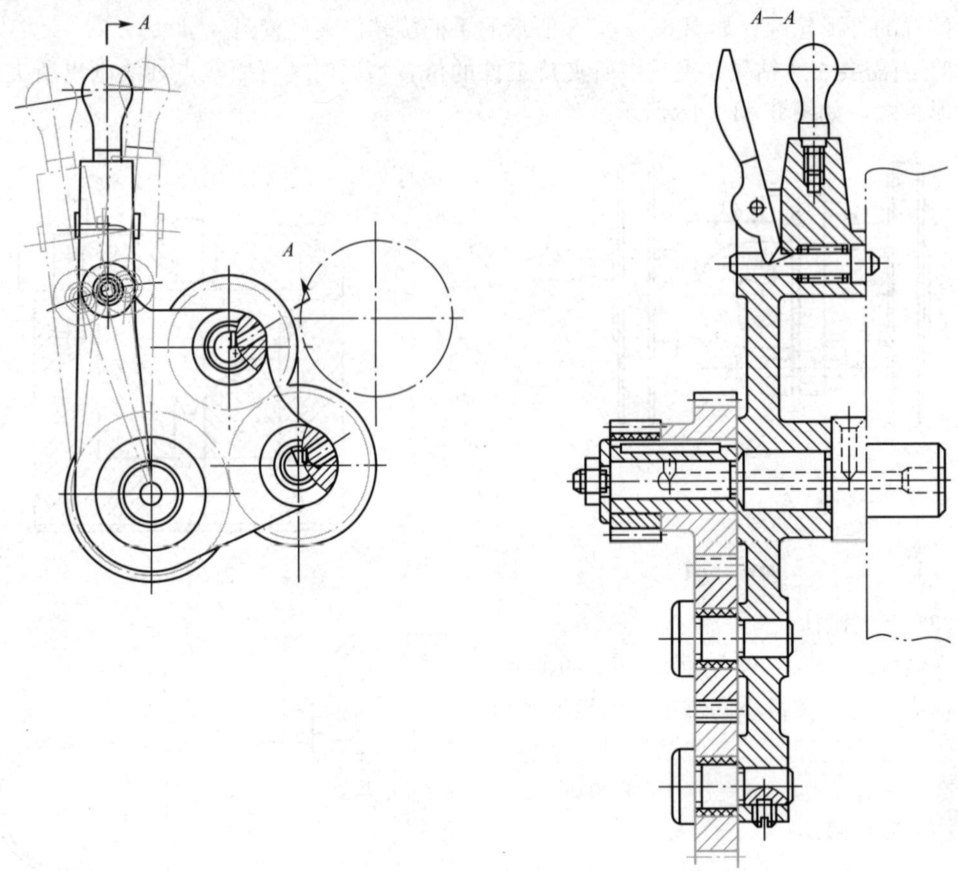

图 6—1—20

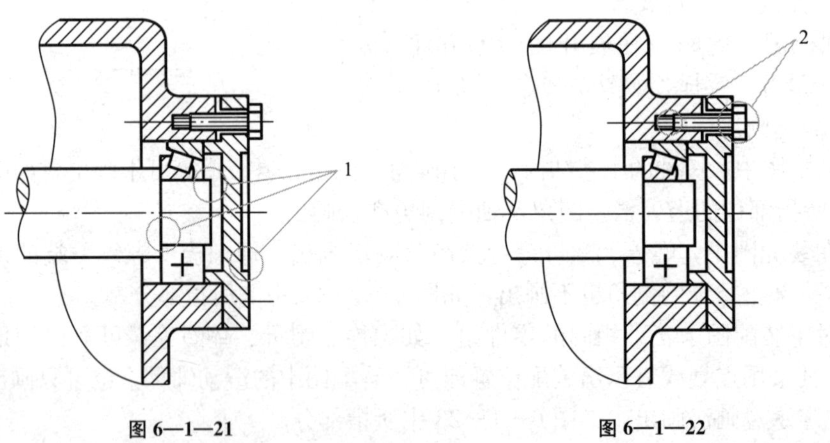

图 6—1—21　　　　图 6—1—22

装配图在科研和生产中起着十分重要的作用。在设计产品时，通常是根据设计任务书，先画出符合设计要求的装配图，再根据装配图画出符合要求的零件图；在制造产品的过程中，要根据装配图制定装配工艺规程来进行产品装配、调试和检验；在使用产品时，要从装配图上了解产品的结构、性能、工作原理及保养、维修的方法和要求。

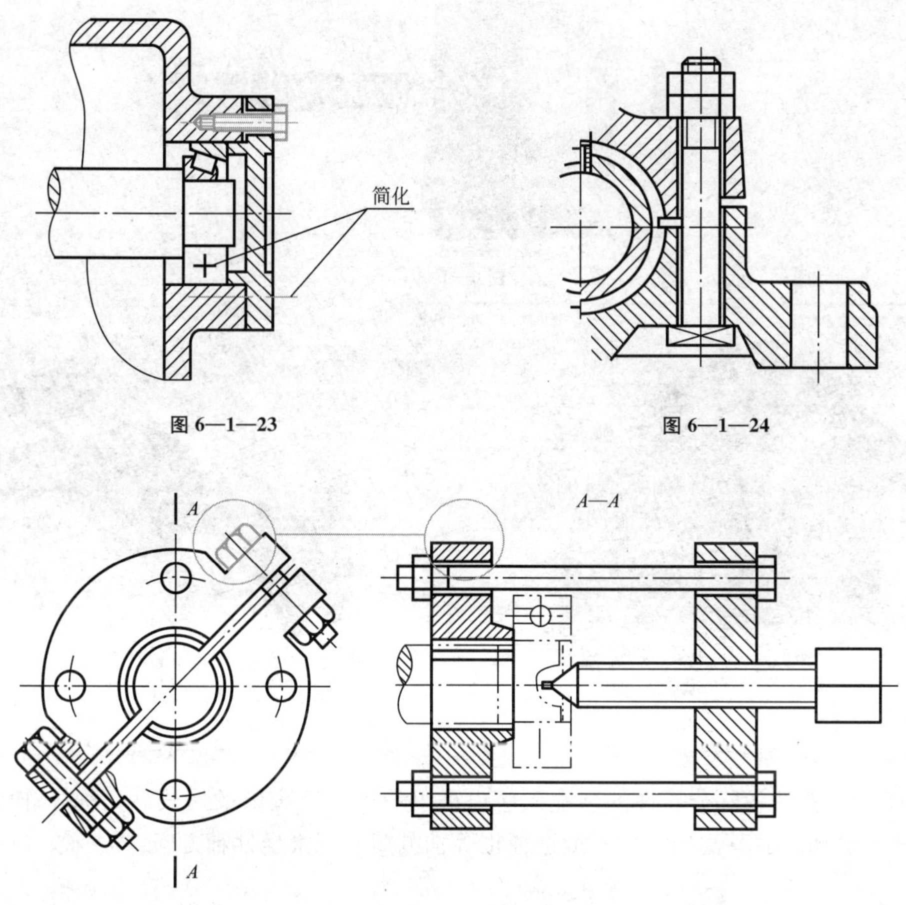

图 6—1—23

图 6—1—24

图 6—1—25

装配图和零件图一样，也是按正投影的原理、方法和《机械制图》国家标准的有关规定绘制的。零件图的表达方法（视图、剖视、断面等）及视图选用原则，一般都适用于装配图。但由于装配图与零件图各自表达对象的重点及在生产中所使用的范围有所不同，因而国家标准对装配图在表达方法上还有一些专门规定。

3. 三维实体装配图的画法

CAD 不但可以绘制平面（二维）装配图，在绘制三维实体装配图方面也具有一定的优势，三维实体装配图比起二维平面装配图也更为直观实用。

(1) 为了清楚表达各个部件之间的关系，绘制三维实体装配图时，各部件的外形尺寸必须使用零件的真实尺寸。

(2) 为了表达机件装配关系的细微之处可以使用局部放大的方法，如图 6—1—26 所示。

(3) 为了表达内部的装配关系可以假设拆除部分外部零件，如图 6—1—27 所示为减速器假设拆除机盖后的装配关系。

(4) 在使用三维模型构成装配图时，在装配图图纸中实体装配图的配置不受投影视图投影方向的约束。为了表达其内部结构，外表部分可以用线框方式显示。如图 6—1—28 所示的内燃机气缸装配示意图。

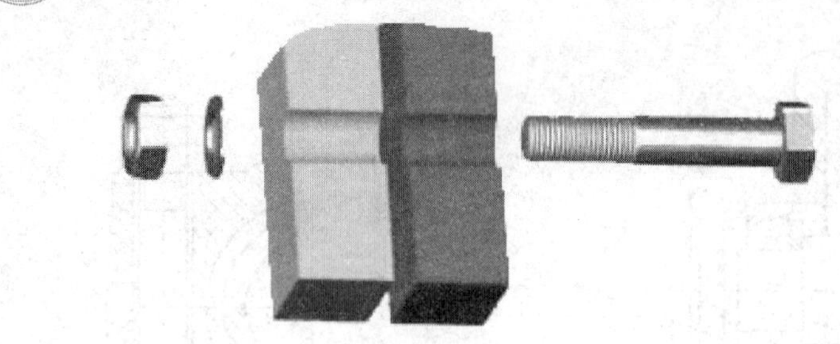

图 6—1—26

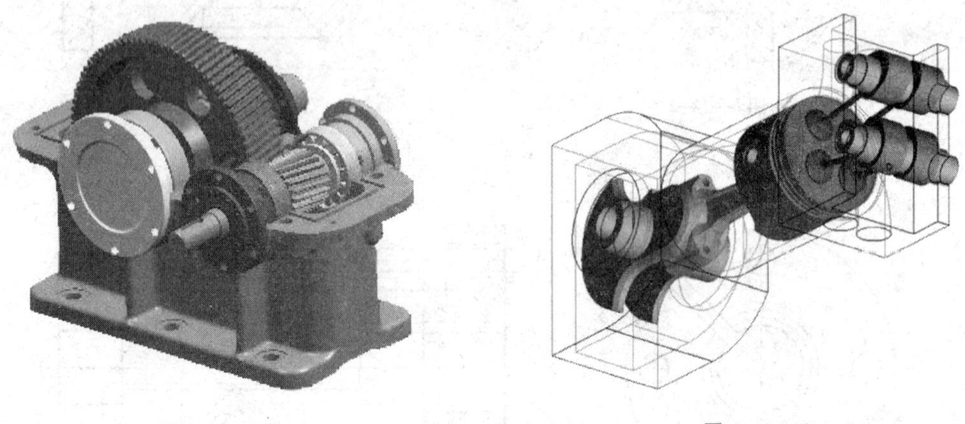

图 6—1—27　　　　图 6—1—28

(5) 为了表达各部分零件的装配顺序也可以使用拆装离散的形式（又称爆炸图），如图 6—1—29 所示。其离散方向一般选择正等轴测图的三维坐标轴方向。

图 6—1—29

第二节　装配图的视图选择

画装配图时，必须把装配体的工作原理、装配关系、传动路线、连接方式及零件的主要结构等了解清楚，进行深入细致的分析和研究，才能确定出较为合理的表达方案。由于计算机制图（CAD）技术的出现和发展，提供了三维图形技术发展的空间，装配图的画法更富于多样化和形象化。

与零件图一样，应使所选的每一个视图都有其表达的重点内容，具有独立存在的意义。一般来讲，选择表达方案时应遵循这样的思路：以装配体的工作原理为线索，从装配干线入手，用主视图及其他基本视图来表达对部件功能起决定作用的主要装配干线，兼顾次要装配干线，再辅以其他视图表达基本视图中没有表达清楚的部分，最后达到把装配体的工作原理、装配关系等完整清晰地表达出来的目的。

一、确定装配体的安放位置

一般可将装配体按其在机器中的工作位置安放，以便了解装配体的情况及与其他机器的装配关系。如果装配体的工作位置倾斜，为画图方便，通常将装配体按放正后的位置画图。

（1）确定主视图的投影方向。装配体的位置确定以后，应该选择能较全面、明显地反映该装配体的主要工作原理、装配关系及主要结构的方向作为主视图的投影方向，如图 6—2—1 所示。

（2）确定主视图的表达方法。由于多数装配体都有内部结构需要表达，因此，主视图多采用剖视图画出。所取剖视的类型及范围，要根据装配体内部结构的具体情况决定。

（3）主视图确定之后，若还有带全局性的装配关系、工作原理及主要零件的主要结构未表达清楚，应选择其他基本视图来表达。

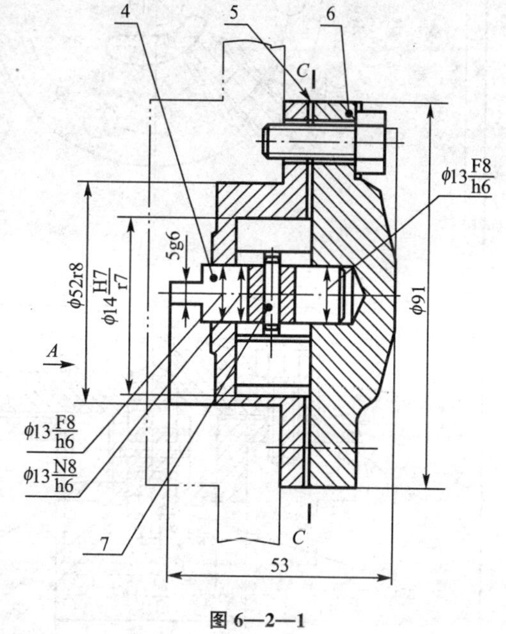

图 6—2—1

基本视图确定后，若装配体上尚还有一些局部的外部或内部结构需要表达时，可灵活地选用局部视图、局部剖视或断面等来补充表达。

如图 6—2—2 所示为转子油泵总装图。

二、注意事项

在决定装配体的表达方案时，还应注意以下问题：

（1）应从装配体的全局出发，综合进行考虑。特别是一些复杂的装配体，可能有多种表达方案，应通过比较择优选用。

图 6—2—3 是蜗轮减速器的装配图，选择将蜗杆部分装配为主要表达内容，用局部剖视图来表示。

（2）设计过程中绘制的装配图应详细一些，以便为零件设计提供结构方面的依据。指导装配工作的装配图，则可简略一些，重点在于表达每种零件在装配体中的位置，如图 6—2—4 所示。

（3）装配图中，装配体的内外结构应以基本视图来表达，而不应以过多的局部视图来表达，以免图形支离破碎，看图时不易形成整体概念。

C—C
进油孔
φ18
φ73
3
φ52r8
φ41 H7/r7
5g6
φ13 F8/h6
φ13 N8/h6
φ91
53
A(零件6)
B
出油孔
B(零件6)
M18×1-7H
技术要求
1. 装配后内外转子应转动灵活;
2. 以1000r/min,油压为0.3MPa,历时5min不得有诊断现象;
3. 调整零件5垫片厚度,以便保证端面间隙为0.04~0.08mm;
4. 内转子齿面曲线为圆的共轮曲线。
9 螺栓M8×25 3 8.8级 GB/T 5783—2000
8 销4×20 2 35 GB/T 119.2—2000
7 销5m6×14 1 35 GB/T 119.1—2000
6 泵盖 1 HT200
5 垫片 1 青壳纸 0.1—0.2
4 泵轴 1 45
3 内转子 1 线基粉末冶金
2 外转子 1 线基粉末冶金
1 泵体 1 HT200
序号 名称 数量 材料 附注
制图 2002-12-19 转子油泵 比例 1:1
审核 2002-12-25
(校名、班号) (图号)
AeaiNa Revisasn nate Date Sugrature Chached

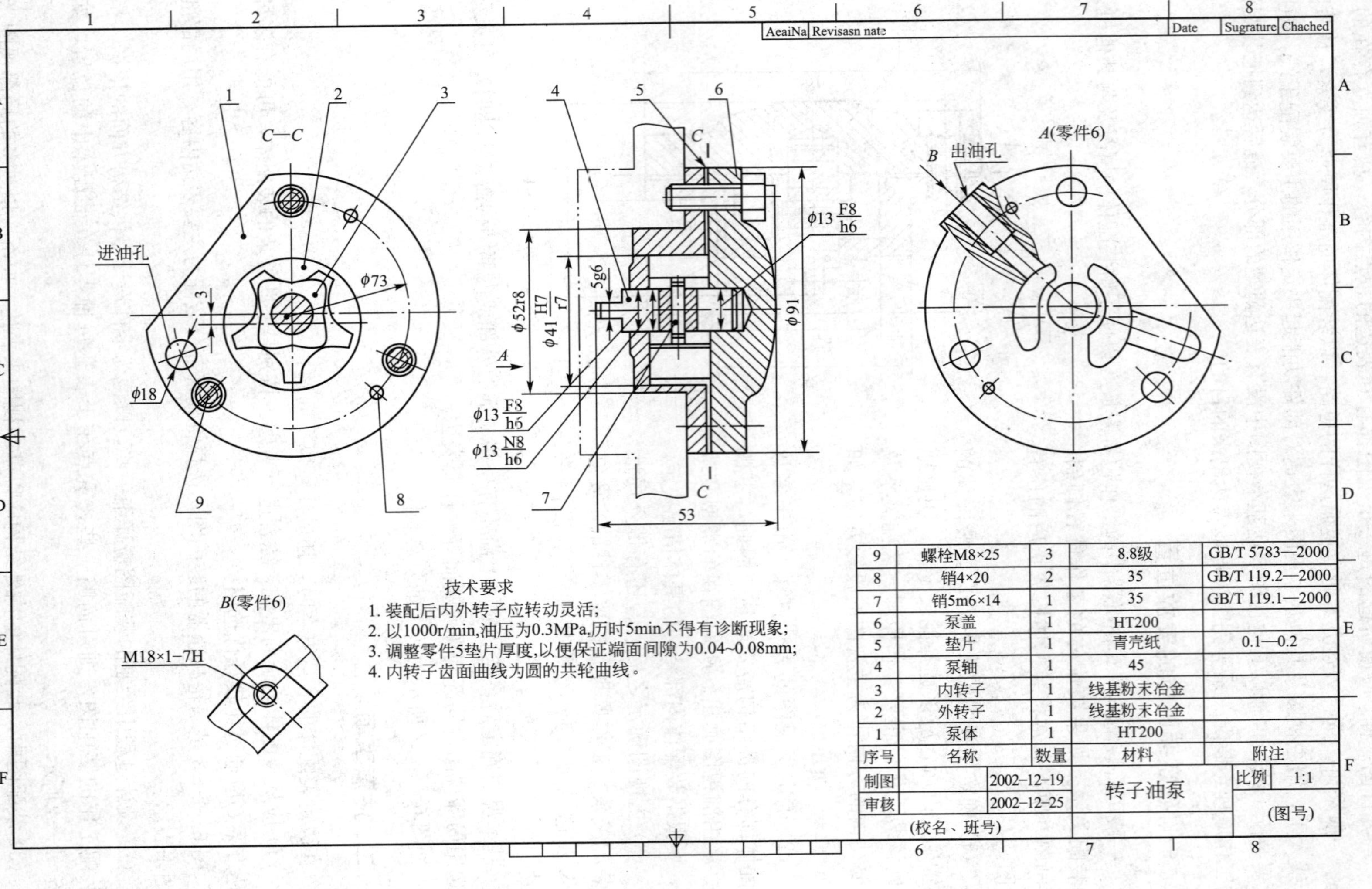

图 6—2—2

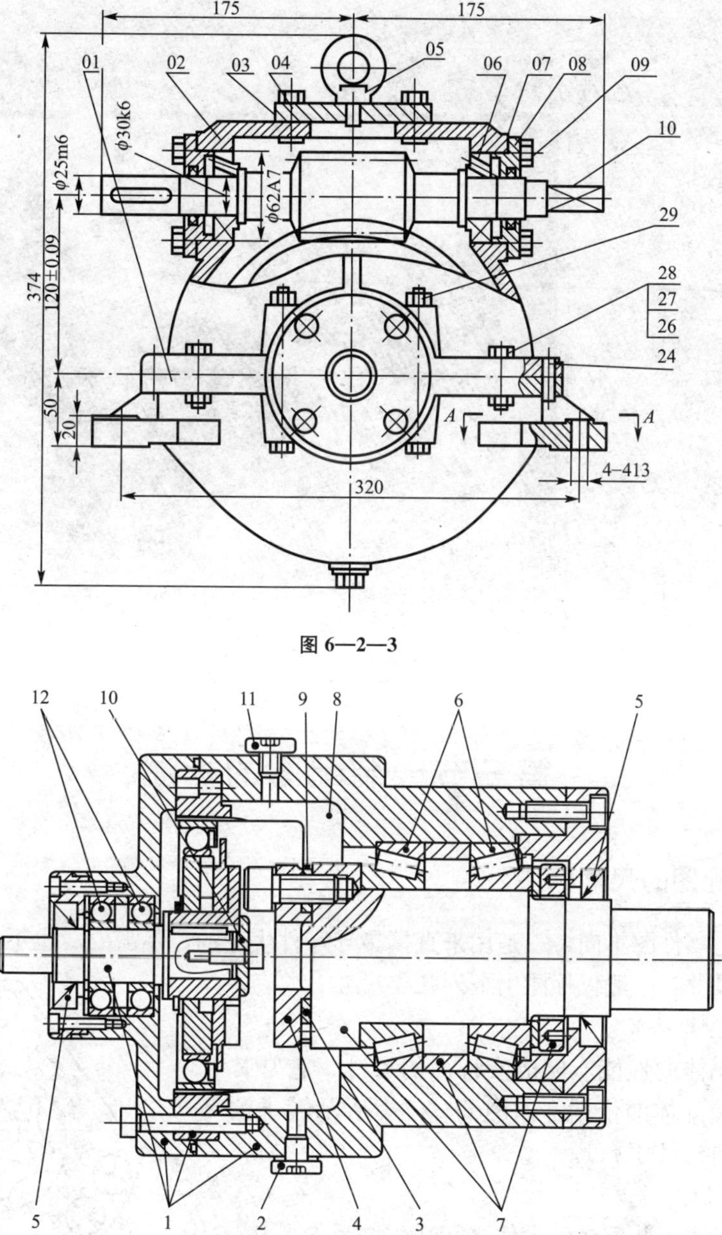

图 6—2—3

图 6—2—4

(4) 若视图需要剖开绘制时，一般应从各条装配干线的对称面或轴线处剖开。同一视图中不宜采用过多的局部剖视，以免使装配体的内外结构表达不完整。

(5) 在使用计算机图形文件作为技术文件时，三维实体装配图是技术文件的主体，一般情况下只要将所有部件按照实际装配关系组装在一起就可以了，不必做另外的辅助视图。需要查看各部件装配关系时，可以使用计算机软件 e－Drawings 打开 AutoCAD 文件，就可以了。在 e－Drawings 中三维实体组装图可以在三维空间内任意旋转，还可以通过图层控制显示任意单个零件，还可以使用拆装工具拆卸装配图中的任意零件，使得三维装配图发挥出优越功能，如图 6—2—5 所示。

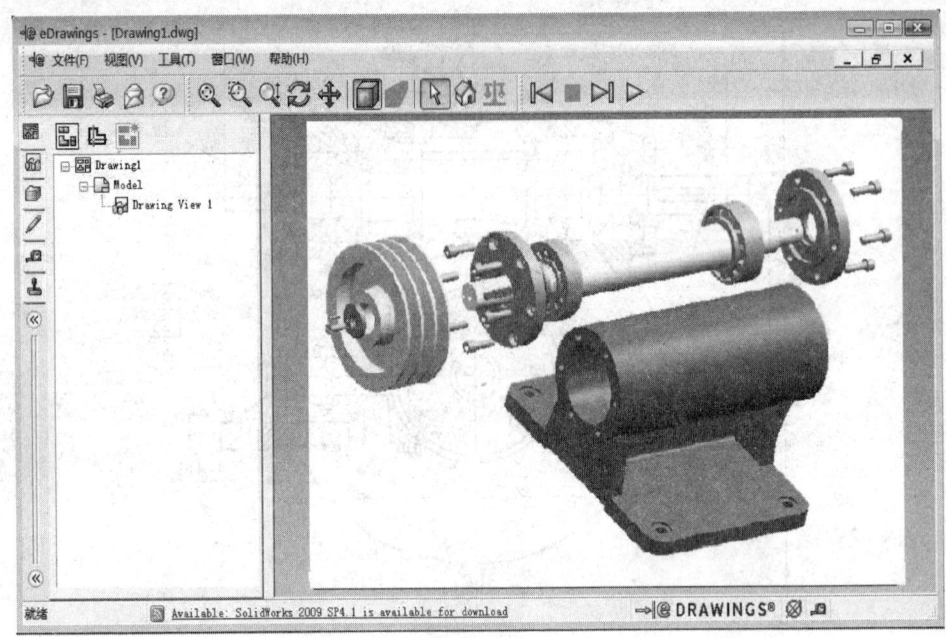

图 6—2—5

第三节　装配图的标注

一、装配图的尺寸标注

装配图与零件图不同，不是用来直接指导零件生产的，不需要、也不可能注出每一个零件的全部尺寸，一般仅标注出下列几类尺寸：

1. 特性、规格尺寸

表示装配体的性能、规格或特征的尺寸。它常常是选择使用装配体的依据。如图 6—3—1 所示转子油泵图中的透油孔尺寸 $\phi11$。

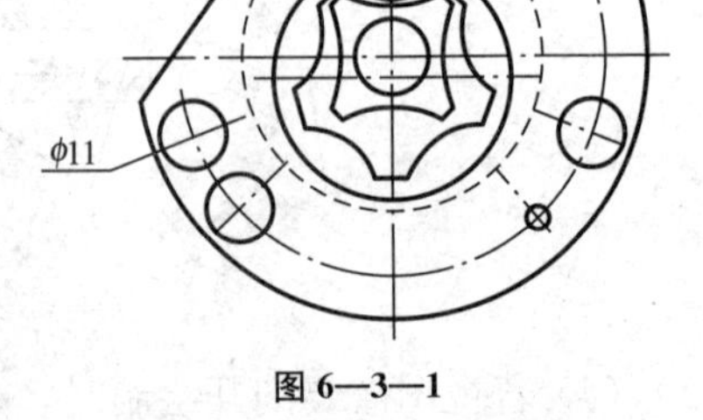

图 6—3—1

2. 装配尺寸

装配尺寸表示装配体各零件之间装配关系的尺寸。

(1) 配合尺寸：表示零件配合性质的尺寸，如图 6—3—2 所示的 $\phi13F8/h6$。

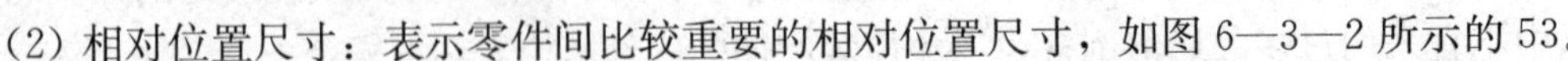

(2) 相对位置尺寸：表示零件间比较重要的相对位置尺寸，如图 6—3—2 所示的 53。

3. 安装尺寸

安装尺寸表示装配体安装时所需要的尺寸。如图 6—3—3 所示的安装孔的定位尺寸 $\phi73$ 等。

4. 外形尺寸

外形尺寸表示装配体的外形轮廓尺寸，如总长、总宽、总高等。这是装配体在包装、运输、安装时所需的尺寸，如图 6—3—4 所示。

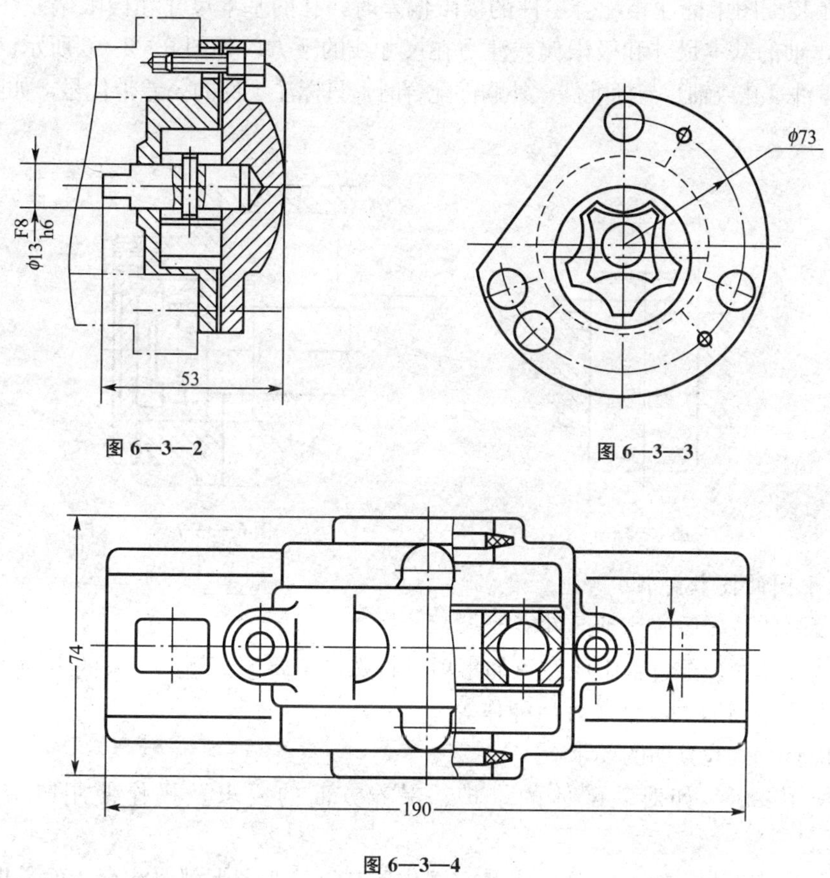

图 6—3—2

图 6—3—3

图 6—3—4

5. 其他重要尺寸

经计算或选定的不能包括在上述几类尺寸中的重要尺寸，此外，有时还需要注出运动零件的极限位置尺寸。

上述几类尺寸，并非在每一张装配图上都必须注全，应根据装配体的具体情况而定。在有些装配图上，同一个尺寸，可能兼有几种含义。

二、装配图的公差标注与技术要求

1. 装配图的公差标注

(1) 在装配图上，一般标注配合代号也可标注极限偏差。在装配图上标注线性尺寸的配合代号时，配合代号必须注写在基本尺寸的右边，用分数形式注出，分子为孔的公差带代号，分母为轴的公差带代号，如图 6—3—5(a) 所示。也允许按图 6—3—5(b) 或图 6—3—5(c) 所示的形式标注。

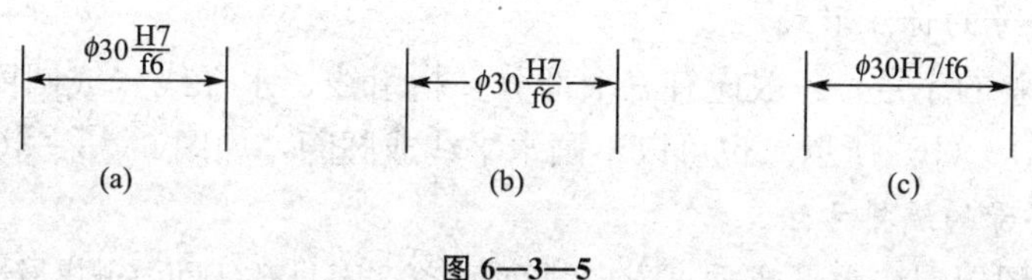

图 6—3—5

（2）在装配图中标注相配合零件的极限偏差时，孔的基本尺寸和极限偏差注写在尺寸线的上方，轴的基本尺寸和极限偏差注写在尺寸线的下方，如图 6—3—6 所示。

（3）零件（孔或轴）与标准件、外购件配合时，只标注零件的公差带代号，如图 6—3—7 所示。

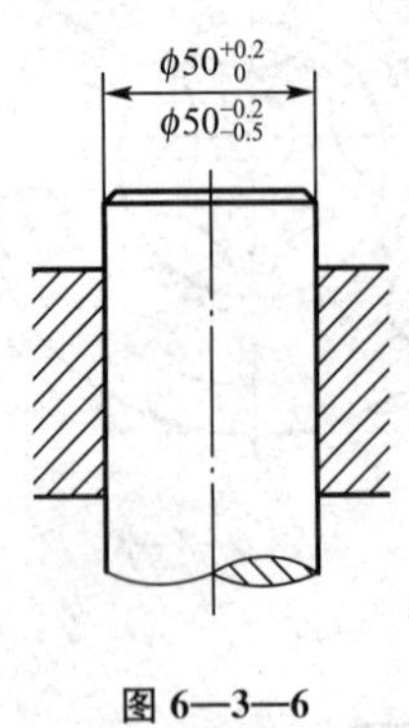

图 6—3—6

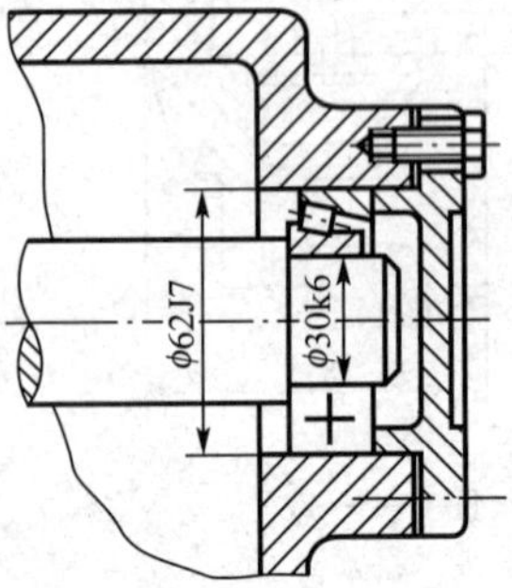

图 6—3—7

2. 装配图的技术要求

（1）装配体装配后应达到的性能要求。

（2）装配体在装配过程中应注意的事项及特殊加工要求。例如，有的表面需装配后加工，有的孔需要将有关零件装好后配作等。

（3）检验、试验方面的要求。

（4）使用要求。如对装配体的维护、保养方面的要求及操作使用时应注意的事项等。

与装配图中的尺寸标注一样，不是上述内容在每一张图上都要注全，而是根据装配体的需要来确定。

技术要求一般注写在明细表的上方或图纸下部空白处。如果内容很多，也可另外编写成技术文件作为图纸的附件。

三、装配图上的零部件序号

为了便于看图和图纸的配套管理以及生产组织工作的需要，装配图中的零件和部件都必须编写序号，同时要编制相应的明细栏。

1. 关于零部件序号标注的一般规定

（1）装配图中所有零、部件都必须编写序号。

（2）装配图中，一个部件可只编写一个序号，例如滚动轴承就只编写一个序号；同一装配图中，尺寸规格完全相同的零部件，应编写相同的序号。

（3）装配图中的零部件的序号应与明细栏中的序号一致。

2. 零部件序号的标注形式

标注一个完整的序号，一般应有三个部分：指引线、水平线（或圆圈）及序号数字，如图 6—3—8（a）、（b）所示。也可以不画水平线或圆圈，如图 6—3—8(c) 所示。

3. 零部件序号的编排方法

序号在装配图周围按水平或垂直方向排列整齐，序号数字可按顺时针或逆时针方向依

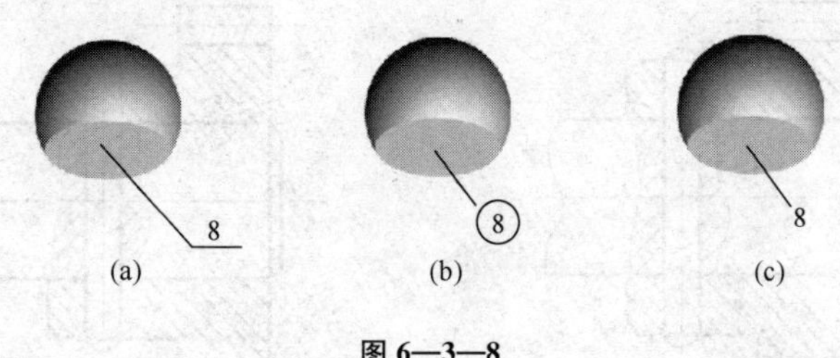

图 6—3—8

次增大，以便查找。在一个视图上无法连续编完全部所需序号时，可在其他视图上按上述原则继续编写。

4. 其他规定

(1) 同一张装配图中，编注序号的形式应一致。

(2) 当序号指引线所指部分内不便画圆点时（如很薄的零件或涂黑的剖面），可用箭头代替圆点，箭头需指向该部分轮廓，如图 6—3—9 所示。

(3) 指引线可以画成折线，但只可曲折一次，如图 6—3—10 所示。

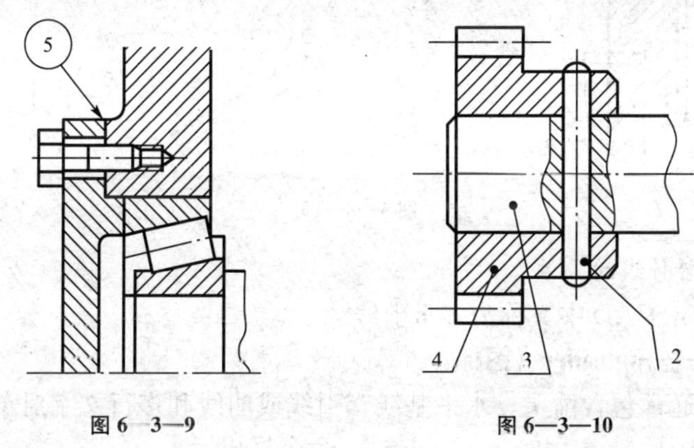

图 6—3—9　　图 6—3—10

(4) 指引线不能相交，如图 6—3—11 所示。

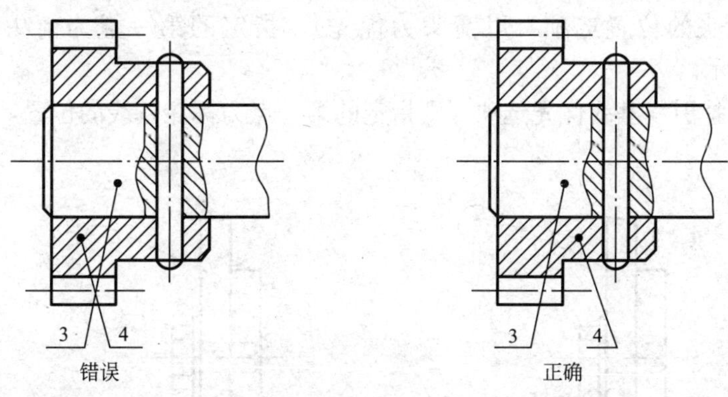

图 6—3—11

(5) 当指引线通过有剖面线的区域时，指引线不应与剖面线平行，如图 6—3—12 所示。

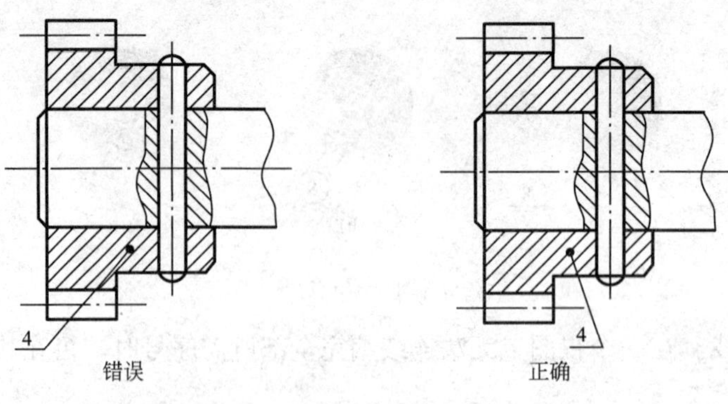

图 6—3—12

(6) 一组紧固件或装配关系清楚的零件组，可采用公共指引线，注法如图 6—3—13 所示，但应注意水平线或圆圈要排列整齐。

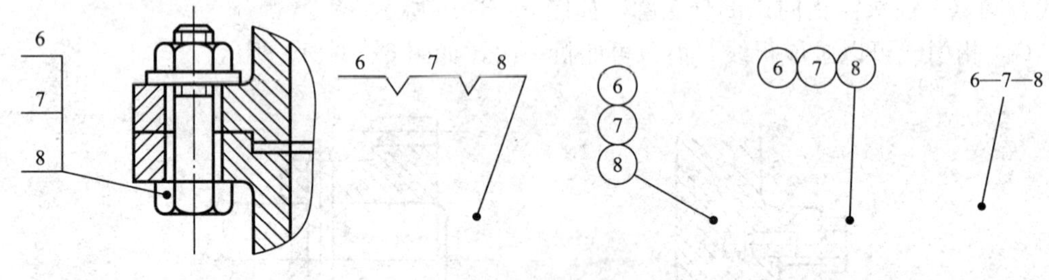

图 6—3—13

5. CAD 制图指引线的画法

指引线，在 AutoCAD 中又称为多重引线。

多重引线命令——mleader（图标：）

多重引线对象通常包含箭头、水平基线、引线或曲线和多行文字对象或块。

点击多重引线图标或键入命令 mleader↓；命令栏提示：

指定引线箭头的位置或［引线基线优先（L）/内容优先（C）/选项（O）］<选项>：

---

(1) 指定箭头的位置选项（以箭头为优先），指定的第一点为箭头的指向点，如图 6—3—14 所示。

(2) 如果选择引线基线优先选项，则指定的第一点为标注基线的位置，如图 6—3—15 所示。

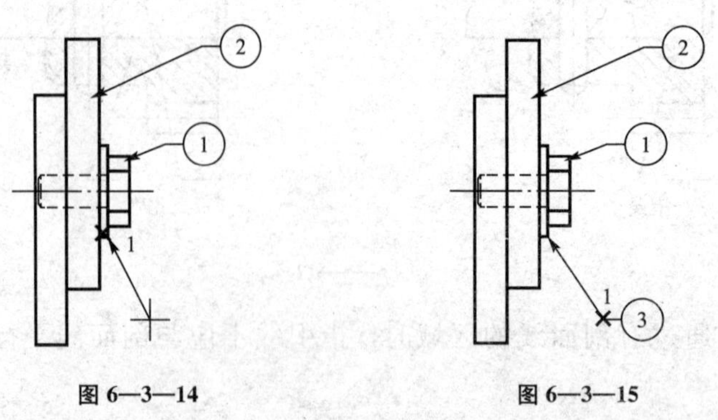

图 6—3—14　　图 6—3—15

(3) 如果选择内容优先则第一点指定与多重引线对象相关联的文字或块的位置。

(4) 在选择上述任一选项后，↓，命令栏会有新的提示：

输入选项［引线类型 (L)/引线基线 (A)/内容类型 (C)/最大节点数 (M)/第一个角度 (F)/第二个角度 (S)/退出选项 (X)］<引线类型>：

多重引线对象可以包含多条引线，每条引线可以包含一条或多条线段，因此，一条说明可以指向图形中的多个对象。可以在“特性”选项板中修改引线线段的特性，如图 6—3—16 所示。

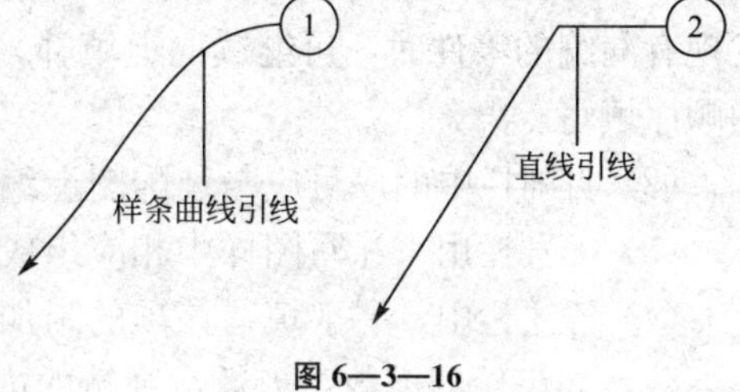

图 6—3—16

合并多重引线命令——mleadercollect（图标： ）

可以合并内容为块的多重引线对象并将其附着到一个基线。使用 mleadercollect 命令，可以根据图形需要水平、垂直或在指定区域内合并多重引线，如图 6—3—17 所示。

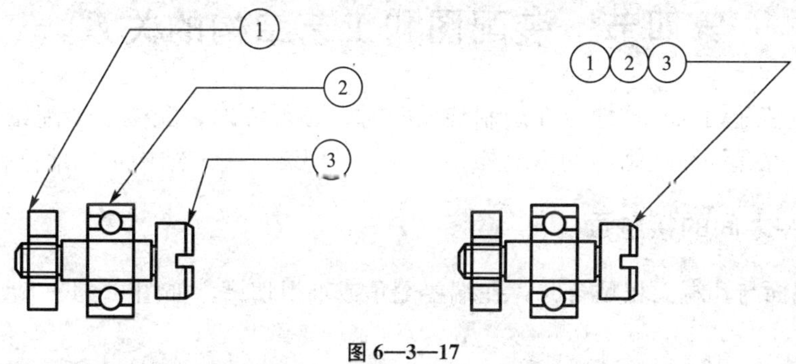

图 6—3—17

四、零部件的明细栏

1. 明细栏的画法

(1) 明细栏一般应紧接在标题栏上方绘制。若标题栏上方位置不够时，其余部分可画在标题栏的左方。

(2) 当明细栏直接绘制在装配图中时，其格式和尺寸如图 6—3—18 所示。

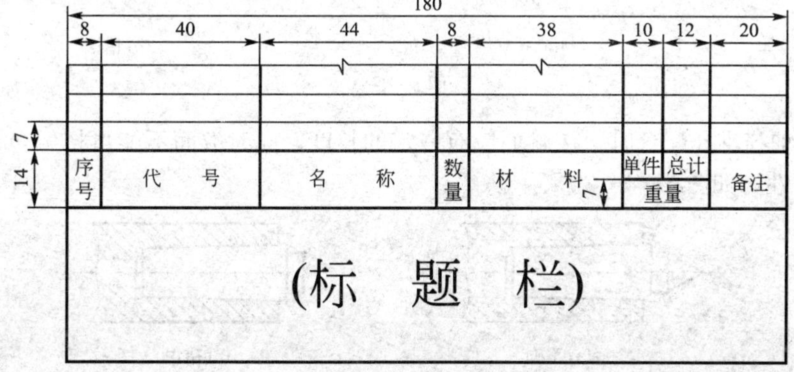

图 6—3—18

(3) 明细栏最上方（最末）的边线一般用细实线绘制。

(4) 当装配图中的零部件较多，位置不够时，可作为装配图的续页按 A4 幅面单独绘制出明细栏。若一页不够，可连续加页。其格式和要求参看 GB/T 10609.2—1989。

2. 明细栏的填写

(1) 当明细栏直接画在装配图中时，明细栏中的序号应按自下而上的顺序填写，以便发现有漏编的零件时，可继续向上填补，如果是单独附页的明细栏，序号可以按自上而下的顺序填写。

(2) 明细栏中的序号应与装配图上编号一致，即一一对应。

(3) 代号栏用来注写图样中相应组成部分的图样代号或标准号。

(4) 备注栏中，一般填写该项的附加说明或其他有关内容。如分区代号、常用件的主要参数，如齿轮的模数、齿数，弹簧的内径或外径、簧丝直径、有效圈数、自由长度等。

(5) 螺栓、螺母、垫圈、键、销等标准件，其标记通常分两部分填入明细栏中。将标准代号填入代号栏内，其余规格尺寸等填在名称栏内。

第四节　装配图和工艺结构的关系

为了保证装配图的合理性，在绘制装配图时，必须考虑装配体上装配结构的合理性。在装配图上，除允许简化画出的情况外，都应尽量把装配工艺结构正确地反映出来。

一、零件之间的接触面

(1) 肩端面与孔端面相贴合时，孔端要倒角或轴根切槽，如图 6—4—1 所示。

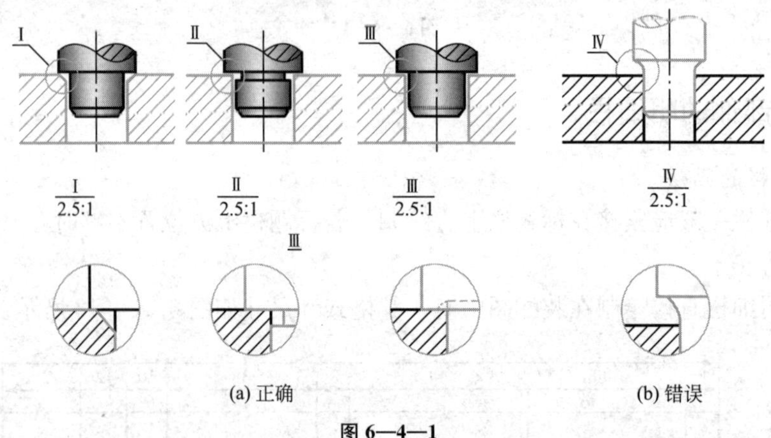

图 6—4—1

(2) 锥轴与锥孔配合时，接触面应有一定的长度，同时端面不能再接触，以保证锥面配合的可靠性，如图 6—4—2 所示。

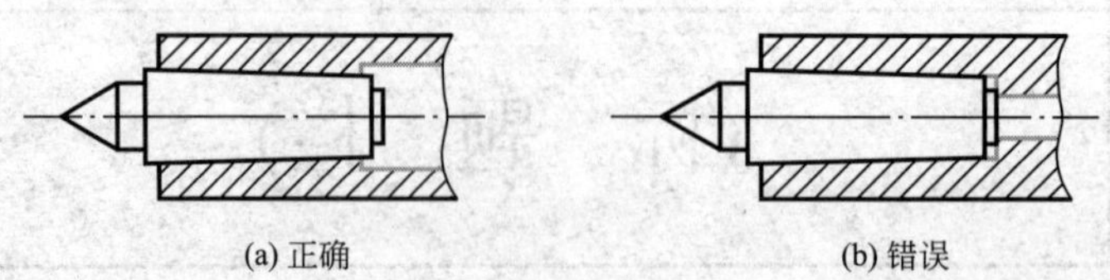

图 6—4—2

(3) 两个零件接触时，在同一方向上接触面只能有一对，如图 6—4—3 所示。

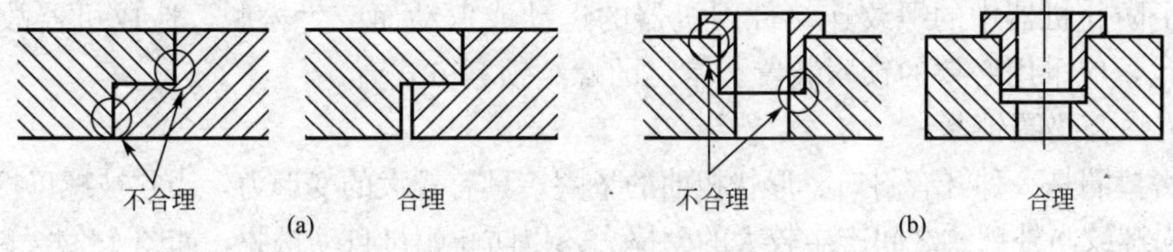

图 6—4—3

(4) 机械在设计时会尽可能合理地减少零件与零件之间的接触面积。这样可使机械加工的面积减少，降低加工成本，并能保证接触的可靠性，如图 6—4—4 所示。

(5) 采用油封装置时，油封材料应紧套在轴颈上，而轴承盖上的过孔与轴颈间应有间隙，以免轴旋转时损坏轴颈，如图 6—4—5 所示。

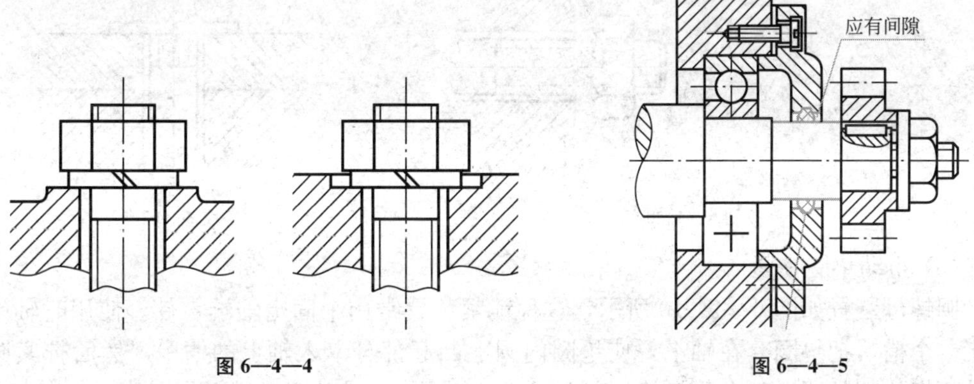

图 6—4—4　　图 6—4—5

二、并紧、定位及锁紧结构

1. 装配图上的并紧、定位结构

轴上的零件不允许轴向移动时，应有轴向并紧或定位结构，以防止运动时轴上零件产生轴向移动而发生事故，如图 6—4—6 所示。这种结构要求轮子上孔的长度尺寸大于装套轮子的轴的尺寸。

也可以采用弹性挡圈来进行轴向定位，如图 6—4—7 所示。

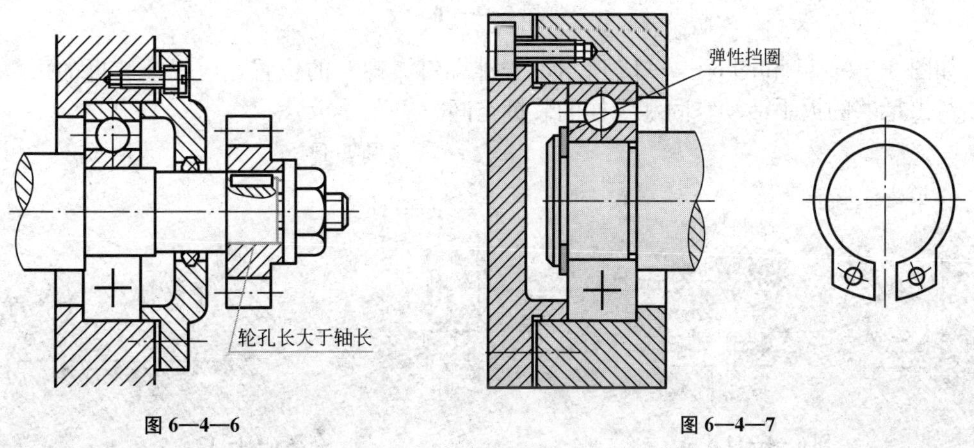

图 6—4—6　　图 6—4—7

2. 螺纹连接件的锁紧

为了防止机器中的螺纹连接件因机器的运动或振动而产生松脱，造成机器故障或毁坏。因此，应采用必要的锁紧装置。常见的螺纹锁紧方式有：

(1) 弹簧垫圈锁紧。

弹簧垫圈是一种开有斜口、形状扭曲的垫圈，具有较大的变形力，当它被螺母拧紧压平后，使内螺纹与外螺纹之间产生较大的摩擦力，以防止螺母自动松脱，如图 6—4—8 所示。

(2) 双螺母锁紧。

如图 6—4—9 所示，这种结构依靠两螺母在拧紧后产生轴向作用力，使内、外螺纹之间的摩擦力增大，从而防止螺母自动松脱。

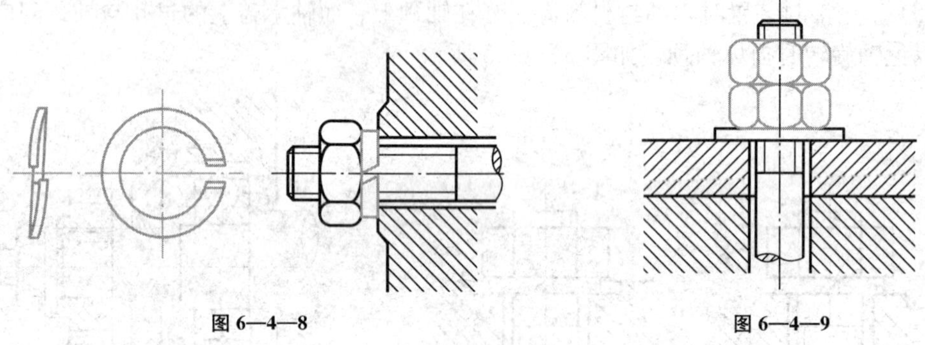

图 6—4—8　　图 6—4—9

(3) 止动垫圈锁紧。

圆螺母装置如图 6—4—10 所示，这种锁紧装置常用来固定轴端零件。使用时轴端应加工一个槽，把垫圈套在轴上，使垫圈内圆上凸起部分卡入轴上的槽中，然后拧紧圆螺母，再把垫圈外圆上某个凸起部分弯入圆螺母外圆槽中，从而起锁紧作用。

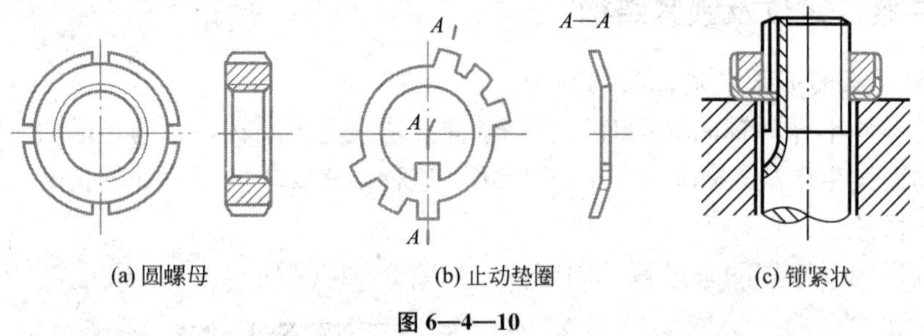

(a) 圆螺母　(b) 止动垫圈　(c) 锁紧状

图 6—4—10

如图 6—4—11 和图 6—4—12 所示，安排螺钉、螺栓的位置，应保证装拆的可能性，必须留出足够的扳手活动空间和螺栓的装拆空间。

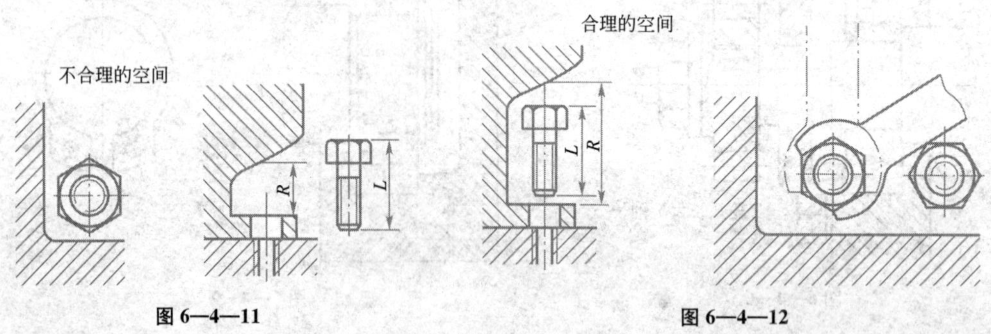

图 6—4—11　　图 6—4—12

第五节 装配图中的标准件与常用件

在组成机器或部件的零件中，有些零件的结构和尺寸已经标准化，这些零件称为标准件，如螺栓、双头螺柱、螺钉、螺母、垫圈、键、销、轴承等，如图 6—5—1 所示。

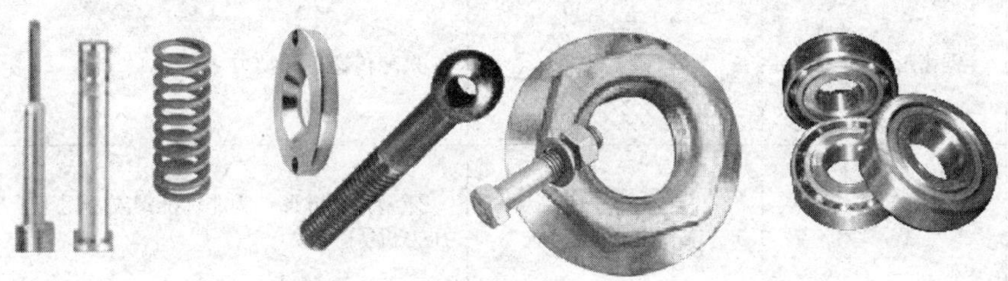

图 6—5—1

还有一些零件的部分结构和参数实行了标准化，这些零件称为常用件，如齿轮、弹簧等。标准件和常用件在工程中应用十分广泛，在机械装配图中也经常用到。

一、螺纹

螺纹分内螺纹与外螺纹：在圆柱内表面上形成的螺纹为内螺纹，如图 6—5—2(a) 所示；在圆柱外表面上形成的螺纹为外螺纹，如图 6—5—2(b) 所示。

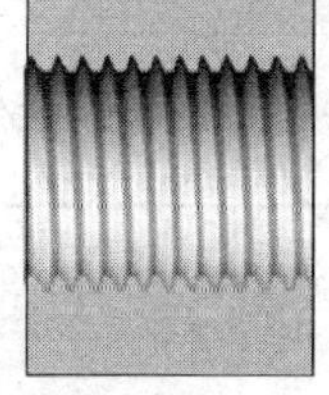

(a)

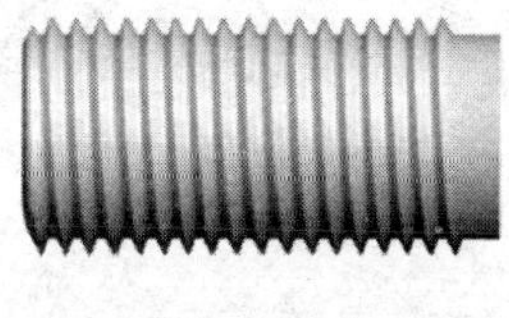

(b)

图 6—5—2

1. 螺纹的要素

螺纹的尺寸和结构是由牙型、直径、线数、螺距和导程、旋向等要素确定的，当内外螺纹相互旋合时，这些要素必须相同，才能装在一起。

(1) 牙型。

通过螺纹轴线剖切螺纹所得的剖面形状称为螺纹的牙型。牙型不同的螺纹，其用途也各不相同。常用螺纹的牙型如表 6—5—1 所示。

表 6—5—1

螺纹种类及特征代号		牙型	功用
连接螺纹	普通螺纹（M）	60° d	普通螺纹是常用的连接螺纹，分粗牙和细牙两种。细牙的螺距和切入深度较小，用于细小精密零件或薄壁零件上
	非螺纹密封的管螺纹（G）	55° d	英寸制管螺纹是一种螺纹深度较浅的特殊螺纹，多用于压力为 1.5×10^6Pa 以下的管路系统。

（续前表）

螺纹种类及特征代号		牙型	功用
传动螺纹	梯形螺纹	30° d	作传动用，各种机床上的丝杠多采用这种螺纹
	锯齿形螺纹	2° 30° d	只能传递单向动力
	矩形螺纹	P φ φ	牙型为正方形，为非标准螺纹，用于千斤顶、小型压力机等

（2）直径。

螺纹的直径有三个：大径、小径和中径，如图 6—5—3 所示。与外螺纹牙顶或内螺纹牙底相重合的假想圆柱的直径，称为大径。与外螺纹牙底或内螺纹牙顶相重合的假想圆柱的直径，称为小径。中径也是一个假想圆柱的直径，该圆柱的母线通过牙型上的沟槽和凸起宽度相等的地方。

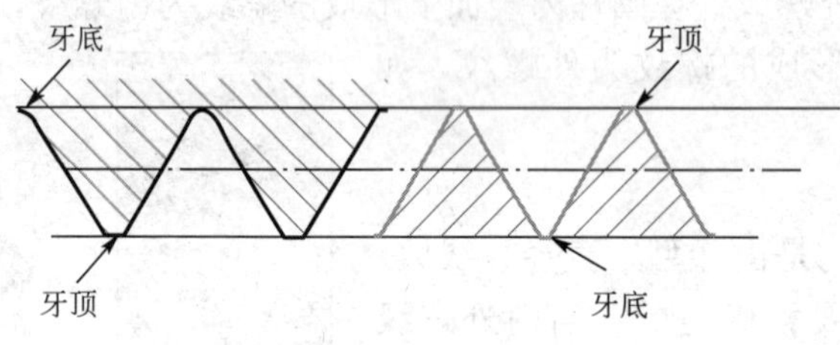

图 6—5—3

外螺纹的大、小、中径分别用符号 d、d_1、d_2 表示，内螺纹的大、小、中径则分别用符号 D、D_1、D_2 表示。

（3）线数（n）。

螺纹有单线和多线之分。单线螺纹是指由一条螺旋线所形成的螺纹，如图 6—5—4 所示。

多线螺纹是指由两条或两条以上在轴向等距分布的螺旋线所形成的螺纹，多线螺纹常采用 T 形螺纹，一般用于传动，如图 6—5—5 所示。

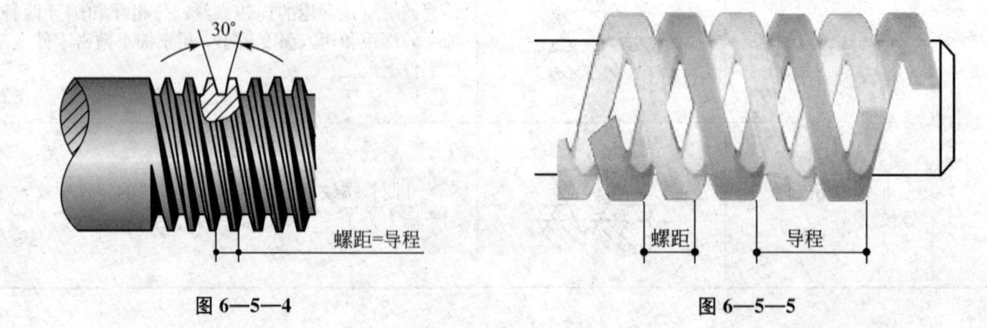

图 6—5—4　　图 6—5—5

2. 螺纹的螺距（P）和导程（S）

(1) 同一螺旋线上的相邻牙在中径上对应两点间的轴向距离，称为导程。

(2) 螺纹相邻牙在中径上对应两点间的轴向距离，称为螺距。

单线螺纹，导程等于螺距（如图 6—5—4 所示）；

多线螺纹，导程等于线数乘螺距，即 $S=nP$（如图 6—5—5 所示）。

3. 螺纹的旋向

螺纹有左旋和右旋之分，如图 6—5—6 所示。顺时针旋转时旋入的螺纹称为右旋螺纹；反之，逆时针旋转时旋入的螺纹称为左旋螺纹。

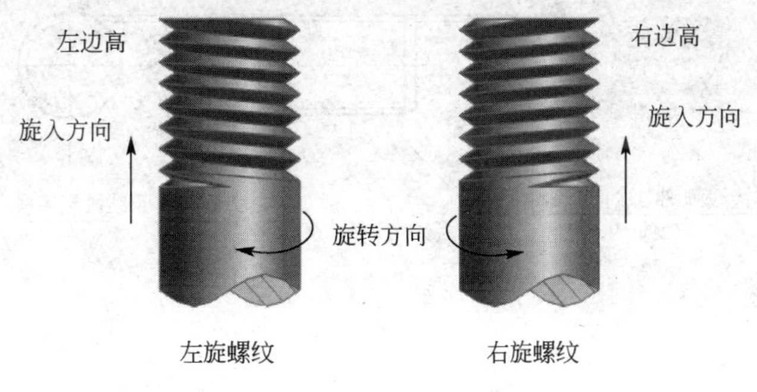

图 6—5—6

4. 螺纹的种类

国家标准对螺纹的牙型、大径、螺距等作了规定，根据符合国标的不同情况，螺纹可分为三类：

(1) 标准螺纹：其牙型、大径和螺距都符合国家标准的规定，只要知道此类螺纹的牙型和大径，即可从有关标准中查出螺纹的全部尺寸。

(2) 特殊螺纹：牙型符合标准规定，直径和螺距均不符合标准规定。

(3) 非标准螺纹：牙型、直径和螺距均不符合标准规定。

5. 螺纹的结构

(1) 螺纹起始端倒角或倒圆。

为了便于螺纹的加工和装配，常在螺纹的起始端加工倒角或倒圆等结构，如图 6—5—7 所示。

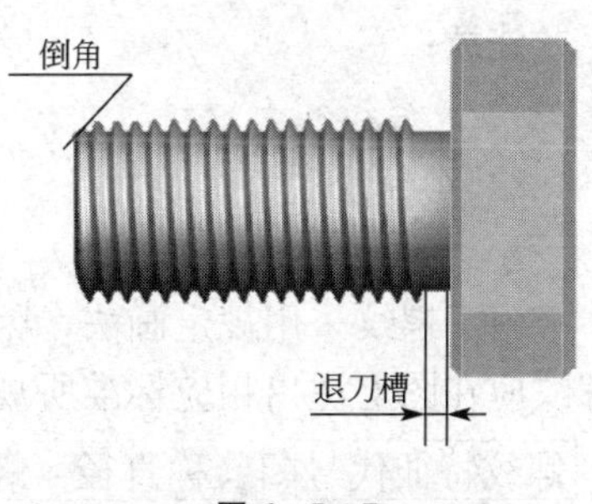

图 6—5—7

(2) 螺纹的收尾和退刀槽。

车削螺纹，刀具运动到螺纹末端时要逐渐退出切削，因此螺纹的末尾部分的牙型是不完整的，这一段牙型不完整的部分称为螺纹的收尾。在允许的情况下，为了避免产生螺尾，可以预先在螺纹末尾处加工出退刀槽，然后再车削螺纹。

6. 螺纹的规定画法

(1) 外螺纹的画法。

螺纹牙顶（大径）及螺纹终止线用粗实线表示；牙底（小径）用细实线表示（小径近似的画成大径的 0.85 倍），并画出螺杆的倒角或倒圆部分，在垂直于螺纹轴线的投影面的视图中，表示牙底圆的细实线只画约 3/4 圈，此时轴上的倒角投影不应画出，如图 6—5—8 所示。

（2）内螺纹的画法。

内螺纹一般画成剖视图，其牙顶（小径）及螺纹终止线用粗实线表示；牙底（大径）用细实线表示，剖面线画到粗实线为止。在垂直于螺纹轴线的投影面的视图中，小径圆用粗实线表示；大径圆用细实线表示，且只画 3/4 圈，此时，螺纹倒角或倒圆省略不画，如图 6—5—9 所示。

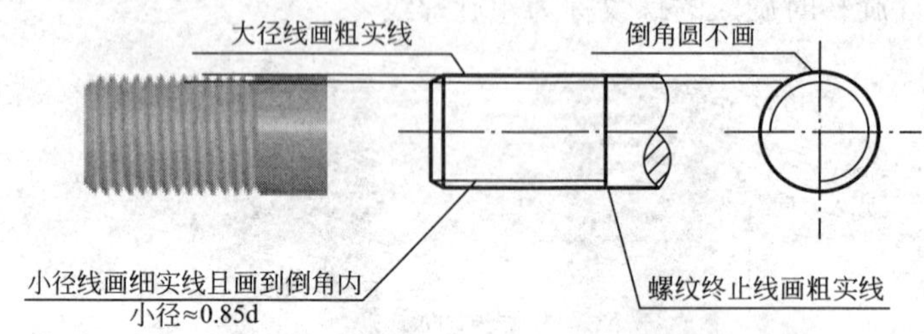

图 6—5—8

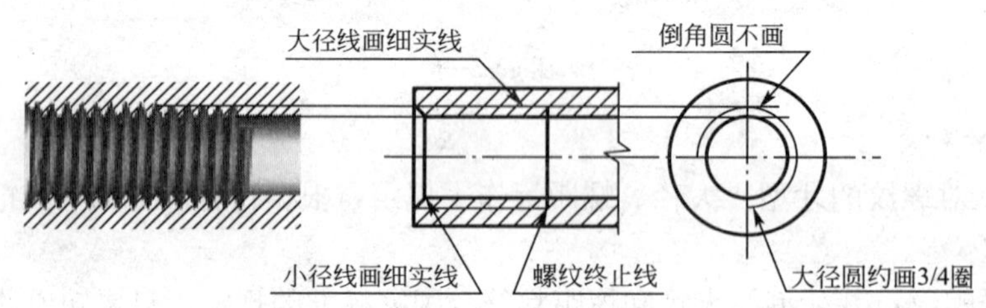

图 6—5—9

（3）螺纹连接的画法。

用剖视图表示一对内外螺纹连接时，连接部分按外螺纹绘制，其余部分仍按各自的规定画法绘制，如图 6—5—10 所示。

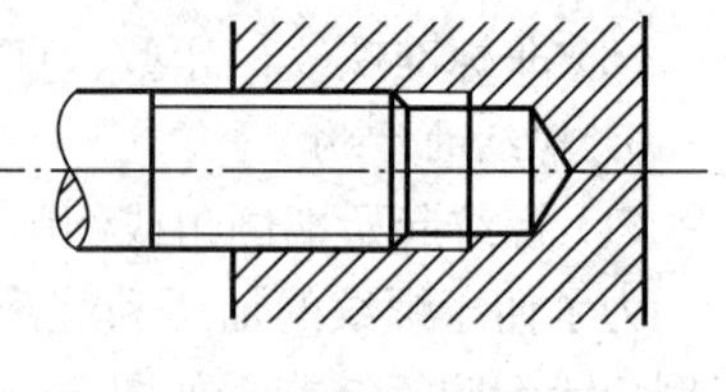

图 6—5—10

注意：

1）大径线和大径线对齐；

2）小径线和小径线对齐。

7. 螺纹的标注

由于螺纹采用规定画法，因此各种螺纹的画法都是相同的。所以国家标准规定，标准螺纹应在图上注出相应标准所规定的螺纹标记。螺纹标记的标注形式一般为：

| 螺纹特征代号 | 公称直径×螺距（或导程线数） | 旋向 | —公差带代号 | —旋合长度代号 |

（1）粗牙螺纹允许不标注螺距；

（2）单线螺纹允许不标注导程与线数；

（3）右旋螺纹省略“右”字，左旋时则标注 LH；

（4）旋合长度为中等时，“N”可省略。

标记示例：

示例 1：

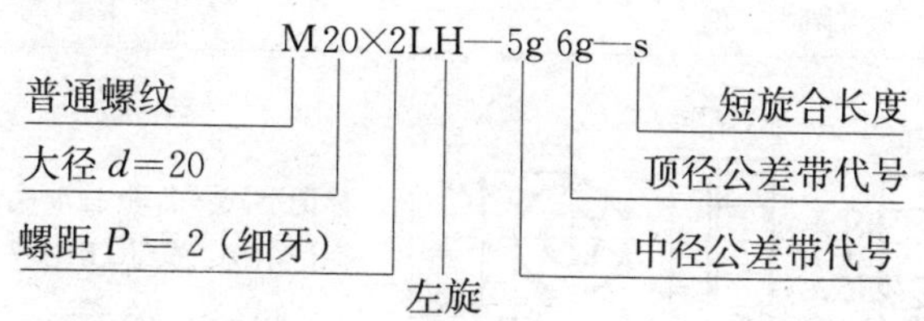

示例 2：

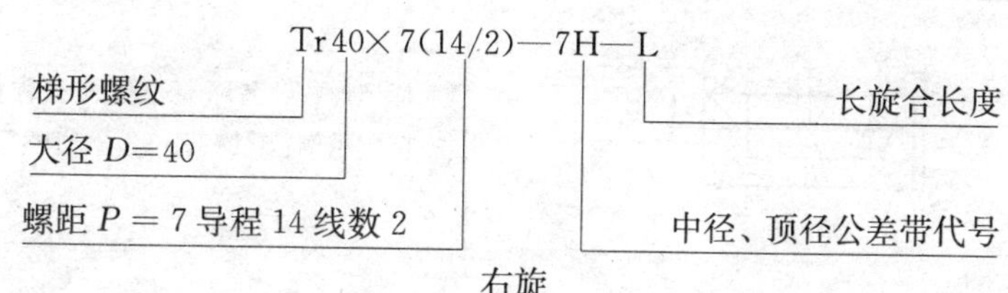

在装配图中使用的标准件，不但要按照规定的画法画出图形，还要按照规定进行标记，并且在零件的明细栏内填明。标记示例如图 6—5—11 所示。

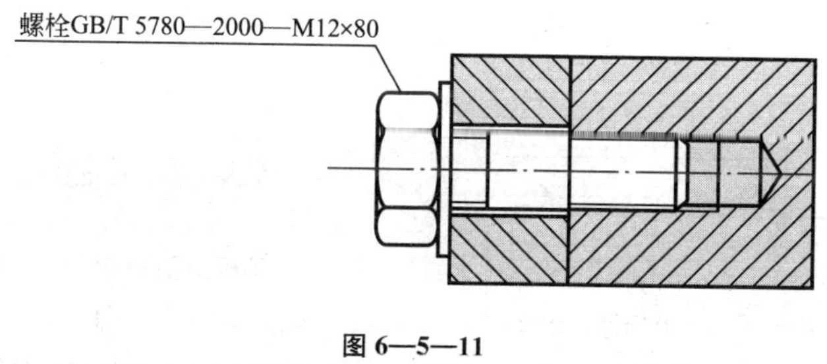

图 6—5—11

常用的螺纹标记示例如表 6—5—2 所示。

表 6—5—2

名称	图　例	标记形式及示例
螺栓	15°~50°　B_1角钢　d_a　d　e　l_e　l_f　(b)　c　k　l　s　t　t'　r　l_1　l_2　d_e　d_f　d_a	标记形式：名称 标准代码 牙型代号公称直径×公称长度 标记示例：螺栓 GB/T 5780—2000—M12×80
双头螺柱	d_a　x　x　b　b_1　l	标记形式：名称 标准代码 牙型代号公称直径×公称长度 标记示例：螺柱 GB 897—1988 M10×80

（续前表）

名称	图　例	标记形式及示例
螺母	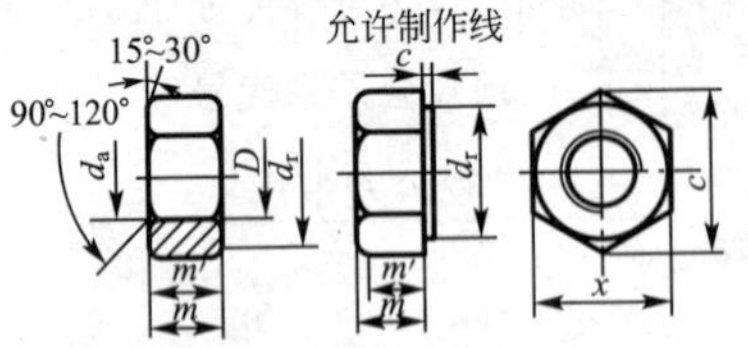 允许制作线 15°~30° 90°~120° c d_a D d_r m' m x	标记形式：名称 标准代码 牙型代号 公称直径 标记示例：螺母 GB 6170—1986—M12
垫圈	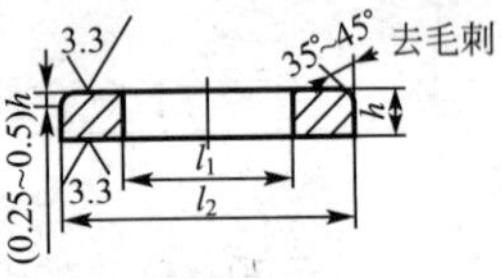 3.3 35°~45° 去毛刺 (0.25~0.5)h h l_1 l_2 3.3	标记形式：名称 标准代码 公称直径 性能等级 标记示例：垫圈 GB 97.2—1985—8—140HV
螺钉	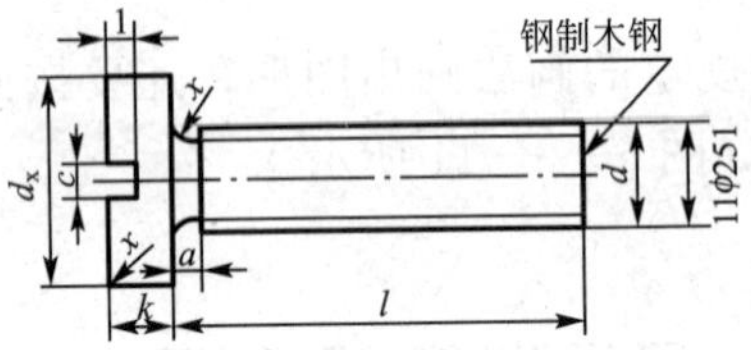 1 钢制木钢 d_x c x a k l d 11φ251	标记形式：名称 标准代码 牙型代号公称直径×公称长度 标记示例：螺钉 GB 67—1985—M5×20
螺钉	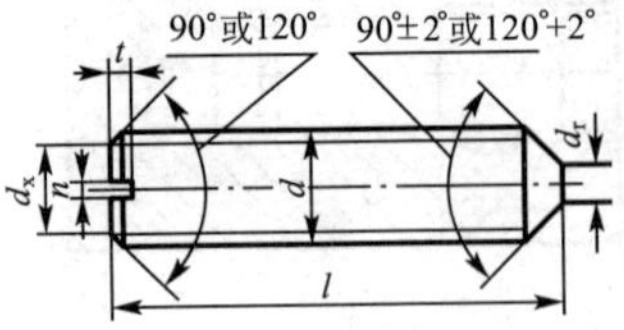 90°或120° 90°±2°或120°+2° t d_x n d d_r l	标记形式：名称 标准代码 牙型代号公称直径×公称长度 标记示例：螺钉 GB 71—1985—M5×12

在 AutoCAD 的图库中附带了各种螺栓螺钉的平面图形，在绘制螺纹类图形时，可以使用“插入块”命令插入。同时还可以使用编辑命令来修改参数。

二、键与销

1. 键

为了把轮和轴装在一起而使其同时转动，通常在轮和轴的表面分别加工出键槽，然后把键放入轴的键槽内，再将带键的轴装入轮孔中，这种连接称键连接，如图 6—5—12 所示。

（1）键连接。

常用的键有普通平键、半圆键和钩头楔键等。键一般都是标准件，画图时可根据有关标准查得相应的尺寸及结构。常用的普通平键键连接形式如图 6—5—13 所示。

图 6—5—12

键连接所用的键有普通平键、半圆键、导向平键及滑键等，靠键的侧面传递转矩，只对轴上零件做周向固定，不能承受轴向力。如果要轴向固定，则需要附加紧定螺钉或定位环等定位零件。

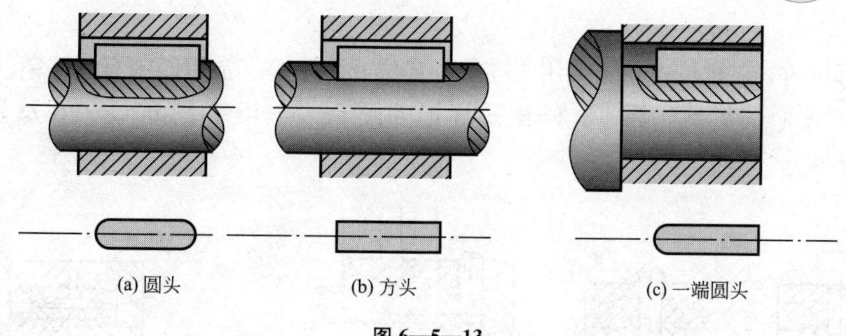

(a) 圆头　　(b) 方头　　(c) 一端圆头

图 6—5—13

(2) 键连接的画法。

普通平键和半圆键的两个侧面是工作面，上下两底面是非工作面。连接时，键的两侧面与轴和轮毂的键槽侧面相接触，而上底面与轮毂键槽的顶面之间则留有间隙。因此，在键连接的画法中，键两侧与轮毂键槽应接触，画成一条线，而键的顶面与键槽不接触，画成两条线，如图 6—5—14 所示。如表 6—5—3 所示为键的形式、标准及标记示例。

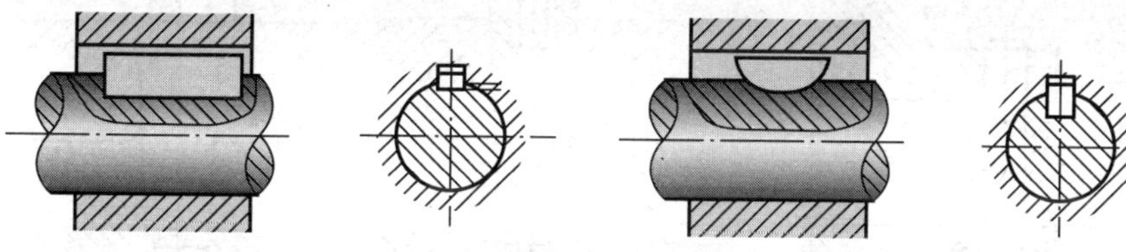

图 6—5—14

表 6—5—3　　**键的形式、标准及标记示例**

名称	标准号	图　例	标记示例
普通平键	GB 1096—1979		$b=18$，$h=11$，$L=100$ 的圆头普通平键（A 型）： 键 18×100　GB 1096—1979
半圆键	GB 1099—1979		$b=6$，$h=10$，$d_1=25$，$L=24.5$ 的半圆键： 键 6×25　GB 1099—1979
钩头楔键	GB 1565—1979		$b=18$，$h=11$，$L=100$ 的钩头楔键： 键 18×100　GB 1565—1979

2. 销

销是标准件，在机械中，主要用于连接、定位或防松等。常用的销有圆柱销、圆锥销和开口销等，它们的形式、标准、画法及标记如图 6—5—15 和图 6—5—16 及表 6—5—4 所示。

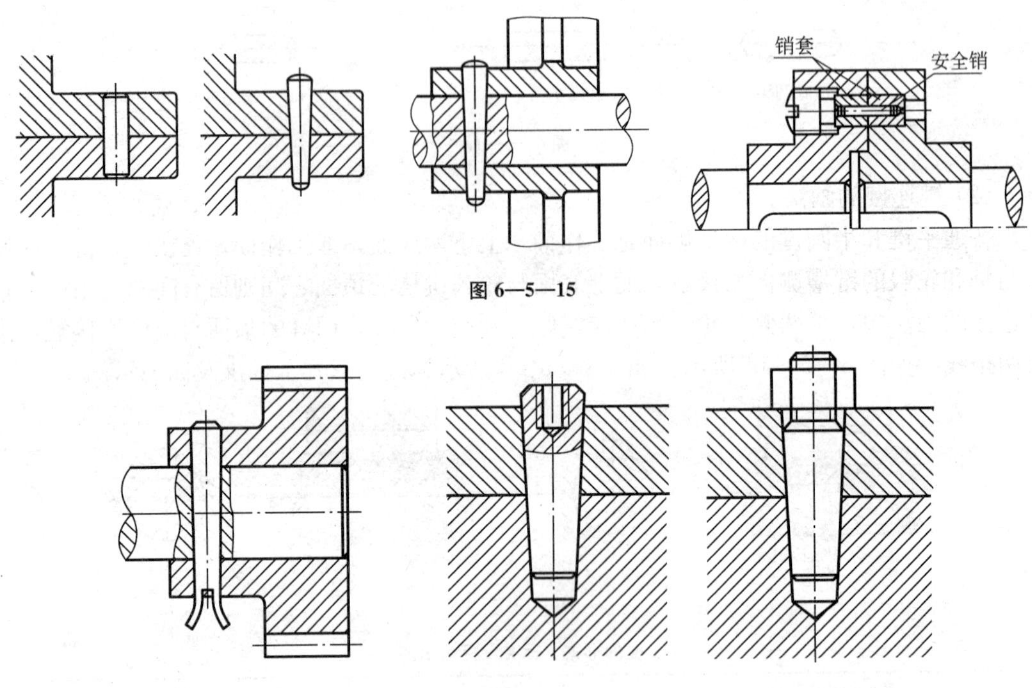

图 6—5—15

图 6—5—16

表 6—5—4　　销的形式、标准、画法及标记

名称	标准号	图　例	标记示例
圆柱销	GB 119—1986	0.8　r=d　15°　c　a　l	公称直径 d=8mm、长度 L=18mm、材料 35＃钢、热处理 28～38HRC、表面氧化处理的 A 型圆柱销： 销 GB 119—1986 A8×18
圆锥销	GB 117—1986	1:50　r　d　r　a　l　a	公称直径 d=10mm、长度 L=10mm、材料为 35＃钢、热处理硬度为 28～38HRC、表面氧化处理的 A 型圆锥销： 销 GB 117—1986 A10×60
开口销	GB 91—1986	b　l　a　c　d	公称直径 d=5mm、长度 L=50mm、材料为低碳钢、不经表面处理的开口销： 销 GB 91—1986 5×50

三、齿轮

齿轮传动在机械中被广泛应用，常用它来传递动力、改变旋转速度与旋转方向，结构

形式如图 6—5—17 所示。

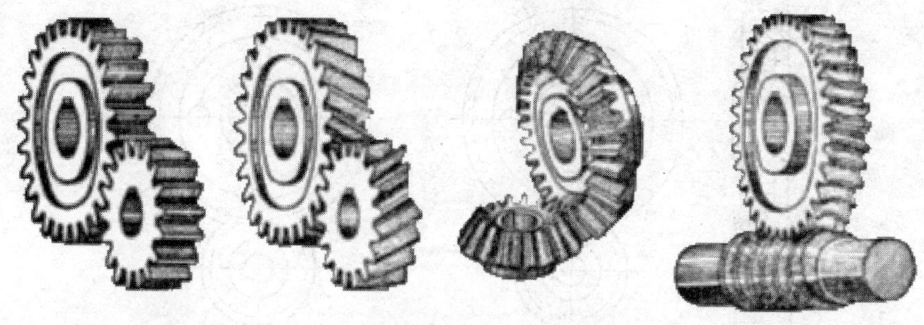

图 6—5—17

齿轮的种类很多，常见的齿轮传动形式有：

圆柱齿轮传动——用于平行两轴间的传动；

圆锥齿轮传动——用于相交两轴间的传动；

蜗杆与蜗轮传动——用于交叉两轴间的传动。

1. 直齿轮

(1) 直齿轮的规定画法（GB/T 44592—2003）。

绘制直齿轮时，齿轮的轮齿部分一般不按真实投影绘制，而是采用规定画法，如图 6—5—18 所示。

1）齿顶圆和齿顶线用粗实线绘制；

2）分度圆和分度线用细点划线绘制；

3）齿根圆和齿根线用细实线绘制，也可省略不画；在剖视图中齿根线用粗实线绘制，剖视图中轮齿部分不做剖切。

(2) 单个齿轮画法。

绘制单个齿轮如图 6—5—19 所示，通常用两个视图来表示。

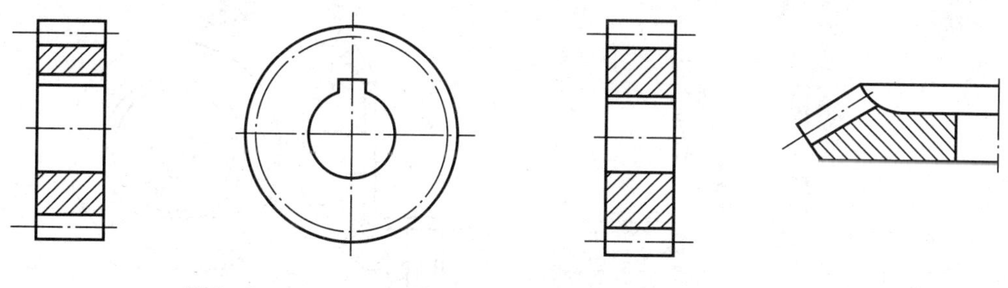

图 6—5—18　　图 6—5—19

(3) 齿轮啮合画法。

1）两个圆柱齿轮的啮合画法一般用两个视图表达。在垂直于圆柱齿轮轴线的投影面的视图中，啮合区内的齿顶圆均用粗实线绘制，也可省略不画，如图 6—5—20 所示。

2）在圆柱齿轮啮合的剖视图中，当剖切平面通过两啮合齿轮轴线时，在啮合区内，将一个齿轮的轮齿用粗实线绘制，另一个齿轮的轮齿被遮挡的部分用虚线绘制，也可省略不画。啮合区的投影对应关系如图 6—5—21 所示。

3）在画成两个视图时，其左视图中齿形部分也可以不画，如图 6—5—22 所示。

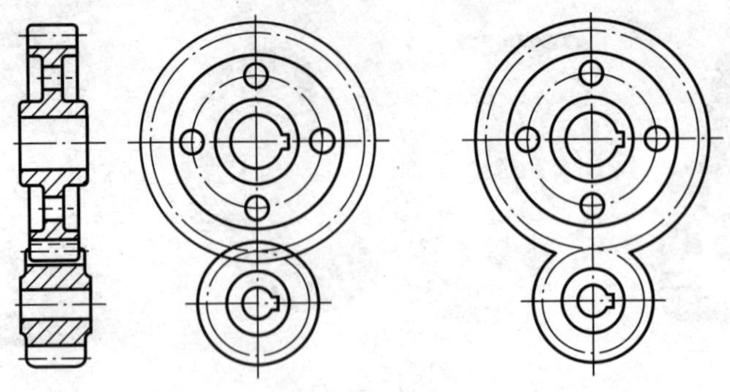

图 6—5—20

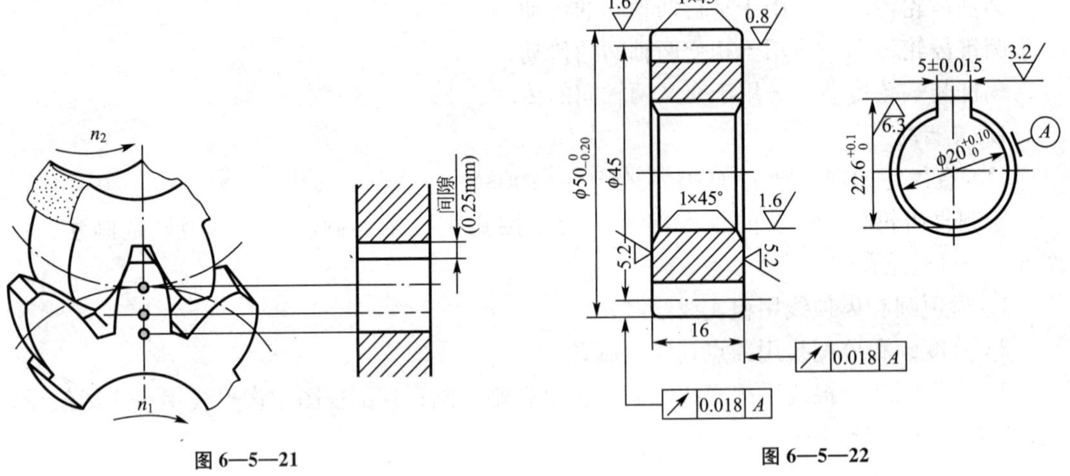

图 6—5—21

图 6—5—22

2．圆锥齿轮

圆锥齿轮在视图中的简化画法与圆柱齿轮的画法一样，如图 6—5—23 所示。

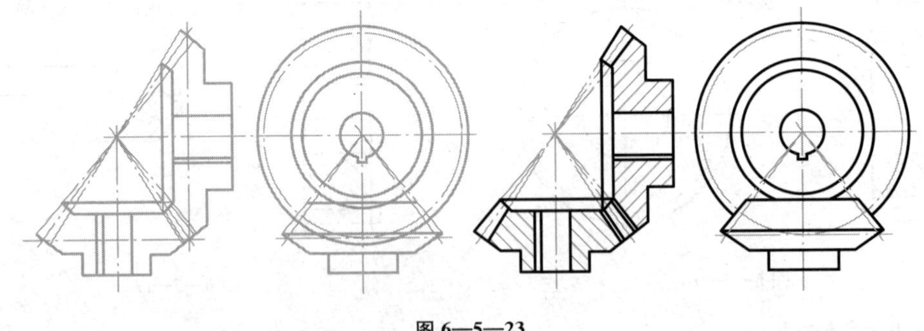

图 6—5—23

四、弹簧

弹簧按形状可分为螺旋弹簧、涡卷弹簧、板弹簧、碟形弹簧等，如图 6—5—24 所示。

1．圆柱螺旋压缩弹簧

以圆柱螺旋压缩弹簧的画法为例（其他弹簧的画法可参阅 GB/T 4459．4—2003 的有关规定）：

图 6—5—24

（1）在平行于螺旋弹簧轴线的投影面的视图中，其各圈的轮廓应画成直线。

（2）螺旋弹簧均可画成右旋，但左旋螺旋弹簧，不论画成左旋或右旋，一律要注出旋向“左”字。

（3）螺旋压缩弹簧，如要求两端并紧磨平时，不论支承圈的圈数多少和末端贴紧情况如何，均按图示的形式绘制。必要时也可按支承圈的实际结构绘制。

（4）有效圈数在四圈以上的螺旋弹簧中间部分可以省略，圆柱螺旋弹簧中间部分省略后，允许适当缩短图形长度。

如图 6—5—25 所示为圆柱螺旋压缩弹簧的画法示意图。

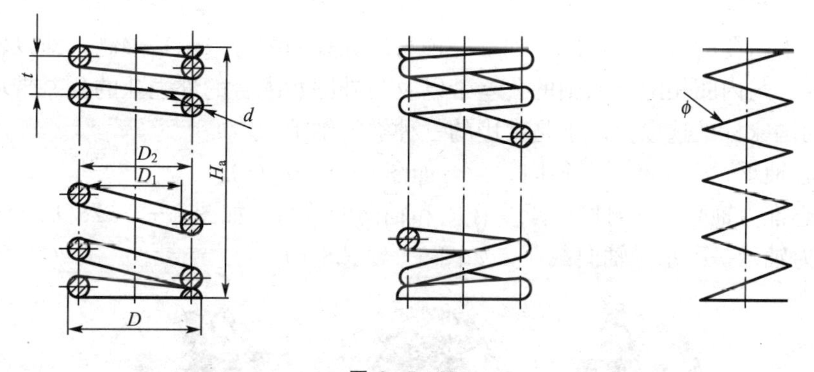

图 6—5—25

2. 装配图中弹簧的画法

（1）被弹簧挡住的结构一般不画出，可见部分应从弹簧的外廓线或从弹簧钢丝剖面的中心线画起，如图 6—5—26 所示。

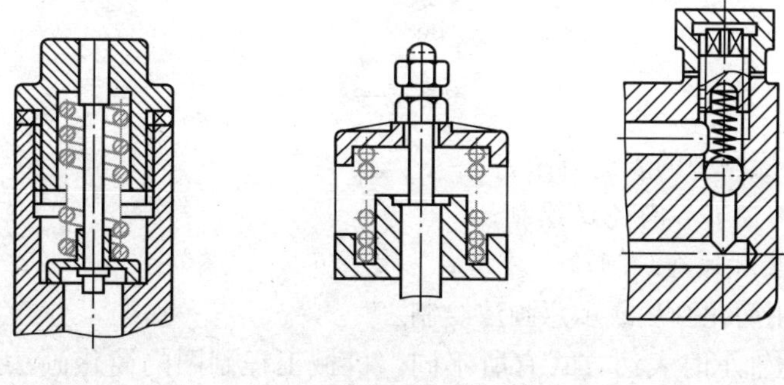

图 6—5—26

（2）当弹簧被剖切时，剖面直径或厚度在图形上等于或小于 2mm 时，也可用涂黑表示，也允许用示意画法，如图 6—5—26 所示。

五、滚动轴承

滚动轴承是一种标准部件，其作用是支承旋转轴及轴上的机件，它具有结构紧凑、摩擦力小等特点，在机械中被广泛地应用，如图 6—5—27 所示。

图 6—5—27

（1）滚动轴承的代号。

滚动轴承的基本代号一般由五个数字组成：

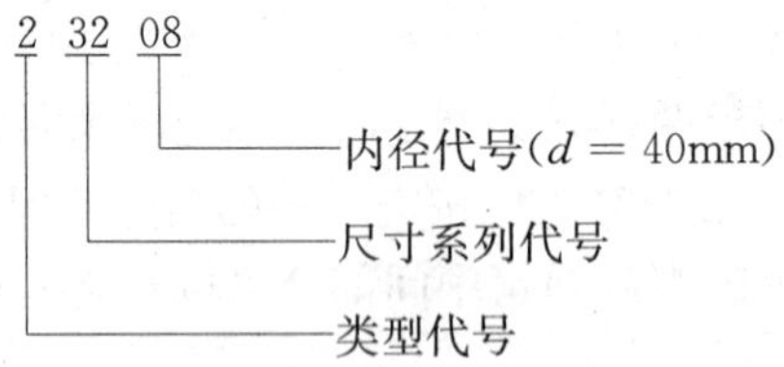

（2）滚动轴承的分类。

滚动轴承是标准件，为使轴承便于互换和大量生产，轴承内孔与轴的配合采用基扎制，即以轴承内孔的尺寸为基准；轴承外径与外壳孔的配合采用基轴制，即以轴承的外径尺寸为基准。与内圈相配合的轴的公差带以及与外围相配合的外壳孔的公差带均按圆柱公差与配合的国家标准选取。以下是常用的三种类型轴承：

1）向心轴承——主要承受径向载荷，如图 6—5—28(a)。

2）向心推力轴承——可同时承受径向和轴向的载荷，如图 6—5—28(b)。

3）推力轴承——承受轴向载荷，如图 6—5—28(c)。

(a) (b) (c)

图 6—5—28

（3）轴承在装配图中的表达方法。

1）轮廓应按外径 D、内径 d 绘制；

2）宽度 B 按实际尺寸绘制；

3）轮廓内可用简化画法或示意画法绘制。

各专业在表达轴承时表达方式有所不同，机械工程制图的简化画法应符合规定，见表 6—5—5。

表 6—5—5

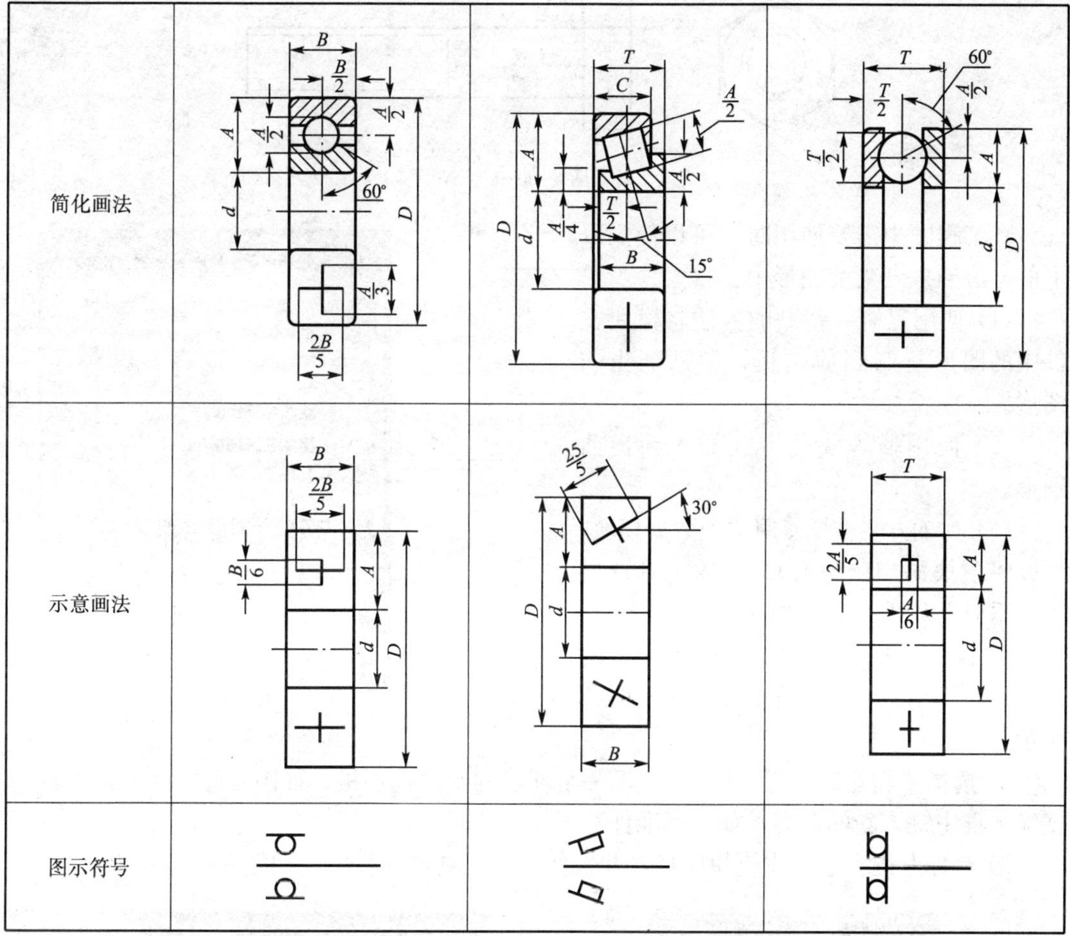

第六节 标准件数据模块与使用

在 CAD 机械制图中标准件数据模块已经成为不可缺少的内容。标准件模块能直接表达出标准件实际几何参数，在制图过程中可以直接插入图样。

标准件数据模块可以分为二维标准件模块和三维标准件模型两种。

一、二维标准件模块

直接用于机械制图的二维标准件模块，除了机械部件中的标准件以外甚至包括标准的机械总成、标注符号等。在制图工作中不必重复绘制这些图形，需要时插入到指定位置即可。

1. 常用普通标准件模块

在机械制图时经常需要绘制一些标准件图形，如螺栓、螺母、轴承以及弹簧等。为了避免大量的重复工作，提高制图效率，我们需要将这些标准件图形绘制成模块，如图 6—6—1 所示。

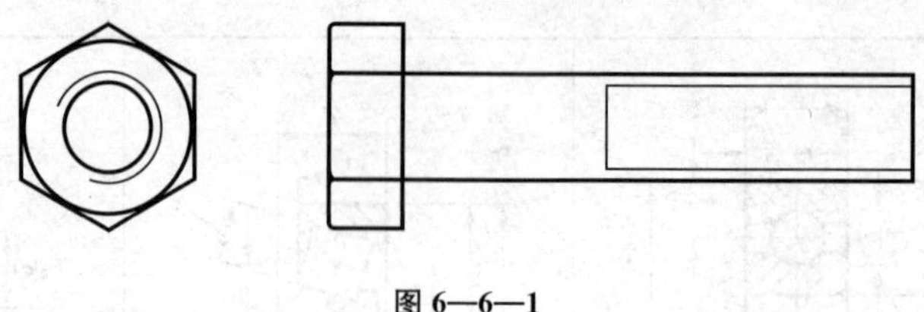

图 6—6—1

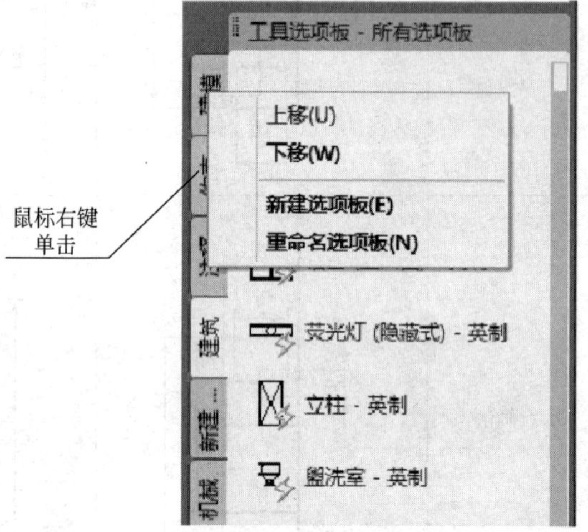

图 6—6—2

在工程图中需要使用时，可以使用以下的方法插入到当前图形中：

(1) 使用复制—粘贴的方法将模块文件中的图形复制到剪贴板，粘贴到当前图形。

(2) 使用插入块的方式插入到当前图形。

(3) 为了方便重复使用这个数据模块，可以将模块添加到 AutoCAD 的工具选项板。添加模型到工具选项板的步骤如下：

1) 鼠标右键单击“工具选项板”的标签处，弹出选项板菜单，如图 6—6—2 所示。

2) 选择“新建选项板 (E)”，显示一个新建的空白选项板，如图 6—6—3 所示。在文字输入框中键入新的命名，如“标准件”。

3) 鼠标左键点击选中模块图形，并按住拖入工具选项板中，如图 6—6—4 所示。

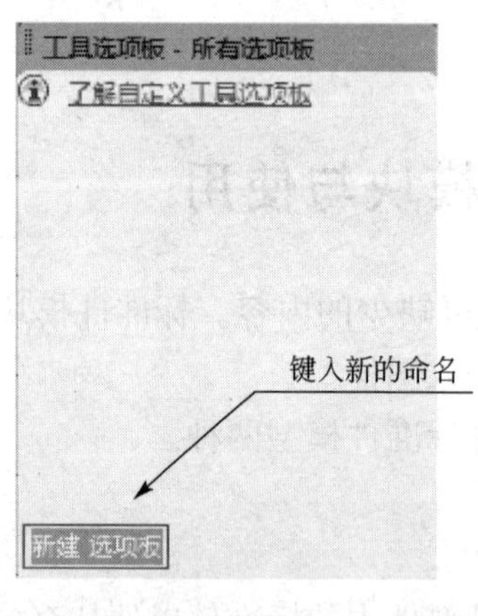

图 6—6—3

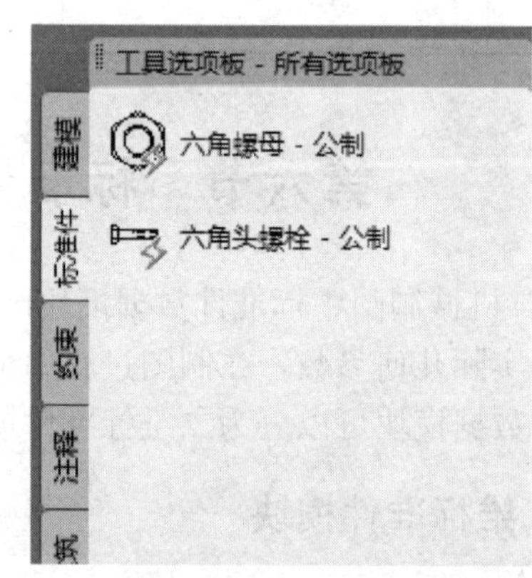

图 6—6—4

注意：被拖入的图形必须是事先保存了的图形文件；保存的文件名就是显示在工具选项板中的图形名，如：六角螺母-公制。

以后要用到这个模型时，点击选项板中的模型图标，指定窗口中的插入点即可。

2. 建立参数化数据模型

现在仍然以上述的六角螺栓为例。要想满足机械制图的需要，像六角螺栓这样的标准件有很多种规格，我们不可能为每一种规格建立数据模型。

AutoCAD 2009 以后的版本为我们提供了建立参数化数据模块的条件。

参数化图形使用了具有约束设计的技术。约束是应用至二维几何图形的关联和限制。

(1) 创建约束。

创建约束命令——autoconstrain（图标：）

有两种常用的约束类型：

1) 几何约束控制对象相对于彼此的关系；

2) 标注约束控制对象的距离、长度、角度和半径值。

在命令栏键入 autoconstrain↓，命令栏提示：

选择对象或[设置（S）]：

键入：S↓，打开“约束设置”对话框，如图 6—6—5 所示。

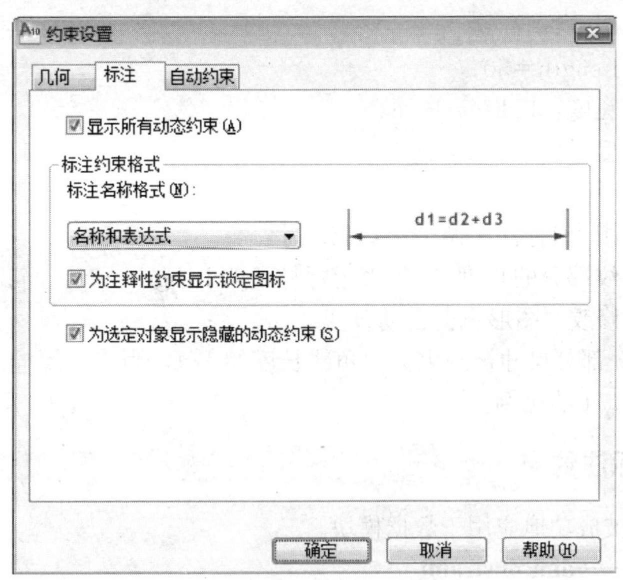

图 6—6—5

在对话框中打开标“注选”项板，将所有复选框勾选，如图 6—6—5 所示。

(2) 进行约束标注。

打开参数化功能选项板，如图 6—6—6 所示。

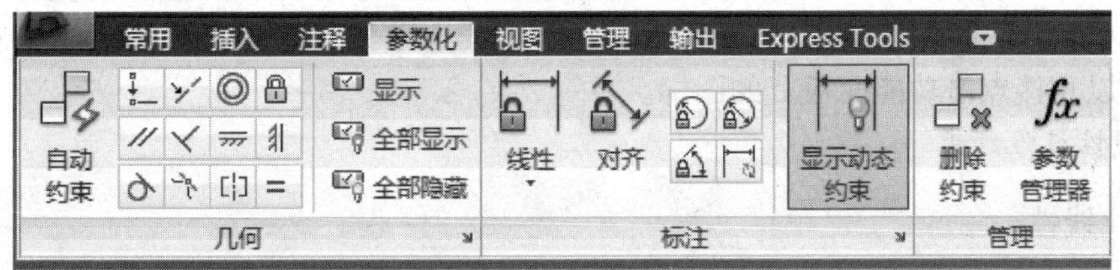

图 6—6—6

选用线性约束标注对六角螺栓进行标注，如图 6—6—7 所示。

图 6—6—7 中标注了五个基本尺寸：

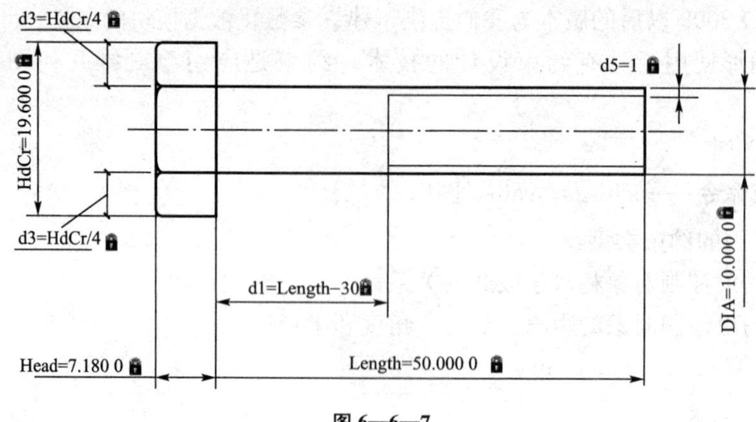

图 6—6—7

1）螺纹的外径：DIA＝10（M10）；

2）螺纹牙高：d5＝1；

3）螺杆长度：Length＝50；

4）螺栓头对角长度：HdCr＝19.6；

5）螺栓头的厚度：Head＝7.18。

（3）修改参数。

在图 6—6—7 中同时标注了两个被约束尺寸：

1）螺杆上无螺纹部分的长度 d1 约束为螺杆长度 Length－30。当我们修改 Length 的尺寸时，d1 会自动修改，图形也会自动改变。

2）螺栓头的 d3 部分尺寸被约束为对角线长度的 1/4，当修改螺栓头尺寸时相应的部分也会被自动保持 1/4 的比例。

二、模块的标注约束

标注约束已经被成功地应用于数据模块。

标注约束命令——dimconstraint

在命令栏键入标注约束命令 dimconstraint↓，命令栏提示：

当前设置：约束形式＝动态

选择要转换的关联标注或［线性（LI）/水平（H）/竖直（V）/对齐（A）/角度（AN）/半径（R）/直径（D）/形式（F）］＜水平＞：_ HoriZontal

---

在 AutoCAD 2010 版本中已经为以上提示中的选项分别建立了快捷图标，使用约束标注时可以直接点击功能面板上的图标。

1. 线性标注约束

 线性

线性标注约束命令根据延伸线原点和尺寸线的位置创建水平、垂直或旋转约束。

在线性标注选项下选择对象（选择对象而非约束点）。

按回车键或单击下拉列表以选择对象。

有效对象：

（1）直线：选定直线或圆弧后，对象的端点之间的水平或垂直距离将受到约束。

（2）多段线子对象。

（3）圆弧。

（4）对象上的两个约束点。

2. 水平标注约束

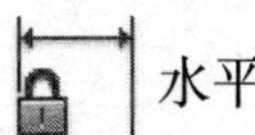
水平

水平标注约束命令约束对象上的点或不同对象上两个点之间的 X 距离，如图 6—6—8 所示。

在水平标注选项下选择对象（选择对象而非约束点）。

按回车键或单击下拉列表以选择对象。

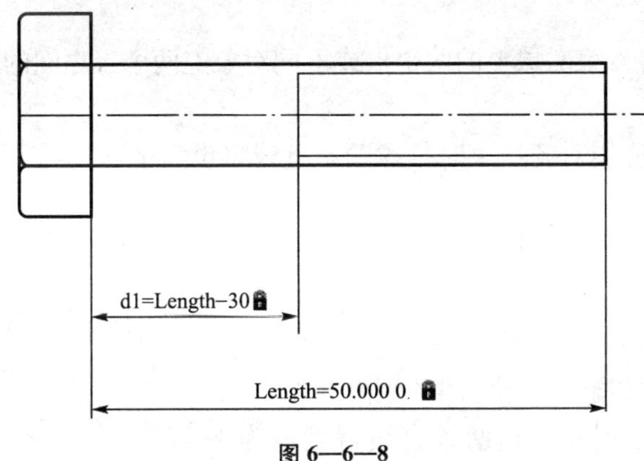

图 6—6—8

有效对象：

（1）直线：选定直线或圆弧后，对象的端点之间的水平或垂直距离将受到约束。

（2）多段线子对象。

（3）圆弧。

（4）对象上的两个约束点。

3. 垂直标注约束

竖直

垂直标注约束命令约束对象上的点或不同对象上两个点之间的 Y 距离，如图 6—6—9 所示。

在垂直标注选项下选择对象（选择对象而非约束点）。

按回车键或单击下拉列表以选择对象。

有效对象：

（1）直线：选定直线或圆弧后，对象的端点之间的水平或垂直距离将受到约束。

（2）多段线子对象。

（3）圆弧。

（4）对象上的两个约束点。

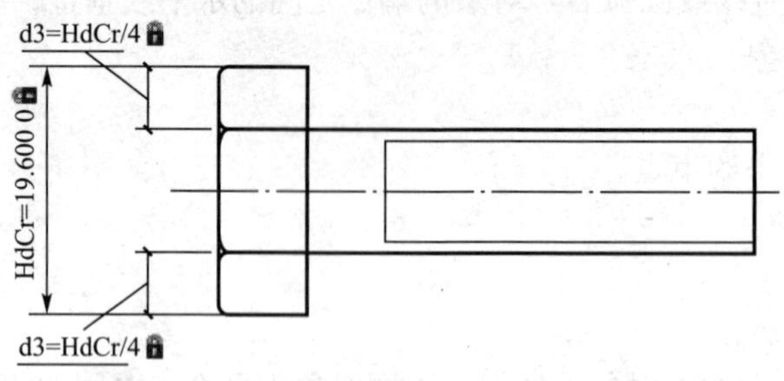

图 6—6—9

4. 对齐标注约束

对齐标注约束命令约束对象上的两个点或不同对象上两个点之间的距离，如图 6—6—10 所示。

在两条直线之间应用对齐约束时，这两条直线将设为平行，约束可控制平行线之间的距离。

选择对象（选择对象而非约束点），按回车键或单击下拉列表以选择对象：

（1）选择一个点和一个直线对象。对齐约束可控制直线上的某个点与最接近的点之间的距离。

（2）选择两个直线对象。这两条直线将被设为平行，对齐约束可控制它们之间的距离。

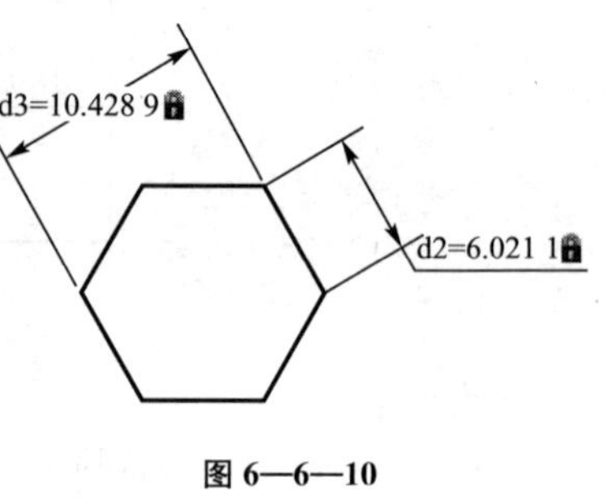

图 6—6—10

有效对象：

（1）直线；

（2）多段线子对象；

（3）圆弧；

（4）对象上的两个约束点；

（5）直线和约束点；

（6）两条直线。

选定直线或圆弧后，对象的端点之间的距离将受到约束。

选择直线和约束点后，直线上的点与最近的点之间的距离将受到约束。

选择两条直线后，直线之间的距离将受到约束。

5. 角度标注约束

角度

角度标注约束命令约束直线段或多段线段之间的角度，或由圆弧或多段线圆弧段扫掠得到的角度，或对象上三个点之间的角度，如图 6—6—11 所示。

有效对象：

（1）直线对；

(2) 多段线子对象对；

(3) 三个约束点；

(4) 圆弧。

选择两条直线后，直线之间的角度将受到约束。初始值始终默认为小于 180°的值。

指定三个约束点后，将应用以下各项：

(1) 指定第一点——角顶点；

(2) 指定第二和第三点——角的端点。

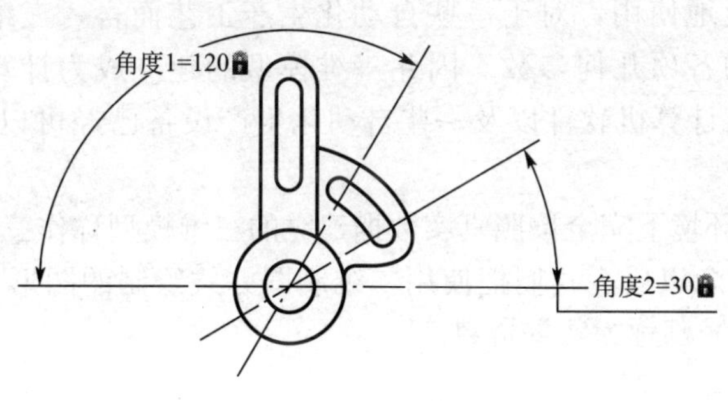

图 6—6—11

选择圆弧后，将创建一个三点角度约束。角顶点位于圆弧的中心，圆弧的角端点位于圆弧的端点处。

6. 半径标注约束

 半径

半径标注约束命令用以约束命令圆或圆弧的半径，如图 6—6—12 所示。

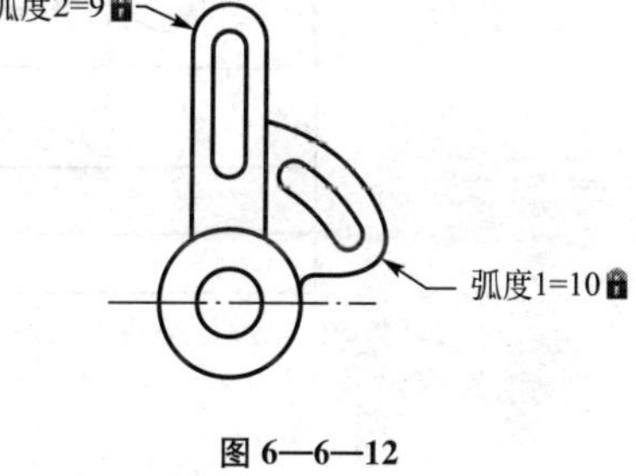

图 6—6—12

有效对象：

(1) 圆；

(2) 圆弧；

(3) 约束圆或圆弧的半径。

7. 直径标注约束

 直径

直径约束对象命令约束圆或圆弧的直径，如图 6—6—13 所示。

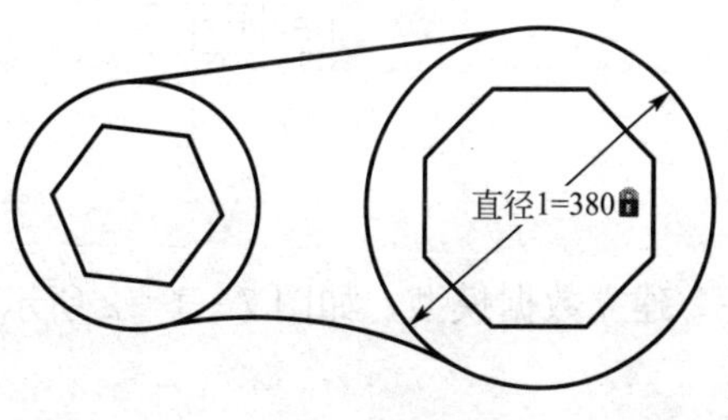

图 6—6—13

有效对象：

(1) 圆；

(2) 圆弧。

也可以使用直径标注约束命令约束圆或圆弧的半径。

第七章　CAD 三维建模

现代工业生产和计算机信息交流的发展赋予机械工程制图以新的活力，机械零件的三维图形已经被广泛地使用，对于一些自动化生产工艺而言，三维的机械零件模型本身就必须具备零件的各项几何参数。因此三维模型的建立成为计算机机械工程制图极为重要的手段。很多计算机软件以及一些自动化生产设备已经可以直接读取 CAD 三维图形。

我们把在 CAD 环境下完全按照真实数据建立的三维模型称作三维数据模型。在建立了三维数据模型的概念以后，我们把使用二维制图方式绘制的图形（包括零件图、组装图、简化的示意图等）都称为数据资料。

准备数据资料，如图 7—1—1 所示。

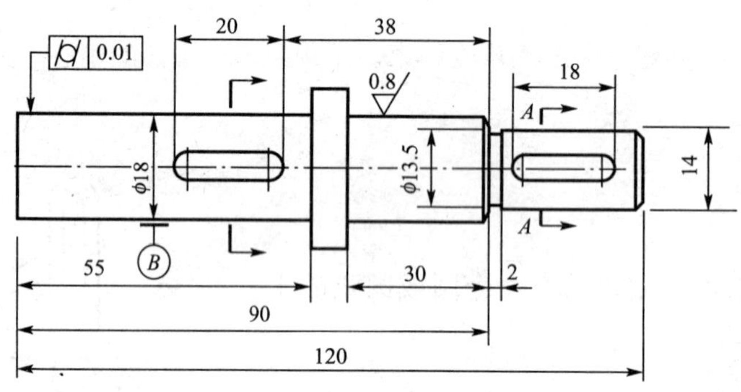

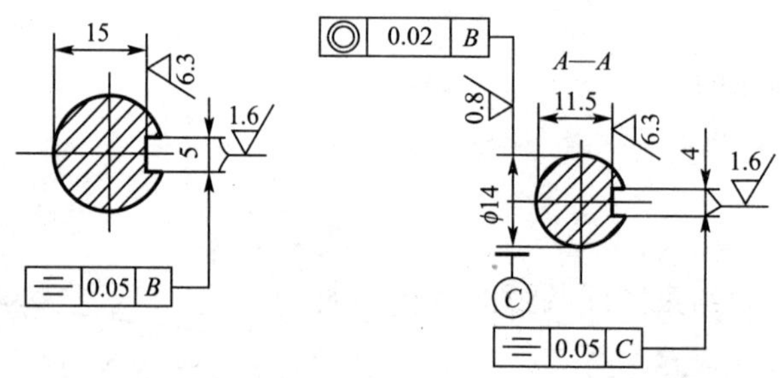

图 7—1—1

建立数据模型，如图 7—1—2 所示。

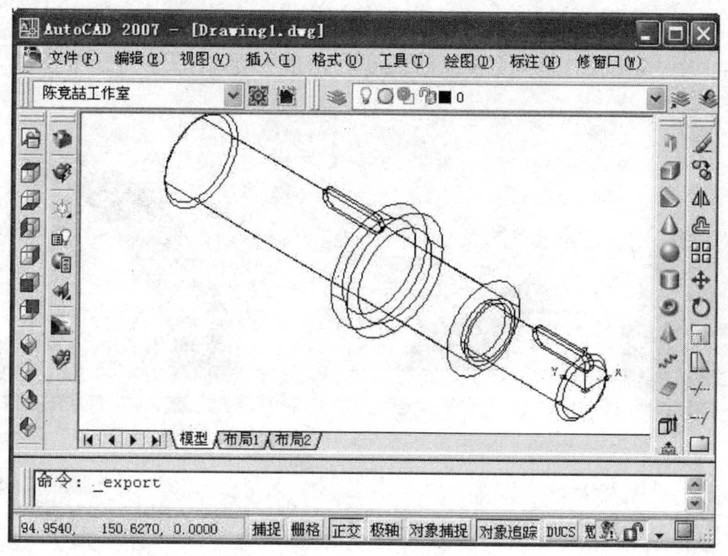

图 7—1—2

第一节 创建零部件的几何形体

一、三维模型

CAD 制图中创建的三维模型可以根据用途分为两大类：

(1) 产品类，是指 CAD 产品，能够用来进行交流或指导工业生产的技术文件。这一类三维模型必须具备机械零部件的全部几何特征和参数，具备生产工艺特征，并且技术条件符合遵循国家标准规定。

(2) 工具类，是指 CAD 工程制图过程中需要使用的数据模型，包括对产品模型加工的专用工具模型及标准件类模型。

二、三维模型的创建

CAD 创建三维模型的途径分为由二维图形创建和由三维基本几何体创建两种。

1. 由二维图形创建三维模型

关于由二维图形创建三维模型的途径和方式在前面已经提到过，基本可以归纳为：

(1) 拉伸面。

将二维的面沿一定的直线路径定量加厚（长度）为三维实体，如图 7—1—3 所示。

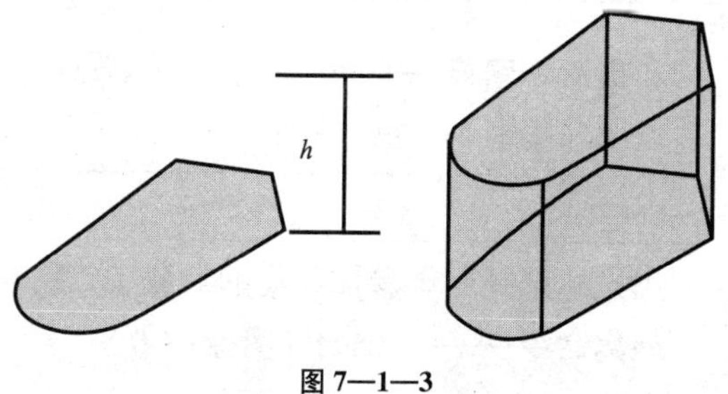

图 7—1—3

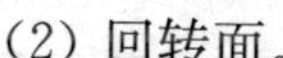

(2) 回转面。

将二维的面绕定轴回转定量（角度）加厚为三维实体，如图 7—1—4 所示。

(3) 扫掠。

将二维的面沿一定的曲线路径（包括长度和角度）定量加厚为三维实体，如图 7—1—5 所示。

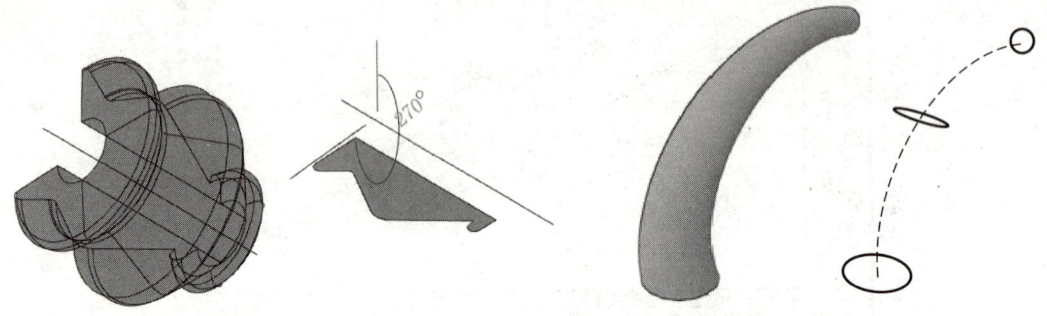

图 7—1—4　　　　图 7—1—5

注意：在扫掠的过程中可以改变二维面的形状，称为放样，如图 7—1—5 所示。

2. 由三维基本几何体创建三维模型

基本几何体的组合实际上是使用了布尔运算理论的三种基本集合方式：

(1) 相加：在几何运算中相加称为“合集”，是指几何形体的叠加。

(2) 相减：在几何运算中相减称为“差集”，是指几何形体的相切。

(3) 相乘：在几何运算中称为“交集”，是指几何形体的共有部分。

在 CAD 实体编辑命令中的和集、差集、交集就是由几何运算演变的实体组合编辑指令。其执行选项和步骤见表 7—1—1。

表 7—1—1　　　　实体组合编辑命令

图标	命令名	执行选项和步骤
	合集 union	选择参加合集的所有对象，执行合集命令。
	差集 subtract	选择对象 1 确认，选择对象 2 确认执行 1—2 的运算。
	交集 intersect	选择所有参加交集的对象，执行交集命令。

和集命令图标——union（图标：）

点取和集命令，命令栏提示：

选择对象

用光标选择所有参加和集的对象 1，2↓；合集的结果如图 7—1—6 所示。

差集命令——subtract（图标：）

点取差集命令，命令栏提示：

选取对象

选取对象

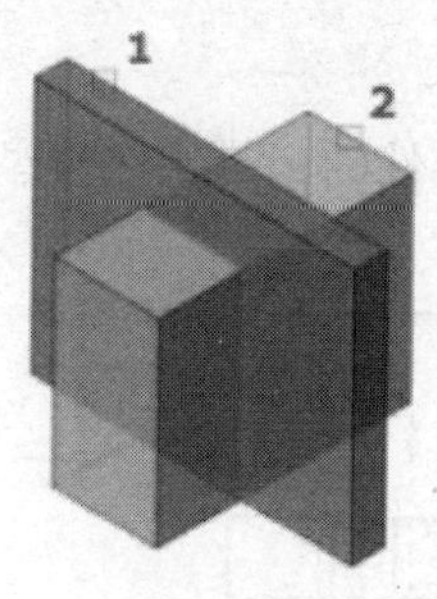

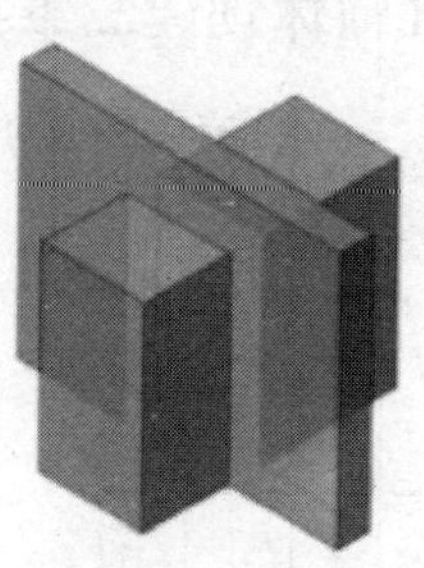

图 7—1—6

选取参加差集的主体 1↓，再选取要挖切的部分 2↓；差集结果如图 7—1—7 所示。

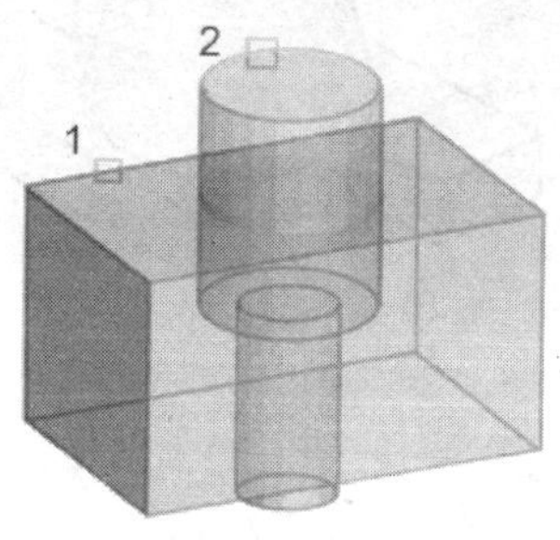

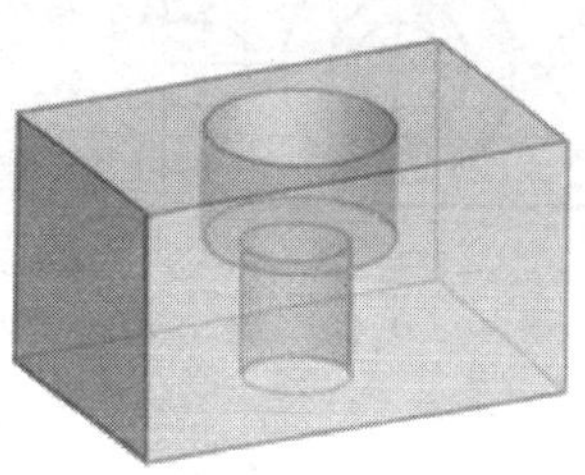

图 7—1—7

交集命令——intersect（图标：◎）

点取交集命令，命令栏提示：

选取对象

用光标选取所有参加交集的实体，回车，最后留下的是它们的公共部分，如图 7—1—8 所示。

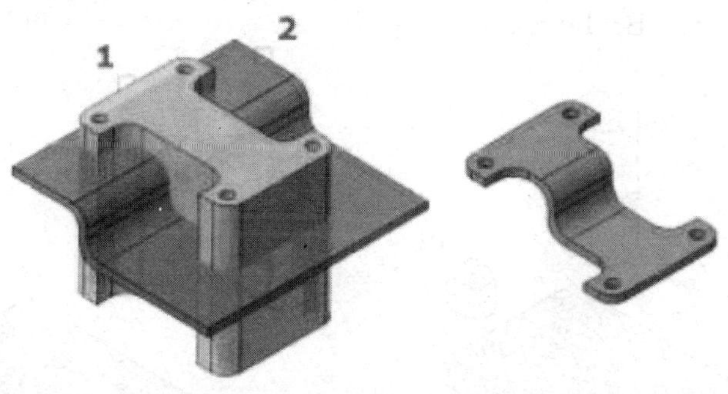

图 7—1—8

集合运算在分析和绘制零件图的过程中发挥着重要的作用，使用不同的运算可以得到不同的结果。

三、使用基本几何体创建三维实体实例

例： 根据图 7—1—9 所示的零件视图，建立零件的三维实体模型。

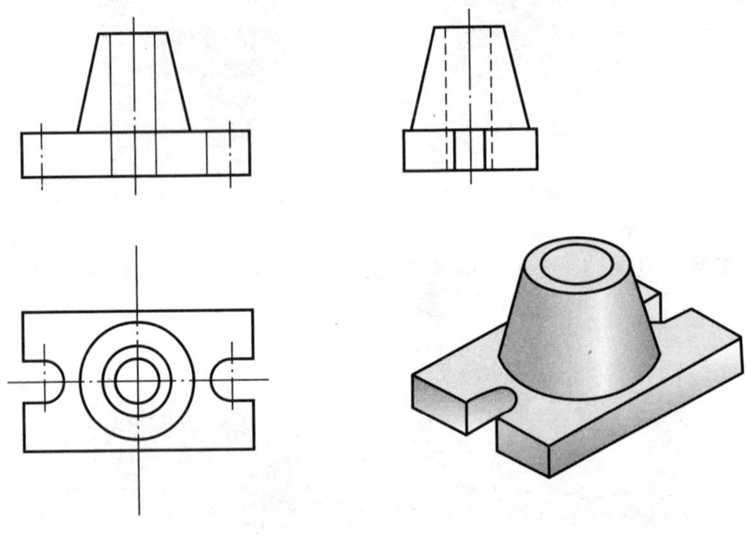

图 7—1—9

分析： 如图 7—1—10 所示：

(1) 可以使用圆台 A 与圆柱 B 进行差集运算，如图 7—1—10 所示。

(2) 使用平板 C 与半圆柱体 D1、D2 及圆柱 B 作差集运算，如图 7—1—11 所示。

(3) 组合后使用合集运算，如图 7—1—12 所示。

结论： NH＝A2＋C2＝(A－B)＋(C－D1－D2－B)

＝A＋C－B－D1－D2

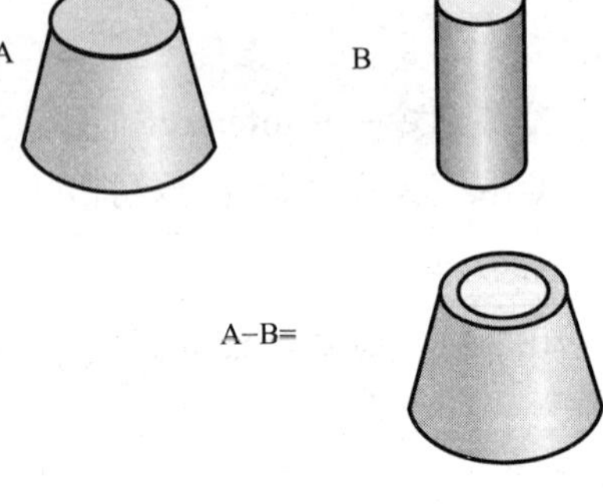

图 7—1—10

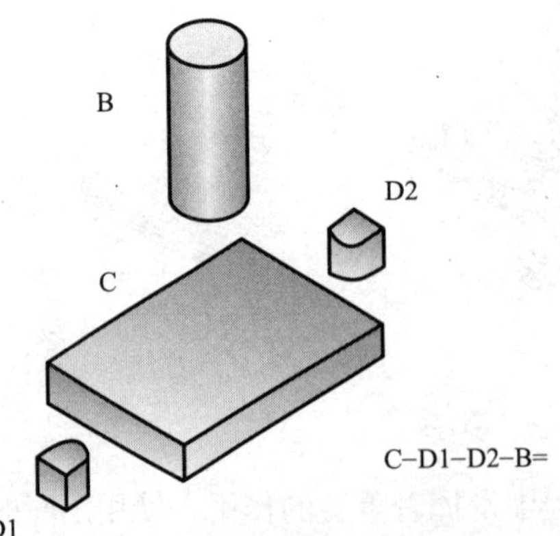

C–D1–D2–B=

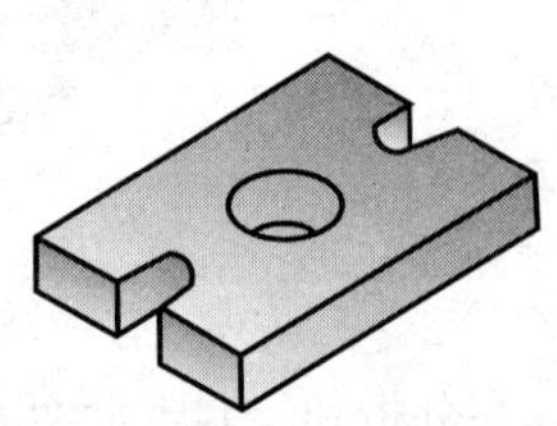

图 7—1—11

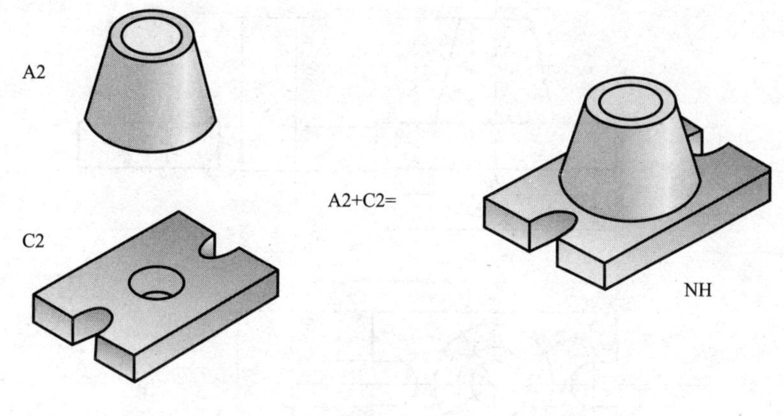

图 7—1—12

第二节 创建机件三维模型

一、创建机件三维模型的意义

（1）可以更清楚地表达零部件的几何形体，便于人们从各个角度去观察和分析研究，从而使零部件得到更好的改进。

（2）三维模型不但表达了零部件的真实形状，也具备了零部件的所有参数和数据，可以帮助我们的生产过程更加标准化。目前直接读取三维模型的数据已经成为一些主流软件的方向。

（3）三维模型作为独立的信息单元，可以作为与人交流的文件，也可以作为与机器直接交流的数据。

（4）建立零件的三维数据模型之后，可以由三维模型直接获得标准的投影视图。

二、零件的三维建模实例

上一节中的建模实例，都是基于集合几何体的概念，和解数学题目一样，实际上可以有多种建模的途径，同样以图 7—1—4 的模型为例，我们使用另外一种方法建模，其步骤如下：

（1）先分析机件的三视图，如图 7—2—1 所示。

机件可以认为是由两个几何体组成，如图 7—2—2 所示。

（2）图 7—2—2(a) 所示是一个回旋体，它是一个不等边梯形绕中心轴回旋一周构成的，如图 7—2—3 所示（在 CAD 中使用回转命令生成一个空心圆台）。

（3）图 7—2—2(b) 所示可以看做是一个拉拔体，是由一个几何平面向上拉拔 150mm 而成的，如图 7—2—4 所示（在 CAD 中使用拉拔命令，拉拔高度为 150；要注意中间圆形部分要同时拉拔，并且拉拔后使用差集命令减去圆形部分）。

（4）将两个几何体按照资料注明的位置摆放，使用和集命令组合，即得到最后的机件模型，如图 7—2—5 所示。

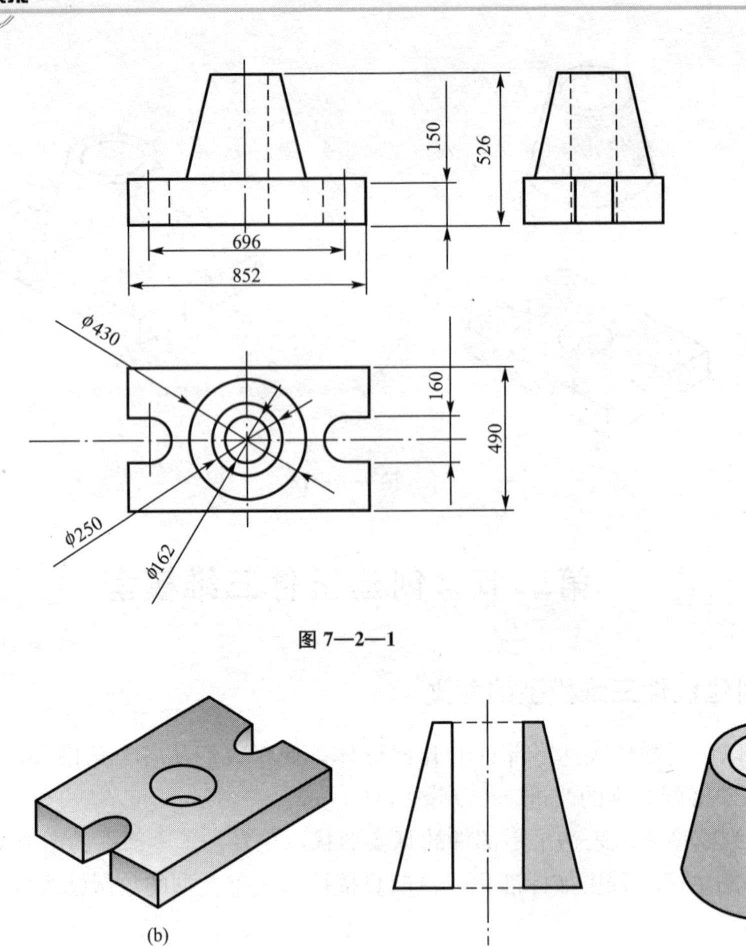

图 7—2—1

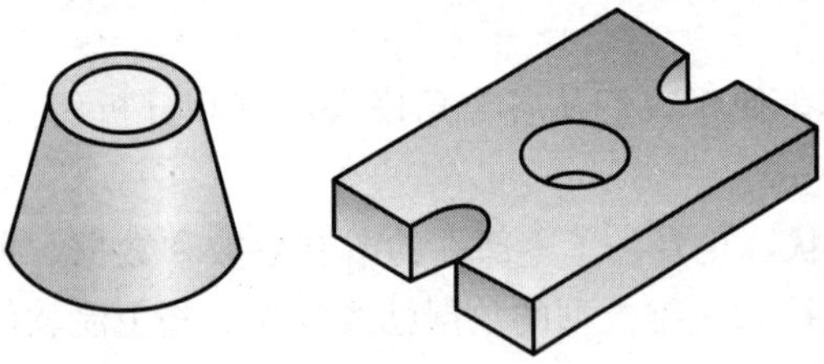

(a) (b)

图 7—2—2

图 7—2—3

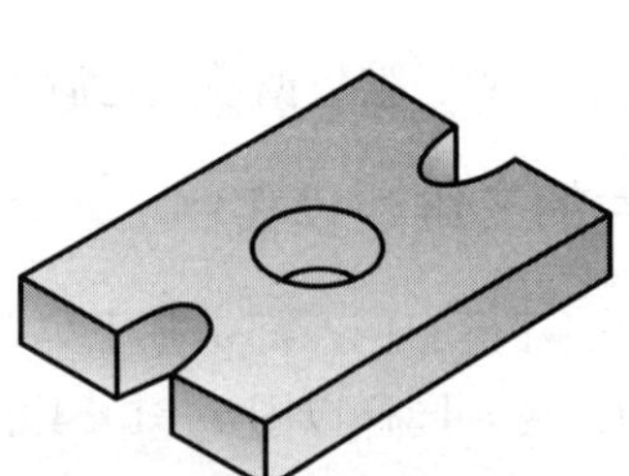

图 7—2—4

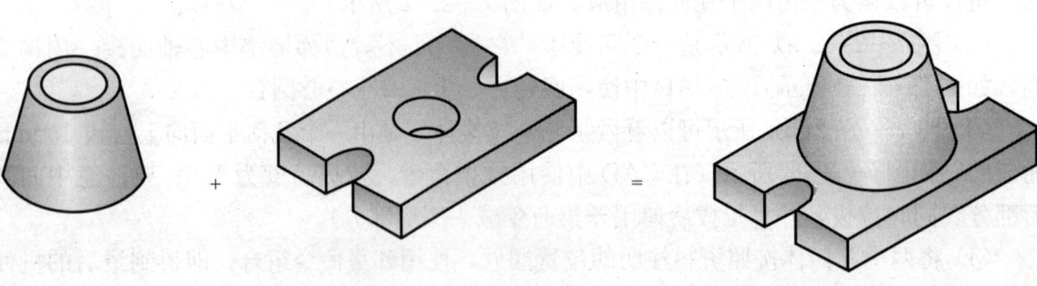

图 7—2—5

在将两个几何体进行组合时，为了准确定位集合体，可以使用 CAD 的“对齐”命令。

三维对齐命令——3daliqn（图标：）

可以为源对象指定一个、两个或三个点。然后，可以为目标指定一个、两个或三个点。

点击三维对齐命令 3daliqn 图标或直接键入命令，命令栏提示：

选择对象：

此时提示选择的对象是指需要移动的对象（称源对象），选择了源对象以后命令栏提示：

指定基点或［复制（C）］：
指定第二个点或［继续（C）］<C>：
指定第三个点或［继续（C）］<C>：

命令栏会继续提示选择目标点。选择点的顺序如图 7—2—6 所示。如果只要选择一点或两点对齐，可以在中途按下回车键中断提示。

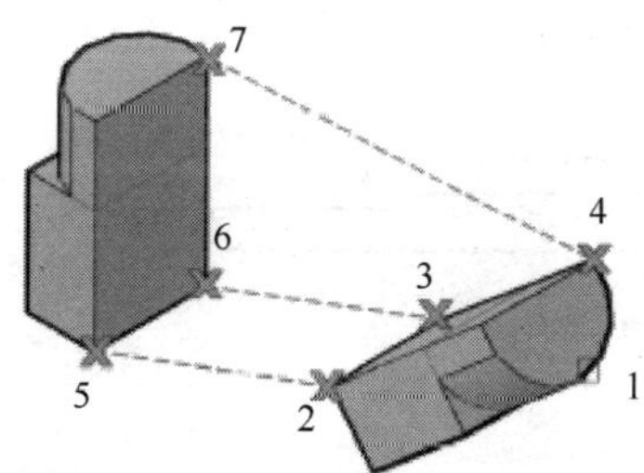

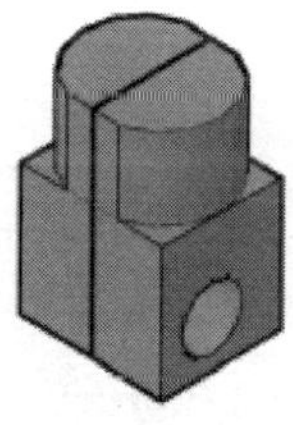

图 7—2—6

三、综合建模实例

1. 建立轴的三维模型

如图 7—2—7 所示的轴，轴的主体是由一个如图 7—2—8 所示的多段线图形绕中心轴线回转一周构成的，结果如图 7—2—9 所示。

（1）创建轴体模型。

◇ 点取 CAD 的回转命令；

◇ 选取旋转对象↓；

◇ 选取中心轴一端；

◇ 选取中心轴另一端↓；

◇ 得到模型实体。

（2）创建键槽。

在轴体配合部位有两个键槽，由于“键”是标准件，可以在标准件图库中调用。使用 CAD“插入”菜单下的块命令，弹出如图 7—2—10 所示的对话框。

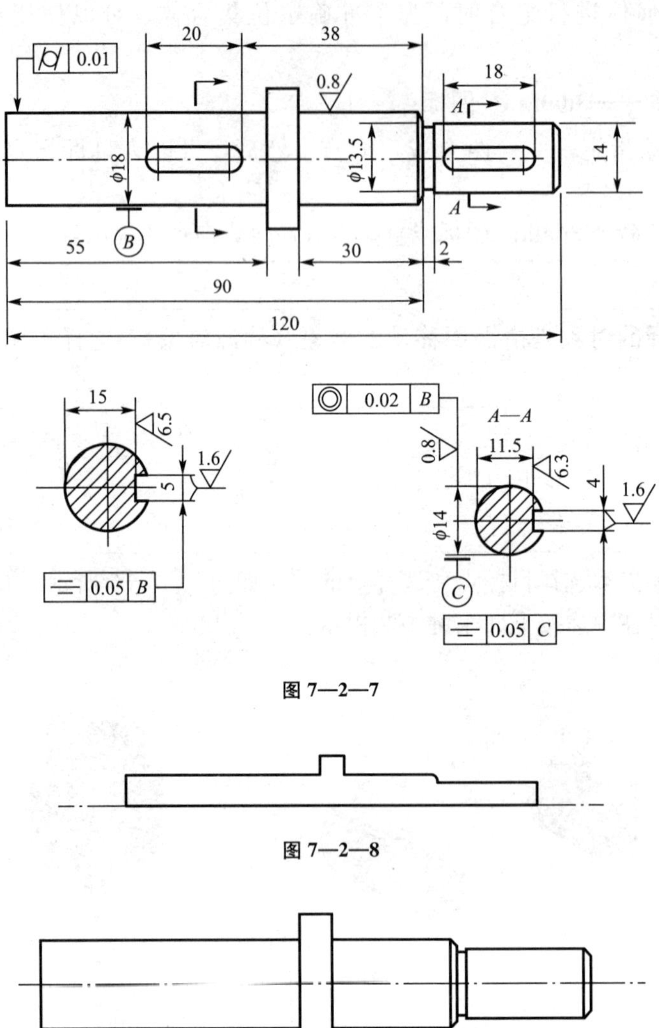

图 7—2—7

图 7—2—8

图 7—2—9

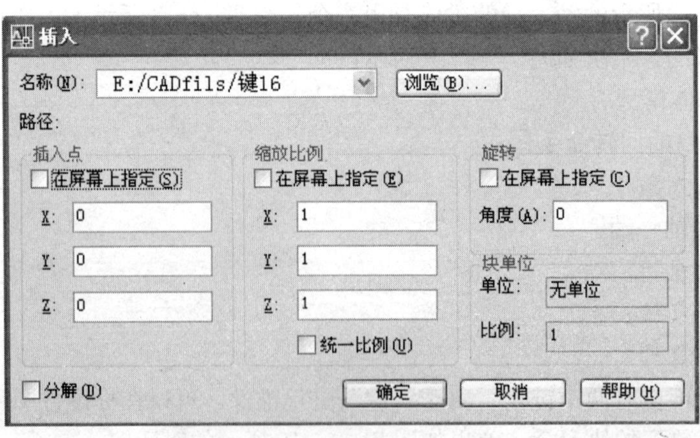

图 7—2—10

“浏览”按钮是帮助找到文件的，选中“在屏幕上指定”勾选框，在“插入点”栏内键入插入的键的坐标，单击“确定”按钮。即将选定的标准“键”放到模型指定的位置。

这里要说明的是：所有标准件库中的标准件都是带有“基点”的标准数据模型，如图 7—2—11 所示，键的基点规定为模型空间的三对称轴交点。

插入键的模型后结果如图 7—2—12 所示。

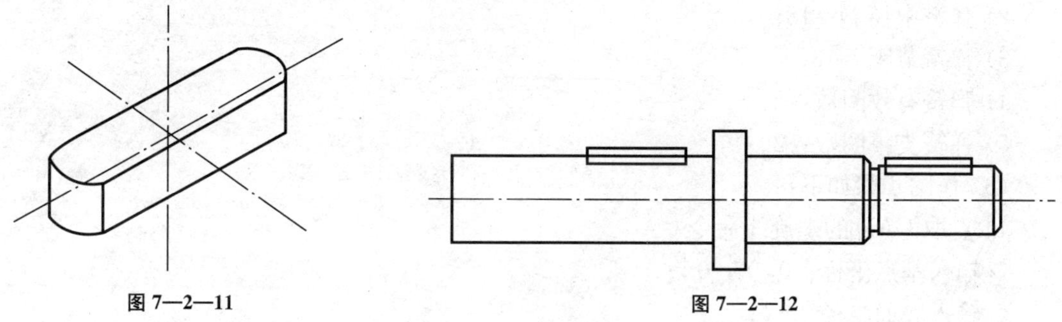

图 7—2—11　　图 7—2—12

使用 CAD 的差集命令，选取轴体↓，选取键↓，得到最后的轴的三维模型。

需要注意的是，轴的基点是左端面上中心轴线的交点，在完成数据模型的建立时，该点的坐标一定要是（0，0，0），如图 7—2—13 所示。

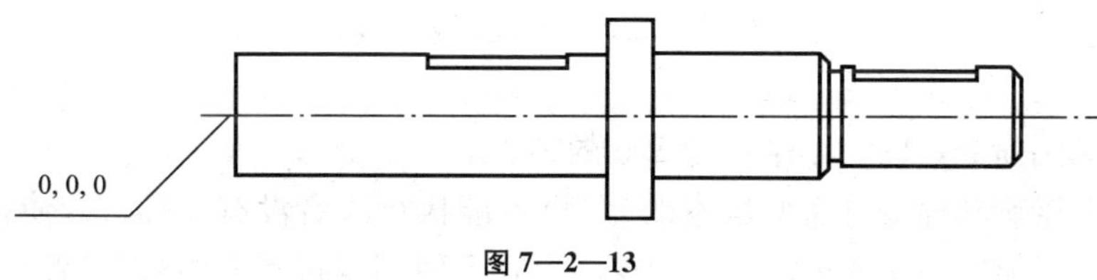

图 7—2—13

三维数据模型本身已经具有零部件的全部参数数据，因此不需要标注，有特殊要求的可以将平面视图作为附件。目前有一些看图软件已经可以直接将三维模型的数据读出，如 e－Drawings 2008 等。

作为非标准零部件数据模型保存的文件允许自由命名，其文件名一定要清楚表达，作为成套设备的零件可以用在总装配图中的编号命名。

2. 建立弹簧的三维模型

常见的螺旋弹簧有压缩弹簧、拉伸弹簧及扭力弹簧等。

（1）弹簧的各项参数如下：

1）簧丝直径 d：制造弹簧的钢丝直径。

2）弹簧直径。

◇ 外径 D：弹簧外侧轮廓的直径；

◇ 内径 D_1：弹簧内侧轮廓的直径；

◇ 中径 D_2：弹簧钢丝中心线所在的直径。

3）弹簧节距 t：除支撑圈外，相邻两圈的轴向距离。

4）支撑圈数、有效圈数和总圈数。

◇ 支撑圈数 n_0：为了保证弹簧被压缩时受力均匀，能使中心轴线垂直于支撑面，将弹簧两端磨平并压紧 1.5～2.5 圈，这部分被磨平并压紧的圈称为支撑圈。

◇ 有效圈数 n：保持节距相等的圈数。

◇ 总圈数 n_1：为支撑圈与有效圈数之和。

5）弹簧自由高度（长度）H_0。

（2）按照以下参数，建立一个压缩弹簧的模型：

1）簧丝直径 $d=3$；

2）弹簧中径 $D=18$；

3）弹簧节距 $t=8$；

4）弹簧有效圈数：8；

5）弹簧支撑圈数：2。

（3）作图步骤如下：

1）点取 CAD 的螺旋线命令：

◇ 输入基点坐标：0，0，0↓；

◇ 输入底面半径：9↓；

◇ 输入顶面半径：9↓；

◇ 键入指令代号：t↓（t 指定螺旋圈数即有效圈数）；

◇ 输入圈数：8↓；

◇ 输入螺旋线高度 ：64↓（节距×圈数=螺旋线高度）。

得到的螺旋线如图 7—2—14 所示。

2）点取画圆命令，画一个半径为 1.5 的圆。

3）点取三维旋转命令（有些版本的 CAD 不能执行或者没有图标，即使在 AutoCAD 2010 版本中，三维旋转命令也需要在角视图模式下使用，很不方便）。或者可以直接在命令栏键入：rotate3d↓：

◇ 选取要旋转的对象圆，↓；

◇ 选取圆的中心线为旋转轴（选取两端点）；

◇ 输入旋转角度：90（在 CAD 中规定逆时针方向为正），↓。

执行上述操作目的是使圆所在的平面垂直于螺旋线，如图 7—2—15 所示。

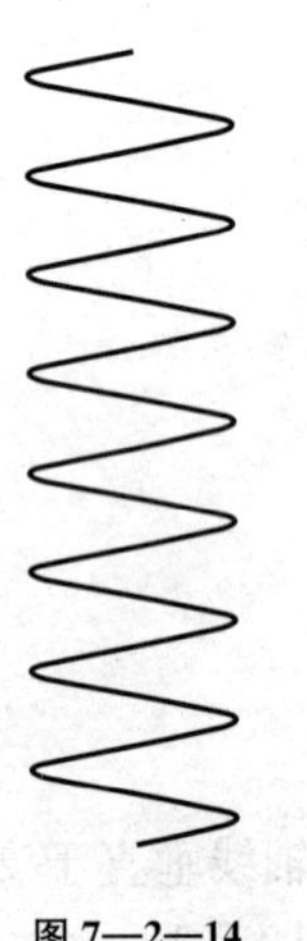

图 7—2—14

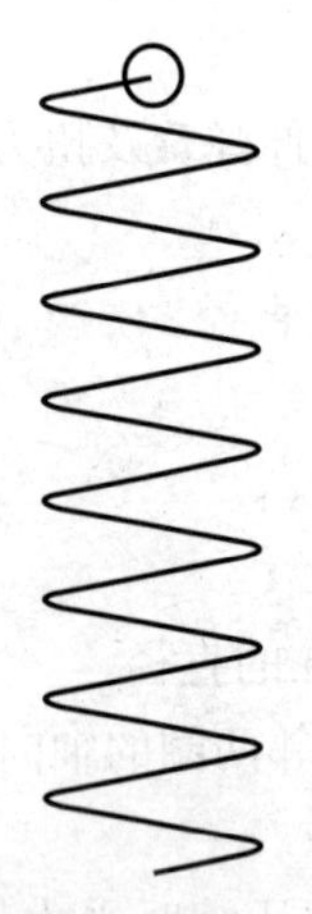

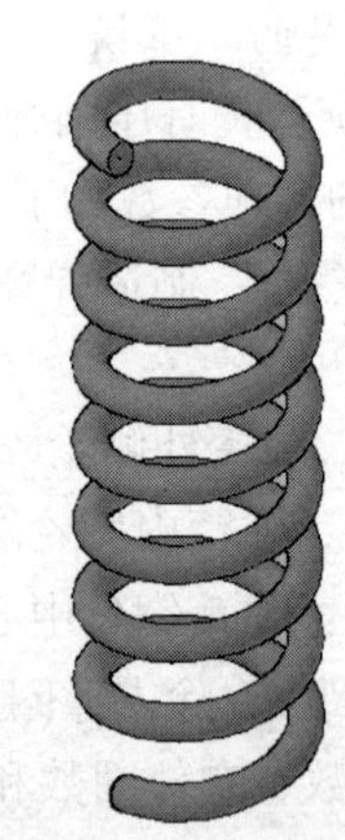

图 7—2—15

(4) 点取扫掠命令：

◇ 选取圆作为拉伸对象↓；

◇ 键入指令代号：p↓(p 作为指令代号是执行沿路径拉伸)；

◇ 选取螺旋线作为扫掠路径，↓；

◇ 得到弹簧模型，其参数为：有效圈数 8，自由高度 67，簧丝直径 3，如图 7—2—15 所示。

注意：在 AutoCAD 2003 及以前的版本中没有建立螺旋线的程序，AutoCAD 中 extrude 命令只是将一些平面图形做单一方向的拉伸。到了 2004 版本以后才将三维拉伸的命令与平面拉伸区别开来，也只是使用同一个命令，有了不同的选项而已。直到 2006 版本以后，增加了螺旋线程序，但仍然使用 extrude 命令下的路径选项。从 2009 版本开始，不再使用 extrude 命令，而将沿路径拉伸选项独立出来成为 sweep 命令。

如图 7—2—15 所示的弹簧模型尚未画出弹簧标准中所说的“压紧”、“磨平”的支撑圈部分。

(5) 点取 CAD 的螺旋线命令：

◇ 输入基点坐标：0，0，－6↓；

◇ 输入底面半径：9↓；

◇ 输入顶面半径：9↓；

◇ 键入选项代码：ι↓(ι 定螺旋圈数即有效圈数)；

◇ 输入圈数：2↓；

◇ 输入螺旋线高度 ：6↓(节距＝簧丝直径相当于压紧)；

◇ 得到螺旋线如图 7—2—16 所示，重复拉伸命令得到压紧圈的模型如图 7—2—16 所示。

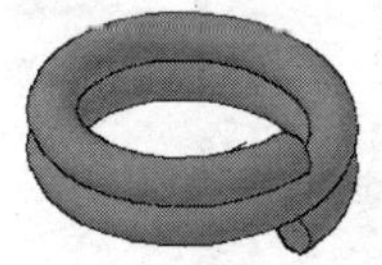

图 7—2—16

实际上我们在屏幕上看到的图形如图 7—2—17 所示。

(6) 点击复制命令：

◇ 选择压紧圈为复制对象↓；

◇ 输入基点坐标 (0，0，－6)；

◇ 输入目标点坐标 (0，0，64)，↓，如图 7—2—17(b) 所示。

(7) 画两个圆柱如图 7—2—18 所示，使用差集命令将弹簧的底部和顶部去除 (“磨平”)。

全部选中做合集，得到一个标准的弹簧模型，如图 7—2—18 所示。

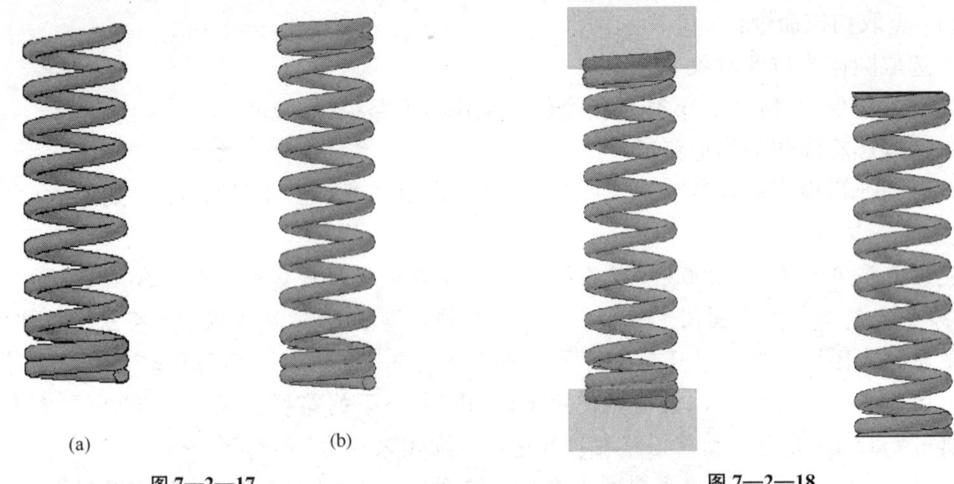

图 7—2—17　　图 7—2—18

第三节　三维工具模型应用

在零部件模型的建造过程中会用到一些工具。例如轴承座的模型顶部需要加工内螺纹，还有些轴类零部件上有外螺纹，它们可以使用类似丝锥板牙加工螺纹的方法配合CAD 实体编辑命令来加工，这些“丝锥、板牙”属于工具类数据模型。

我们在实际生产中使用的丝锥、板牙如图 7—3—1 所示。这些工具属于标准件，我们可以根据这些标准件的参数，在 AutoCAD 中建立一些模型，称为工具模型。

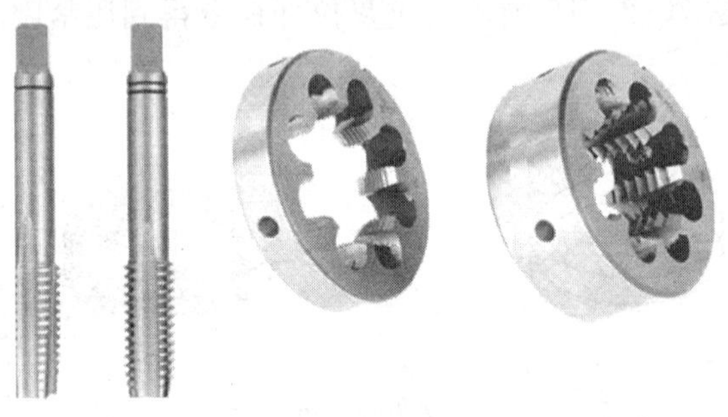

图 7—3—1

而在 CAD 工程制图过程中我们要在某些机件模型上加工螺纹，使用的丝锥、板牙如图 7—3—2 所示。

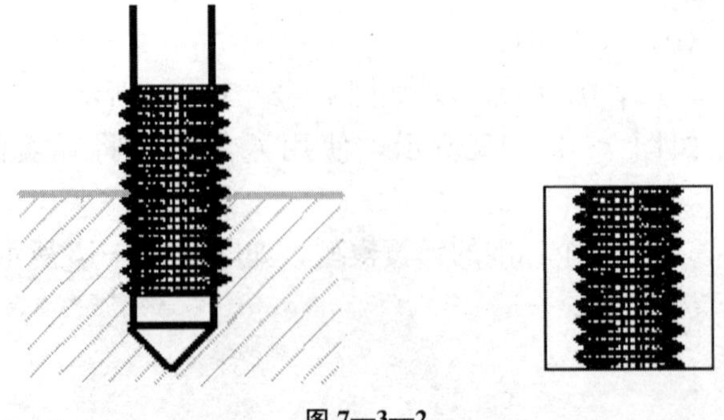

图 7—3—2

一、丝锥

图 7—3—2 中的丝锥和日常工作中的丝锥的不同的地方是，在丝锥的顶部有一个“锥顶”，这样在图形中加工内螺纹时，不必事先钻孔，这样的丝锥可以一次性完成螺孔及螺纹的加工，使用起来非常方便。

1. 确定螺孔位置和螺纹长度

(1) 在零件图形上确定基点。

如图 7—3—3 所示的零件，确定螺孔的位置和螺纹长度的要素基点 0。

(2) 工具模型“丝锥”的基点如图 7—3—4 所示。

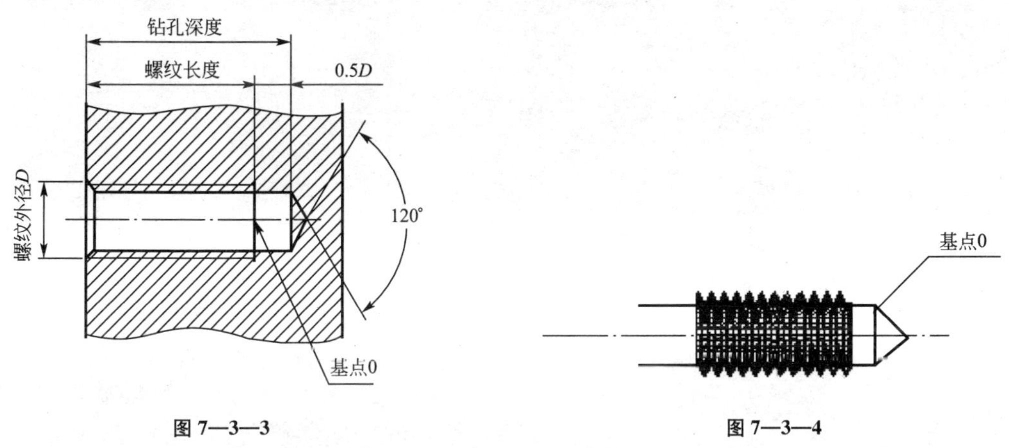

图 7—3—3　　图 7—3—4

(3) 将丝锥的基点与零件的基点对齐。

1) 使用移动命令，使用对象捕捉的方法将丝锥的基点移至零件的基点；

2) 在插入丝锥时，依照插入命令的提示选择插入点为零件的基点（丝锥模块的基点已经被设置在“基点 0”处）。

2. 使用差集命令

对齐基点以后，使用差集命令，用零件图形减去丝锥图形，于是创建了零件的螺孔，如图 7—3—5 所示。

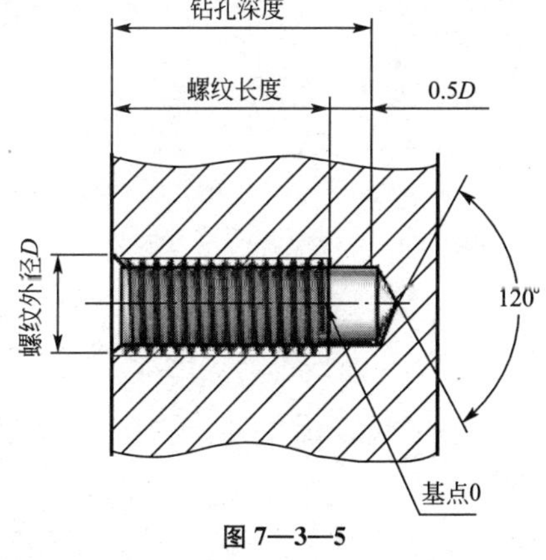

图 7—3—5

二、板牙

板牙的使用原理和丝锥的使用原理是一样的。同样加工一根丝杆时，只要将“板牙”套在零件需要加工的位置，使用 CAD 的差集命令，用丝杆零件主体减去板牙部分，就可以得到外螺纹了。

参考文献

［1］ 刘小年等．机械制图．北京：高等教育出版社，2007

［2］ 陈竞喆．AutoCAD 2010 工程制图．北京：机械工业出版社，2010

图书在版编目（CIP）数据

机械制图与CAD技术/陈竞喆主编
北京：中国人民大学出版社，2010
21世纪高职高专规划教材·机械专业基础课系列
ISBN 978-7-300-12334-9

Ⅰ.①机…
Ⅱ.①陈…
Ⅲ.①机械制图-高等学校：技术学校-教材②机械制图：计算机制图-高等学校：技术学校-教材
Ⅳ.①TH126

中国版本图书馆CIP数据核字（2010）第115961号

21世纪高职高专规划教材·机械专业基础课系列
机械制图与CAD技术
主　编　陈竞喆

出版发行	中国人民大学出版社		
社　　址	北京中关村大街31号	**邮政编码**	100080
电　　话	010-62511242（总编室）		010-62511398（质管部）
	010-82501766（邮购部）		010-62514148（门市部）
	010-62515195（发行公司）		010-62515275（盗版举报）
网　　址	http://www.crup.com.cn		
	http://www.ttrnet.com（人大教研网）		
经　　销	新华书店		
印　　刷	北京东君印刷有限公司		
规　　格	185mm×260mm　16开本	**版　　次**	2010年9月第1版
印　　张	15	**印　　次**	2017年7月第3次印刷
字　　数	357 000	**定　　价**	26.00元

教师信息反馈表

为了更好地为您服务，提高教学质量，中国人民大学出版社愿意为您提供全面的教学支持，期望与您建立更广泛的合作关系。请您填好下表后以电子邮件或信件的形式反馈给我们。

您使用过或正在使用的我社教材名称		版次	
您希望获得哪些相关教学资料			
您对本书的建议（可附页）			
您的姓名			
您所在的学校、院系			
您所讲授课程名称			
学生人数			
您的联系地址			
邮政编码		联系电话	
电子邮件（必填）			
您是否为人大社教研网会员	□是，会员卡号：________________ □不是，现在申请		
您在相关专业是否有主编或参编教材意向	□是　　□否 □不一定		
您所希望参编或主编的教材的基本情况（包括内容、框架结构、特色等，可附页）			

我们的联系方式：北京市海淀区中关村大街 31 号
中国人民大学出版社教育分社
邮政编码：100080
电话：010－62515210
网址：http://www.crup.com.cn/jiaoyu/
E－mail：jyfs_2007@126.com